U0256760

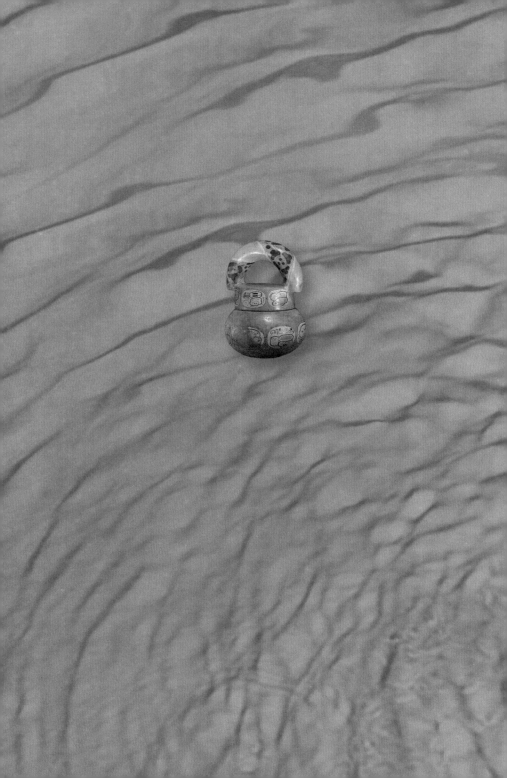

UNCORKING THE PAST

THE QUEST
FOR
WINE, BEER,
AND
OTHER
ALCOHOLIC
BEVERAGES

启微

〔美〕帕特里克·E.麦戈文 (Patrick E. McGovern)　著

社会科学文献出版社
SOCIAL SCIENCES ACADEMIC PRESS (CHINA)

开瓶
过去

宿凯　译

探寻葡萄酒、啤酒和其他酒的旅程

彩图 1 劳塞尔的维纳斯

说　明：这尊高 44 厘米的女性雕像，约在两万年前被雕刻在法国多尔多涅河畔劳塞尔的悬崖上，她手里是拿着一个号角杯吗？虽然一直以来号角杯都是跟维京人联系在一起，但在久远的史前欧洲文化中就有用号角杯喝蜂蜜酒的传统。

资料来源：法国波尔多阿申庭博物馆藏。

彩图 2　新石器时代早期的陶罐

说　　明: 这些陶罐具有高耸的颈部和外敞的口部边缘,来自河南贾湖遗址,公元前 7000~ 公元前 6600 年。本书作者及其同事的分析显示,这些罐子里装的是一种由稻米、蜂蜜和水果(山楂,也可能有葡萄)发酵而成的混合酒。最左边的罐子高 20 厘米。

资料来源: 张居中、张志清和河南省文物与考古研究所提供,从左到右编号分别为 M252:1、M482:1 和 M253:1。

彩图 3　云南羌族人饮酒

说　　明： 在云南羌族母系社会中，男女围坐在米酒罐旁，按照传统方式用长苇草吸管饮酒，这种习俗仍然在世界许多地方延续着。

资料来源： 《中国酒文化》，上海人民美术出版社，1997，第 213 页。

彩图 4　纳赫特墓中壁画的酿酒场景（局部）

说　明：详细描绘了每个酿酒步骤：收获、踩葡萄、收集葡萄汁、封瓶并在酒瓶上做标记。在公元前3000年前后，埃及法老在尼罗河三角洲建立了皇家酿酒产业。

资料来源：纽约大都会艺术博物馆藏。

彩图 5　装可可饮料的罐子

说　明：来自危地马拉里约阿祖尔（Río Azul）的一座墓葬，年代约在公元500年，用于储存由可可豆制成的上等饮料。罐子上涂抹石膏并绘有玛雅文字"ka-ka-w"（可可）。

资料来源：危地马拉国家考古和民族学博物馆藏。

目　录

英文版序

在我的书《古代葡萄酒》(*Ancient Wine*) 的结尾，我提出一个问题：为什么世界各地的文化都与酒有着上千年的情缘？我当时的简单回答是，酒精是全世界通用的药品，而自然界中酿造酒含有这种简单有机化合物（乙醇）的浓度最高。纵观历史，无论是饮用还是外用于皮肤，无人不折服于酒精的效果。酒精对人的健康的好处显而易见，能缓解伤痛、防止感染，甚至能治愈疾病。酒精对人的心理和社交同样有好处——它能让人卸下一天的疲惫，缓解社交尴尬，让人体会到单纯活着的乐趣。

也许还有更深层的理由，那就是酒精引起的心智变化触及了人类大脑神秘的未知区域。不论是古代还是现代世界，我们可以发现，与神灵或祖先沟通的过程中都离不开酒，无论是圣餐礼的葡萄酒，献给苏美尔酒神宁卡西（Ninkasi）的啤酒，还是维京人的蜂蜜酒，又或是亚马孙丛林或非洲某部落的神水。

简单说，在我们人类和早期人科祖先400余万年探索利用的所有药物中，酒是非常独特的。酒的魅力和无处不在的诱惑——或许应该称作生物学、社会和宗教的驱动力——对我们理解人类本身和文化的发展至关重要。

　　为了解酒与人类文化之间的深刻联系，我提议进行一次探索之旅，而旅程的起点比中东地区葡萄酒起源的时间还要早。我们将从银河系的中心出发，来到地球生命开始的时刻，跟随人类对酒的痴迷和绝妙调配穿越一片片大陆，人类也从非洲走向整个世界。我们将考察最新的考古发现，进行古代陶器残留物的化学分析，追踪古 DNA 技术的前沿进展。我们将通过古代艺术和文献、传统酿酒工艺的民族学研究和实验考古学来审视这些最新发现，我们也试图利用实验考古来复原古代酒。结果是我们需要重新书写酒的史前史和历史发展，其中既包括葡萄酒、啤酒，也包括一些由多种原料混合而成的奇怪混合物，我称之为"古怪酒"。这本书是《古代葡萄酒》的续作，感兴趣的读者可以在书中寻找关于考古发掘的更多细节和与葡萄酒相关的发现。

　　有些读者可能会认为，我对古代酒的探索并没有触及酒的阴暗面。酒在一开始的刺激作用可以表现为使人精神振奋或更加健谈，当然之后可以转化成使人愤怒或喝多以后的自我厌恶。酒精的镇静作用出现后，人开始失去平衡，舌头打结，甚至出现幻觉；整个世界开始天旋地转，感觉一起喝酒的朋友离得越来越远，表情也看不清楚。醉酒的人最终可能失去意识，第二天在头昏脑涨的宿醉中体验断片的记忆。

　　反对者和禁酒主义者会说，酒对于人类百害而无一利。酒导致不计其数的财产损失、家庭破裂，以及各种各样的恶行和暴力，甚至损害人们的生命健康。我同意，过量饮酒对个人和社会而言都是极其有害的。但是任何物质（尤其是食物)、活动(例如跑步、跳舞、制作音乐或性行为)、强烈的思想(例如宗教信仰)都可以激活我们大脑中的欲望和快乐中枢(见第九章),导致难以控制的上瘾行为。像酒精这样的药物会直接作用于大脑,所以特别有效,使用时需要格外谨慎。

尽管有这么多风险,然而很少有物质能像酒精这样赢得如此多的赞誉。心理学家威廉·詹姆士(William James)在他的代表性著作《宗教经验之种种》(*The Varieties of Religious Experience*)中描述得最为贴切:

> 酒对于人类的势力,无疑是由于它能激发人性的神秘官能,这些官能通常是被清醒时期的冷酷事实和干燥批评所打得粉碎的。清醒状态减少,辨别,并且说"不";但酗醉状态扩大,统合,并且说"是"。醉实际是强有力地激发人的"是"的功能的状态。它使酒徒从事物的冷冷的外围移到射热的中心。它使他在那顷刻与真理合一。人觅醉,并不是由于纯乎邪僻性。……我们会立即认为绝好的境界的影像,只在于整个是极使人堕落的中毒作用的迅速过去的早期,才赐予这许多的人们:这实是人生的较深神秘和悲剧之一部分。①

历史上著名的艺术家、音乐家、作家和学者的赞美都在

---

① 《宗教经验之种种》,译文据 2002 年商务印书馆出版的唐钺译本。——译者注

响应詹姆士的看法。首先在显微镜下观察到酿酒酵母和酒石酸晶体的路易·巴斯德（Louis Pasteur）热情地写道："葡萄酒的味道就像绝妙的诗歌。"这让人想起古罗马诗人贺拉斯（Horace）的描述（长短句集·第11首），他写到葡萄酒"点亮灵魂隐藏的秘密"。

所以，葡萄酒能戏弄人，还是能愉悦人心？这么多优秀的人，都只是被酒精欺骗，以为是酒激发了他们的创造力吗？狄兰·托马斯（Dylan Thomas）、杰克逊·波洛克（Jackson Pollock）、詹尼斯·乔普林（Janis Joplin）、杰克·凯鲁亚克（Jack Kerouac），都成了醉死的冤魂吗？

可以确定的是，从理解酒精对人脑的作用，到填补世界范围内古代酒的历史研究空白，每个领域都还有很多东西有待发现。我也仅仅是触摸到了这长达数千年的探索中的冰山一角，这是由考古发现和采样的偶然性决定的。我们对酒在中亚、印度、东南亚、太平洋岛屿、亚马孙、澳大利亚等广袤地区，甚至是欧洲和北美一些区域的早期利用知之甚少，期待着会有惊喜发现。比如有种说法，人类是所有动物中唯一会饮酒过量的物种。但是近年来有证据表明，马来西亚树鼩——地球上最古老的灵长类动物之一，每晚都会狂喝发酵的棕榈花蜜。

本书的标题可能会有用词不当的嫌疑。毕竟最早利用软木塞密封酒的证据——这种情况下说的是葡萄酒——源自公元前5世纪早期的雅典，它被磨得很圆并切出一个斜面，看起来跟今天的软木塞很像，楔在酒瓶的瓶口，顶部边缘染得绯红。软木塞中间有一个孔，好像减弱了它作为塞子的功能，但也许它曾经被拧开过，用的是某种螺旋开瓶器的前身，然后又被塞了回去，最后整个酒瓶遗留在广场上的一口古井里。发掘者认为瓶塞上的孔是用来系绳子的，这样整个瓶子可以下放到井里，冰镇葡萄酒。

与雅典人喝葡萄酒的时间差不多，一艘伊特鲁里亚（Etruscan）船从大里博岛（Grand Ribaud）附近出发，沿法国里维埃拉（French Riviera）海岸航行，它的船舱里堆满了葡萄酒瓶，至少有五层，直到最近才被发现。这些酒瓶之间铺垫葡萄藤做缓冲，瓶口依然塞着以前使用的软木塞。这些软木塞紧紧地塞在细瓶口里，跟今天的压塞机效果一样。

但是迄今已知最早用软木塞堵住瓶口保存下来的物质是蜂蜜——自然界中浓缩糖的重要来源。一件公元前540~前530年的青铜双耳瓶装满了液体蜂蜜（最初被发现的时候依然呈黏稠状态，散发着典型的蜂蜜香味），它用软木塞封口，储藏在意大利坎帕尼亚大区帕埃斯图姆（Paestum）古城内一个用墙砌死的地下密室中。这蜂蜜原本就不是用来做蜂蜜酒的，而是献给古城和希腊众神殿中的最高女神赫拉的祭品，它是古代有疗愈功能的珍品之一。密室中间的长椅可能代表女神与她的配偶也是她的兄弟的宙斯的神圣婚礼，而她则与地下世界有关。我们后面会看到，这种神圣婚礼（hieros gamos）在近东地区形成了悠久的传统，通常婚礼之前都要分享一种酒。

年代更早的塞有软木塞的瓶子也可能存在，尤其在地中海的西部，因为那里是制作软木塞的原材料栓皮栎生长茂盛的地方。然而不论这种做法起源于何处，目的一般是保存某种珍贵的液体，以备将来饮用。软木塞发明之前，我们的人类祖先不得不凑合用木头、石头、植物材料或皮革。在公元前 10000 年前后东亚地区发明陶器之后，开始出现用陶土做的塞子。假如像公元前 3500 年在伊朗的扎格罗斯山地区那样，酒瓶是侧放的，那么陶土就会吸收瓶中的液体，膨胀之后阻隔氧气，这与橡木塞的原理相似，防止了葡萄酒氧化成醋。老普林尼（Pliny the Elder）早在公元 1 世纪的《自然史》（*Natural History*）里就描述了防止葡萄酒氧化的方法，"在人的一生当中，没有比这个领域更费劳动力的"。

拔出软木塞，代表保存和陈酿的终结——但是在史前，这可能意味着你需要拖开盖住中空树干的大石板，里面是发酵的葡萄汁或蜂蜜；在古埃及，你可能需要砍掉酒瓶上的陶土塞子，还要小心地刮一下瓶口，防止瓶中佳酿遭受污染；也许你需要用一把烧红的火钳烫断玻璃瓶颈，才能打开一瓶陈年波特酒。当香槟酒塞嘭的一声弹出，或中空的树干泛着气泡，我们的感官都在期待着欢腾和愉快的体验。

第一章　"饮人"（Homo Imbibens）*

我喝故我在

天文学家用大功率的射电望远镜探索我们的银河系，发现酒精不只存在于地球上。巨型的甲醇、乙醇和乙烯醇云团——直径几十亿千米——存在于星系之间和新的恒星系统周围。靠近银河系的中心，有一团编号人马座 B2N 的星云，距离地球约有 26000 光年，也就是 240 万亿千米。相隔这么远的距离，在短期内人类肯定不会利用外星乙醇，但是这个现象引发了我们的遐想，构成地球生命的复杂含碳分子最开始是如何形成的。

------

* *Homo Imbibens* 是作者自造的拉丁词，Homo 指的是人，imbibe 指喝的动作，因此可以理解为喝酒的人。在古人类学和旧石器时代考古研究中，常用这些词语命名已分辨出的古人类化石，如现在地球上的所有人类都是智人（Homo sapiens），还有我们熟悉的北京人、元谋人都是直立人（Homo erectus），以及欧洲著名的尼安德特人（Homo neanderthalensis）等。——译者注

科学家设想星系间的尘埃粒子可能包含一些分子，特别是乙烯醇，它拥有化学上更活跃的双键。跟制作聚乙烯塑料的原理一样，两个乙烯醇分子可以互相连接，就这样逐渐累加构成更加复杂的有机化合物，形成生命的基础。星际尘埃粒子间充满新出现的含碳聚合物，它们可能就这样藏在结冰的彗星头部，在宇宙中穿梭。处于高速状态时，冰层可能会融化释放出尘埃，播撒在地球这样的带有有机浓汤的行星上，而最初的生命形式就在这里出现。从乙醇的形成演化出哪怕最简单的细菌的精巧的生物化学构造，是一个巨大的飞跃，更别提演化为人类个体。但当我们凝视夜空时，我们可能会产生疑问，为什么在我们星系的中心会有一团酒精迷雾？在启动和维持地球生命的过程中，酒精又到底起了什么样的作用？

创造发酵

如果说酒精在我们的银河系和宇宙中无处不在，那糖类发酵（或叫糖酵解）作为地球上生命利用的最早的产能机制就不足为奇。大约 40 亿年前，我们设想原始的单细胞微生物在早期的有机浓汤中以单糖为生，排出乙醇和二氧化碳。这么想，一种冒着碳酸气泡的酒精饮料从一开始就已经存在了。

今天，两种单细胞酵母——酿酒酵母和贝酵母依然延续着这种光荣传统，在全世界酿酒产业中兢兢业业地产出酒精，构成了一组庞大的野生和驯化品系。尽管它们已经不那么原始了——多细胞动植物拥有的分化的细胞器，大多数它们也有，包括中间包含染色体 DNA 的细胞核——这些酵母在无氧环境中依然茁壮成长，就跟我们想象中地球上生命初始的条件一样。

如果我们接受这个场景设定，那些初代生物产生的酒精一定在这颗星球上飘荡几千年了。酒精和其他的短链含碳化合物最终标志着一种简单、高能的糖类来源出现。酒精那刺鼻又诱人的香气吸引着后来地球上热爱糖类的动物，从果蝇到大象，有它们的地方就有糖类的盛宴。在大约 1 亿年前的白垩纪出现生长果实的树木，这些果实能提供大量的糖和酒精。成熟的水果从裂开的地方渗出甜味液体，提供了完美的水分和营养物质，让酵母得以繁殖并把糖类转变成酒精。

动物对采集果树的糖分变得异常熟练，这反过来也帮助果树传播种子。动物取食果实，帮助树木传播花粉，还有其他一系列互利互惠的功能，这种紧密的共生关系令人称奇。以无花果树为例，全世界大约有 800 种，这些树的开花方式跟我们通常理解的不一样，它们分别有雄性和雌性花序，被严严实实地包裹在一个美味多汁的口袋里，称作隐头花序。它们没法直接传粉，因为同一棵树上的花儿在不同时间开放。每一种无花果树的传粉工作就交给了各自对应的黄蜂。成年的雌性黄蜂会从隐头花序的顶端钻进去，毁掉自己的翅膀并最终死在里面，但是它在里面有足够的生存时间产卵，并把另一棵树的花粉传播到雌花上。黄蜂的卵孵化后，没有翅膀的雄蜂会被困在隐头花序里，它们会让雌蜂受精，并用强壮的下颚为雌蜂咬出一个缺口，但雄蜂最终会死在里面，而雌蜂会满载着受精卵逃脱。雌蜂靠着它们长长的吸管从无花果的花儿深处的花冠上汲取含酒精的花蜜存活，然后再去给另一棵无花果树传粉。

无花果黄蜂继续过着它们隐秘的性生活，而逃脱的雌蜂造成的小缺口引入了空气，导致隐头花序成熟，成为无花果的"果实"。酵母继续工作产生酒精的芳香，吸引动物前去享受盛宴。一棵大无花果树能结出 10 万个果实，它们会被鸟类、蝙蝠、猴子、猪，甚至蜻蜓和壁虎风卷残云般吞噬。

无花果树展示了生命网络的精妙和独特。还有一些植物糖类，如常绿植物的树汁和花蜜，有它们自己的故事。再举例说，在土耳其有一种广受追捧的美味蜂蜜，是用松树蜜露制作而成。这是一种由介壳虫分泌的富含糖类的液体。介壳虫生活在一种红松树皮的缝隙中，只靠吸取富含树脂的汁液为生。蜜蜂们采集这种蜜汁，并通过一种特定的蔗糖转化酶，把其中的蔗糖转化成更简单的葡萄糖和果糖。最终的成品——蜂蜜，是自然界中浓度最高的单糖来源，由于它来源于一种特定的植物种类，我们这里说的是红松，更增添了特殊的风味和香气。

昆虫学家利用昆虫对发酵液体的喜好，通过在树的根部涂抹这种物质来诱捕它们。达尔文也用过类似的方法：他晚上放一碗啤酒，一众非洲狒狒就被吸引过来，第二天早晨很容易把喝醉的狒狒抓起来当作标本。没有壳的蜗牛就更不幸了，任由自己淹死在啤酒陷阱里。通过一组精心设计的实验发现，常见的黑腹果蝇会把卵产在有浓烈乙醇和乙醛气味的地方，乙醛是酒精代谢的副产品。发酵的果实保证了果蝇的幼虫可以吃到充足的糖类和高蛋白酵母，当然还有酒精，因为它们有着高效的能量代谢通路。

大自然围绕着糖类和酒精资源形成了很多潜规则和复杂的生态互动网络，但偶尔也会出现意想不到的效果。大象每天要消耗 5 万卡路里的能量，有时候也会过量食用发酵的水果。它们这么做也许可以理解，毕竟每天都要玩得那么尽兴：它们必须要记住果树在哪里，还得在果实成熟的时候徒步数千米找到这些树。但不幸的是，它们对人工制造的酒精也是欲罢不能。1985 年，大约有 150 头大象闯进孟加拉国西部的一个酿酒黑窝点，把所有的酒糟都吃了，随后开始在整个国家横冲直撞，导致 5 人被踩死，撞毁了 7 个混凝土建筑。这个故事表明高等动物饮酒的危害，当然也包括人类。

有证据表明鸟类也会贪吃发酵水果。以山楂为食的雪松太平鸟会酒精中毒，有的甚至死亡。知更鸟会从树枝上掉下来。成熟的水果富含糖分和香味化合物，呈现出诱人的颜色，告诉动物们果子成熟可以吃了。但是当果实熟过了头，就会成为很多微生物的侵略目标，包括酵母和细菌，这些都会威胁到植物生存。植物则通过合成有毒化合物来防御。产生的这些植物毒素包括生物碱类和萜类化合物，可以阻止致命微生物的生长，也可以吓退有毒的昆虫。静谧的苹果园或诗画般的葡萄园可能看起来不像个战场，但是众多的生物都在竞争生存高地，通过化学武器来实现权力制衡。

有时候，一种生物会稀里糊涂地掉进给另外一种生物准备的化学陷阱中。如果说过量饮用酒精只是危险的话，那植物毒素就是致命的。有一个著名的例子，在加利福尼亚州靠近核桃溪（Walnut Creek）的地方，成千上万只知更鸟和雪松太平鸟发现冬青和火棘属灌木丛的果子红得耀眼，还带有微微的甜味儿，很明显不能错过。过了三周的时间，这些鸟因过量食用带有毒素的果子，开始撞向汽车和窗户玻璃，解剖发现它们的食道里塞满了这些浆果。（对比之下，雪松太平鸟正式的求偶行为应该是雌鸟和雄鸟来回传递一颗浆果，直到礼物最终被接受，双方完成交配。）

　　和孟加拉国西部的大象一样，加利福尼亚州鸟儿的醉酒行为是因为鸟儿过量食用了一种有致幻作用的化合物。有趣的是，冬青果子中的这些化合物——咖啡因和可可碱——我们人类今天饮用的咖啡、茶和巧克力内也有。北方森林和亚马孙丛林中的美洲印第安人也很喜欢这类东西：西班牙殖民者观察到印第安人会把烤冬青叶泡在热水里，制作一种喝着苦但闻着香的"黑色饮料"。

奇异酵母

　　植物会用化学武器来保卫自己的领地，我们看不见的微生物世界也存在着生存和权力竞争。人类用来酿酒的主要酵母品种酿酒酵母选择了极其复杂的酶系统和酒精生产机制。就在果树在全世界范围内快速繁殖的时候，酿酒酵母也将自己的基因组扩增了一倍。经过重组之后，酵母可以在缺少氧气的情况下增殖，而它产生的酒精也可以杀死绝大多数的竞争者。其他微生物，包括很多引发变质和疾病的酵母和细菌，都无法耐受浓度高于5%的酒精，但是发酵物质中的酿酒酵母可以耐受这个浓度两倍的酒精。

酵母为这种成功也付出了代价。为产出更多的酒精，酵母放弃了生产更多的三磷酸腺苷（ATP），而 ATP 是生物活动必需的能量物质。纯粹的有氧代谢可以由葡萄糖产生 36 个分子的 ATP。酿酒酵母在空气中只产生两个分子的 ATP，剩下的葡萄糖用来生产酒精，防范竞争对手。

酿酒酵母一时的失利换来的是后面的成功。因为基因组的加倍，每个酵母细胞都演化出两个版本的基因，用来控制生产乙醇脱氢酶（ADH）。这种酶可以把糖酵解的终产物乙醛转变成酒精。其中一个版本的酶（ADH_1）可以在无氧环境下可靠地将糖分转变成酒精，而只有在绝大多数糖分消耗完毕、氧气水平又开始升高的时候，另一个版本的酶（ADH_2）才被激活。对酿酒酵母来说，这时候很多对手微生物已经被消灭了。随后 ADH_2 开始发挥作用，把酒精再变回乙醛，最终产生更多 ATP。当然还有一些微生物，如产乙酸的细菌也可以耐受高度的酒精，它们在时刻准备着把任何剩余的酒精转变成醋，除非另一种饥饿的微生物比它们先下手，又或者可以像人类一样，想办法把酒精保存下来。

至于为什么各种酿酒酵母可以在某些水果的表皮，尤其是葡萄皮上或者蜂蜜里生存，它们可以耐受高浓度的糖，这仍然是个谜。这种酵母不通过空气传播，却可以扎根在一些特定的微环境里，例如布鲁塞尔酿造兰比克（lambic）啤酒的厂房，或在中国绍兴的米酒车间（第二章），这两种酒都不需要额外添加酵母。显然这些酵母生活在老房子的房梁上，从上面掉落到酒里；要是重新装修把房梁遮住，酿酒商就没法开始发酵。酵母很可能是昆虫带上去的，特别是蜜蜂和黄蜂，它们在汲取破损果实渗出的糖水时，一不小心把酵母沾到身上，然后它们又被香甜的麦芽汁、果汁或者醪糟吸引到屋子里。

"饮人"登场

乙醇在我们的世界遍地流淌。仅 2003 年，全世界大约生产了 1500 亿升的啤酒、270 亿升的葡萄酒和 20 亿升的蒸馏酒（主要是伏特加）。这大约相当于 80 亿升的纯酒精，占世界乙醇总产量 400 亿升的 1/5。现在的大头是作为可替代能源的燃料乙醇（2003 年占 70%，今天更多①），其主要是由甘蔗和玉米生产的。化学和制药领域的工业份额占剩下的 10%。在可预见的未来，燃料乙醇的份额会持续增长，与世界人口增速相当。就酒来说，世界上纯乙醇的年总产量现在超过了 150 亿升，预计到 2012 年达到 200 亿升。

通过自然发酵和蒸馏获得的 150 亿升纯乙醇，均摊到地球上每个男人、女人和小孩，每人每年有 2 升多。这个估计可能偏低了，因为全世界到处都有非法的酿酒地点和传统家庭酿酒，每年的消费量很大，这都没有统计在内。考虑到大多数发酵酒的酒精含量在 5%～10%，而且小孩一般不能饮酒，可流通的酒精量是非常大的。

---

① 根据可再生能源协会的统计，2021 年世界燃料乙醇的总产量约为 1033 亿升。——译者注

全世界的人怎么喝得了这么多酒呢？实事求是的话，酒还能提供一定量的我们身体所需的水分。我们的身体三分之二是由水构成的，成年人一般每日需要饮用约 2 升水来保持正常的生理功能。但是未经处理的水可能会被有害微生物和寄生虫污染。酒精能杀死其中的很多病原，人们一定在很早的时候就已意识到，喝酒的人通常会比其他人更健康一些。

酒也有其他益处。酒精能够刺激食欲，饮酒还能缓解饥饿感。发酵能够增加天然食物的蛋白质、微生物和营养含量，增添口感和香气，还有利于保存。发酵过的食物和饮料烹饪起来更快，因为复杂的分子已经被分解，这样节省了时间和燃料。最后，不少的医学研究已经表明，适量饮酒能够降低心脑血管疾病和癌症风险。因此人的寿命增长，子孙更多。这在古代尤其重要，毕竟当时的人均寿命普遍很短。

然而，对于人类而言，饮酒远不止身体健康和长寿的好处。为了理解更广泛的生物学和文化上的意义，我们必须穿越回远古时代，"饮人"初次踏上这颗星球的时候。这里不得不提到我们的导游，他们是考古学家、DNA 研究学者以及其他探索古代历史的专家，他们耐心地发掘和研究我们祖先留下的破碎遗存，破解今天依然隐藏在我们身体里的基因密码。

早期人类化石的年代为距今 45000～20000 年，通过研究这些骨骼和牙齿化石，我们可以推测他们在穿越非洲丛林和大草原时生活是怎样的，吃的是什么。很多化石来自东非大裂谷，包括阿法南方古猿，最具代表性的是被称作露西①的骨骼化石。她的 72 块骨骼表明她可以两足行走，也可以爬树。这些特征对她和她的"家庭"十分有利，能让他们伸长身体在树枝之间穿梭，够到甜美的果子。

早期人类（包括大猩猩）较小的臼齿和犬齿能够追溯到 2400 万年前的原康修尔猿和其他化石，他们适应食用柔软多肉的食物，比如水果。这种齿列大体上与今天的猿类类似，包括长臂猿、红毛猩猩和低地大猩猩，它们也都是以水果为主获取能量。黑猩猩在基因组上跟我们人类最接近，它们的饮食中植物性食物达 90% 以上，而其中超过 75% 都是水果。换句话说，早期人类和他们的后代早在百万年前就很偏爱吃水果。

如果人类在演化过程的初期就选择了水果，那么紧随其后的也许就是酒。尤其在温暖的热带气候区，水果成熟之后会在树上、灌丛里和藤架上就地发酵。果皮破损渗出汁液，酵母就会发起攻击，糖分被转化为酒精。这种果浆的酒精含量能达到 5% 甚至更高。

我们人是视觉动物，可以想象发酵水果的颜色，通常是明亮的红色或黄色，肯定会引起早期人类的兴趣。当我们的早期祖先靠近成熟的果子时，其他的感官也会参与进来。发酵水果散发的强烈酒香味，肯定让他们意识到了这是有营养

---

① 2016 年 8 月 29 日，约翰·卡普尔曼（John Kappelman）等人在《自然》（Nature）杂志上发表文章，论证露西是 300 多万年前从树上掉下来摔死的。随后中国科学网转发国内媒体文章，标题为《〈自然〉：人类之母露西系从树上坠亡》。——译者注

的东西，品尝之后还会带来新奇和诱人的感官体验。

这种想象的场景到底有多贴近现实，我们也不确定，因为古代的化石没有告诉我们关于容易腐坏的感官组织的信息。尽管现代人中偶尔有味觉特别敏感的人，但是我们的味觉和嗅觉在整个动物王国中的敏锐度排名并不靠前。早期人类的感官可能比我们敏锐得多，就像猕猴一样，它们对酒精和其他味道极其敏感。

醉猴理论

生物学家罗伯特·达利（Robert Dudley）提出，人类酗酒的根源要从灵长类的演化历史来看。这个令人深思的假说又被称作醉猴理论，根据的是考古材料和已知的现代灵长类饮食习惯，而这些考古材料通常都支离破碎而且颇具争议。我们假设，早期人类以水果为主食，最迟到距今一两百万年，他们开始食用更多的植物根茎、动物脂肪和蛋白，也许我们的早期祖先通过适量饮酒获得了某种优势，并且在生理上逐渐适应。而饮酒的益处早就有近代医学研究证明，一般来说，滴酒不沾和酗酒成性的人的寿命都偏短。人类的肝脏专门代谢酒精，约10%的酶都用来把酒精转化成能量，其中就包括乙醇脱氢酶。我们的嗅觉器官更是可以探测到散发的酒香味，其他的感官也可以捕捉到成熟水果散发的各种化合物。

有时候现代人和其他哺乳动物对酒的渴望，早就超过了正常的营养需求或对身体有益的量。达利写过，在遥远热带的巴拿马巴罗科罗拉多岛（Barro Colorado）上，吼猴疯狂地吃一种成熟的棕榈果，简直停不下来。你也许会想，猴子们肯定不会那么放纵，就像它们在自然界中会躲避不安全的甚至有毒的植物，但是这些猴子狂吃明黄色的果子，在 20 分钟内吃掉的酒精量就相当于大约 10 个酒精标准单位，或者相当于两瓶 12% 酒精含量的葡萄酒。显然如果猴子喝醉了，对它们的生命和健康没有益处，它们在树枝间穿梭的时候可能会失足坠地，或者被尖锐的棕榈刺扎伤。

据说马来西亚树鼩所属的科是所有现存灵长类动物的祖先，可以追溯到 5500 万年前，树鼩对发酵棕榈花蜜也同样情有独钟。弗兰克·韦恩斯（Frank Wiens）和他的同事的记录，完美支持了达利的假说。这些小家伙长得很像鼯鼠，喝起酒来不要命，经常一晚上喝的量就会超过对任何物种来说都是有毒的剂量（每千克体重含纯酒精 1.4 克），相当于一般体重的人类喝 9 杯葡萄酒。但是这些树鼩完全没有中毒的迹象，依旧灵活地在布满尖刺的棕榈树上游走，采完一朵又一朵流淌着汁液的棕榈花。鳞皮椰的花序就像一串迷你的发酵罐，那里面整年积攒着花蜜。在热带气候下，里面的酵母迅速将其转化成冒着泡沫、气味浓郁的棕榈酒，酒精含量高达 3.8%。棕榈和树鼩的共生关系十分神奇，这种动物在喝酒的时候，它就把粉传了。虽然人类已经失去某些遗传特征，不能像树鼩那么高效地代谢酒精，但通过模仿它们的行为，发酵多种棕榈树中含糖量高的树汁和花蜜，这在非洲（见第八章）和世界其他地方都可以见到。

猿类在实验室人造囚笼环境里的行为也很有启发性。据罗纳德·西格（Ronald Siegel）报道，如果给黑猩猩不限量供应酒——"免费酒吧"，它们一开始会喝掉相当于三四瓶葡萄酒的量。雄性比身材较小的雌性更能喝，中毒的次数是雌性的两倍。一段时间之后，黑猩猩的饮酒量会趋于克制，但是它们仍然喝很多，一直醉醺醺的。这种行为显然没有演化优势，光是中毒就把自己结束了。研究人员通过在"酒吧"提供不同的酒发现，黑猩猩一般更喜欢甜葡萄酒而不是干的，也更喜欢有味道的伏特加而不是纯酒精。

在类似的实验条件下，老鼠比黑猩猩表现出更大的克制。实验配备了宽敞的地下活动空间和24小时的"免费酒吧"，我们一眼就能发现，老鼠的饮酒习惯十分规律。整个鼠群在主要进食时间之前会兴奋地聚集在出酒口附近，或许是用来刺激食欲的餐前酒，几个小时以后，还会有睡前酒。每隔三四天，鼠群会比平常喝得更多，好像宴会。

酒力驱动

早期人类和猿有充足的理由过量食用发酵水果和含糖量高的食物，例如蜂蜜，这种食物只有在特定季节才能获得。种子或坚果可以储存在一个避光凉爽的洞穴里以备将来食用，但人类还没有发明什么办法可以防范甜味、含酒精的食物被别人发现并抢夺或防止食物腐坏。为了度过食物匮乏的季节，我们的祖先只能在还有食物的时候尽可能多吃多喝。

为了能在资源短缺和恶劣的环境中生存，摄入高能量的糖类和酒精是完美的解决方案。多余的能量可以变成脂肪储存起来，将来条件恶劣的时候可以逐渐燃烧掉。对早期人类来说，大部分能量可能都消耗在长途跋涉寻找成熟的水果、坚果和其他食物上，还要狩猎，躲避捕食者。人类的身体发育出强劲的腿部肌肉，壮硕的臀大肌可以平衡向前的冲力，使人可以快速奔跑，最快可达每小时 48 千米。任何超重的人都可能被狮子迅速淘汰，它们的奔跑速度可以超过每小时 120 千米。

醉酒使人更容易受到捕食者的攻击，因为他们的反应能力和身体机能都受到酒精的抑制。但鸟类和猴子这样的群居动物，在聚餐狂吃时有着独特的优势。虽然它们的肌肉协调能力和精神机敏程度下降，但是它们庞大的数量可以招架住附近的任何不速之客。在陷入忘我的狂吃之前，这些动物通常还会派出一队警备小组或集体出击迎战闯入者。它们会找一个易守难攻的位置放心地吃，这个位置可以是天然的（比如含酒精的东西就长在高高的树上），又或者是刻意营造出来的，比如说把发酵的食物或酒带到山顶上或洞穴里，再开始大快朵颐。

观察者很难真正了解动物世界对酒精的痴迷。动物行为专家不能解读果蝇或黑猩猩的"想法"，更别提已经灭绝的早期人类，所以很难理解是什么驱使他们吃发酵的水果。针对生物感知、响应和代谢酒精的机制，遗传学家和神经科学家已经从分子水平开始解密，但是要充分理解这一现象，还有很长的路要走。

旧石器假说

在考古学尺度的时间迷雾里，人类是从多早开始饮酒的？酒又是如何塑造我们的生物属性，参与我们的文化的？醉猴假说探索了这个问题的生物性一面。中国和近东地区（第二章、第三章）的新石器时代开始于公元前 8000 年前后，这里丰富的考古学材料让我们可以发掘文化层面的答案。人类从新石器时代开始永久性地定居下来，在聚落留下了大量的建筑、装饰品、彩绘壁画和新发明的装酒用的陶器。比这还要早几千年的旧石器时代，考古学证据就没有那么多了。但人类无疑早在旧石器时代就开始探索酿酒了，他们品尝着令人着迷的发酵的果汁，又意识到它潜藏着危险。

旧石器时代的考古资料稀少，所以我们很容易过度解读，把现代的概念强加到支离破碎的远古时代。过去考古学家认为早期人类以食肉为主，因为活动营地上到处是动物骨头。后来才有人想到水果或蔬菜的遗存根本就保存不下来，而骨头就容易保存多了，这么多的骨头也只能说明肉是早期人类饮食的一部分，可能占的分量并不多。

在《古代葡萄酒》一书中，我描绘过一个场景，我称之为旧石器假说，详细说明旧石器时代的人类可能是怎么发现制作葡萄酒的。简单来说，这个假说认为早期人类与今天的我们没有太大的区别——同样喜欢颜色鲜亮的水果，同样喜甜嗜酒，同样对酒精上头（第九章）——他们在远古时期的某个时间节点上，肯定不会再满足于像贪婪的蛞蝓或醉酒的猴子那样不假思索地啃食发酵水果，而开始想办法制作和饮用发酵酒。

野生欧亚葡萄已经在土耳其东部和高加索地区这样的山地气候条件下繁茂地生长了数百万年，我们可以想象早期人类穿越植被茂盛的河谷时的场面。他们利用简单掏空的木质容器、葫芦、皮革或草编的袋子，采摘成熟的葡萄带回附近的洞穴或临时营地。根据葡萄的成熟程度，容器底部的葡萄有的会被压碎、破裂，流出葡萄汁。如果葡萄一直放在容器里，葡萄汁就会开始冒泡甚至剧烈翻腾。归功于葡萄皮上的天然酵母，葡萄汁逐渐发酵变成低酒精度的葡萄酒——石器时代的博若莱新酒。

最后液体没了动静，人类家族里比较胆大的一位站出来尝了尝这个饮料。他跟大家说这个东西比一开始的那堆葡萄口感要顺滑多了，还带点温度，口味也更丰富。这个液体充满香味，非常容易入口，喝完让人有一种舒畅宁静的感觉，一直紧绷的神经终于放松了下来。趁着这股开心和放松，他请大家都来尝一尝。很快每个人的情绪都高涨起来，开始热烈地交谈，可能有的人还会唱歌跳舞。当夜幕降临，人们还在继续喝，他们的行为开始渐渐失控。家族里有人开始挑事儿，有的人开始进行疯狂的性行为，还有的人因为饮酒过量直接晕了过去。

早期人类一旦发现如何造酒，可能每年都会返回野生葡萄丛，在葡萄成熟的时候采摘，甚至可能发明新的处理办法，比如说用脚踩葡萄，或者在粗糙的容器上加个盖子促进无氧发酵葡萄汁。根据所谓的诺亚假说（见第三章），那个时候离欧亚葡萄真正被驯化还远着呢，更别说发明可靠的方法避免葡萄酒迅速变成醋（乙酸）。可能在较早的时候，人们意外发现一种具有抗氧化作用的树脂，但就算添加树脂，也仅仅是把变醋的过程延后几天而已。明智的办法是在它变质之前，赶紧把美酒都喝掉。

我们的早期人类祖先一定在不同时间不同地点与酒打过交道。葡萄只是众多可以发酵的水果中的一种。撒哈拉以南非洲是早期人类（这里指智人）的中心分布区，从那里出发，我们在 10 万年的时间里扩张到全世界，而第一种发酵酒可以是无花果酒、猴面包酒，也可以是甘瓠酒。蜂蜜中 60%～80% 是单糖（果糖和葡萄糖），后来肯定也成了重点寻找的配料。最晚从白垩纪开始，温带气候区的蜜蜂就已经在生产蜂蜜了，包括人类在内的很多动物都甘冒被蜇的风险从蜂巢里偷甜美的蜂蜜。

罗杰·莫斯（Roger Morse）是我们家的老朋友，以前是康奈尔大学的农学教授，他总是说世界上最早的酒的基础原料肯定是蜂蜜。想象一下，蜜蜂在一棵死树的树洞里筑巢，里面填满了蜂蜡和蜂蜜。有一天树倒在地上，遭遇了瓢泼大雨，如果蜂蜜被稀释为三成蜂蜜七成水，那些适应高浓度糖的酵母就会开始发酵，造出蜂蜜酒。这时候我们的人类祖先出场，她已经惦记这个蜂巢很久了。她径直走向树洞尝了一口，如果不是那么自私的人，肯定会喊上她的同伴都去尝尝这个带酒味的蜂蜜水。

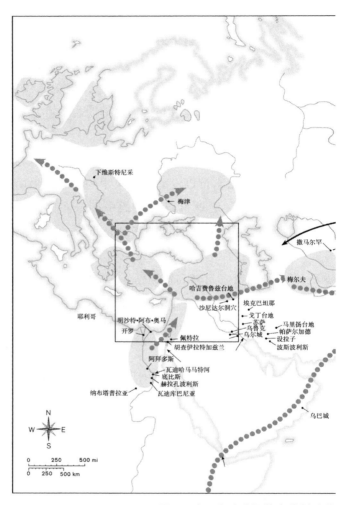

图 1　欧亚大陆造酒技术传播路线

说明：人类在公元前 10 万年左右走出非洲开始遍布全球，发酵酒也随之开始。根据每个地方所能获取和驯化的不同植物，蜂蜜、大麦、小麦、葡萄、大枣等谷物和水果（例如欧洲西北部的蔓越莓）都是可以用来造酒的材料。最早期的酒都是混酿的"格洛格酒"，可能添加了草药、树脂和其他药用材料（如欧亚草原地带的麻黄）。

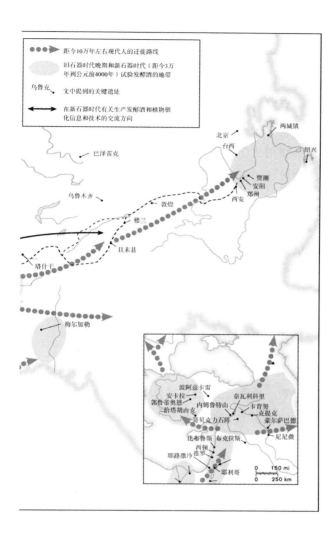

　　我们可以设想出很多类似的场景。基于我们对人类社会和现代人类大脑生物机制的了解，乃至个人经验，所有这些想象听起来都很合理，但旧石器假想最大的问题是无法证明。迄今为止没有发现旧石器时代的容器，就连石头做的也没发现，木制的、草编的、皮革和葫芦做的物品统统降解消失了。唯一有希望用化学手段检测旧石器时代遗址的酒，是在旧石器时代的居址附近采集可能装过酒的石器，想办法提取吸附在石头空隙里的东西。

　　但是，有些引人注意的考古学证据暗示着旧石器假想也不算太离谱。例如，人类制作的最早的艺术品中，有的描绘了丰乳肥臀的女性形象，因为明显的性别特征，而且和生育有关，这些形象通常被称为维纳斯。其中一个雕刻于法国多尔多涅地区劳塞尔（Laussel）的维纳斯形象（彩图 1）格外引人遐想，年代约为 20000 年前，距离著名的拉斯科（Lascaux）洞窟壁画不远。这位长发美女一手搭在怀孕的肚子上，另一只手举着一件像是号角杯的器物。这件器物也可能是别的东西，比如说乐器（但是为什么号角窄口的一端朝向她嘴巴的反方向？），或者是代表女性的月亮符号（但你也可以说野牛角象征互补的男性或狩猎的勇猛）。

　　说它是号角杯，也与这个地区后来凯尔特王子们的喜好一致，他们会用装饰华丽的牛角炫耀酒力。这件维纳斯雕像坐落在露天的岩厦上，俯瞰着宽阔的河谷。此处非常适合聚集一大帮人举杯欢腾，酒可能就是用附近的野生浆果（著名的葡萄酒产地波尔多就在 100 千米之外）或者积攒下来的蜂蜜做的。这件雕像的胸部和腹部还用赭石涂成鲜艳的红色，更加凸显了她的性别特征和大自然的繁殖能力。在后来的艺术作品中，发酵酒——包括葡萄酒和新世界的巧克力酒——通常都是用红色来展示，象征着血液，生命之水。

就算劳塞尔的维纳斯在用号角杯喝酒而不是在吹奏，早期人类或智人也完全有可能在喝酒的时候配点音乐。在德国南部的盖森克劳斯特勒（Geissenklösterle）洞穴，考古学家发现了 3 支破碎的笛子，年代比劳塞尔的维纳斯大约早15000 年，笛子上至少有 3 个孔，它是用猛犸象的象牙和大天鹅的翅骨制成。笛孔是斜着的，说明它们的吹奏方法跟现在的笛子类似，通过变换唇形向其中一个孔吹气，而不是直接从笛子一端吹。通过堵住不同的笛孔变换指法，可能会吹出音调，甚至可能吹出八度音阶。

在公元前 7000 年前后的中国，新石器时代的人专门挑选丹顶鹤的骨头制作过类似的乐器（第二章）。尽管相隔30000 年之久，但选择用鹤和天鹅的骨头做笛子应该都是经过深思熟虑的，这两种鸟的求偶方式都很烦琐，包括鞠躬、跳跃、展翅等动作，鸣声也如乐曲般婉转。鸣叫声此起彼伏，响彻夜晚，就像单身酒会般热闹。

这些鸟飞得又高姿态又优雅，尤其在春季和秋季成群结队迁徙的时候甚是壮观，肯定引起早期人类的无限遐想。我还记得在约旦发掘的时候，有人大喊，"看，是鹳！"漆黑的双翅在湛蓝天空的映衬下更凸显它们身体的洁白，让我们不禁感慨它们的世界是怎样的。

盖森克劳斯特勒的笛子不是孤例。10000 年后，在比利牛斯山法国一侧的山麓，生活在伊斯蒂里特（Isturitz）洞穴的人几乎会吹笛子或管乐合奏了。这个遗址出土了整个欧洲冰河时代最丰富的艺术品，迄今为止一共发现了 20 支秃鹫翅骨做的乐器。每支笛子钻有 4 个孔，很明显两孔一对，各自分开。秃鹫的求偶仪式并没什么好看的，也许是雌雄秃鹫高飞盘旋又毫不费力的姿态和它们结伴终生的忠诚，让早期人类印象深刻。

进入梦境

在法国和西班牙北部史前洞穴中有数量惊人的艺术作品，但还没有出现过飞翔的鸟类形象。假如天空代表早期人类无法企及的世界，那地球深处也同样神秘。石器时代的艺术家们借助仅有的动物油脂制成的灯，爬上石壁进入曲折的洞穴深处，用黑色和红色染料创造出一个神奇的动物世界，主要由野牛、狮子、猛犸象和其他大型动物构成，这些形象栩栩如生，好像随时要从石头上跳下来。

当我和妻子在一位法国向导的带领下钻过狭窄幽深的通道进入莱塞济（Les Eysies）附近的风得高姆（Font de Gaume）洞穴时，我对这个地下世界既感到兴奋，又充满敬畏。我们弯着腰前行，感觉像是穿越到人类初次探索世界的时候。在令人生畏的黑暗洞穴里，向导用微弱的手电灯光照向雕刻和绘画的野牛、鹿和群狼，艺术家们用精湛的技艺描绘出多尔多涅河谷热闹的动物群像，让我们赞叹不已。

写实的场景还搭配了几何和象征性的图案——点、蹄印、带阴影的圆圈和方框、V 形线条和旋转涡纹——全是用红色赭石画的。在库涅克（Cougnac）洞穴里找到了成堆的赭石，人们可以把手按在石壁上，沿着手掌撒赭石粉末印出空白的手掌，或者直接在手上涂抹赭石颜料，在墙上按出红色手印。

这些冰河时代的洞穴里到底发生过什么？它们肯定不是普通的住所，因为靠近地表的地方有更方便、更暖和的岩厦。通过洞穴里偶尔出现的面庞和人体形象，我们可以大胆推测，人会戴着有角的头饰或者飘逸得像动物的鬃毛一样的东西，并且好像都在爆发出大笑，在黑夜中竖起直愣愣的阴茎。

最奇妙的人形艺术形象出现在三兄弟（Les Trois Frères）洞穴里，它位于被称作避难所的广阔地下空间，年代接近冰河时代的末尾，距今约 13000 年。要完成这件作品，旧石器时代的艺术家得匍匐在洞穴上方 4 米的一个狭窄的凸起上。这个作品高达 1 米，是人和动物光怪陆离的组合。脸像有着胡须的猫头鹰，头上顶着分叉的雄鹿鹿角，前伸的手掌像兔子或某种猫科动物，后垂的尾巴则像马尾，整个形象好像在跳某种舞蹈，脚挨个跳起来。它的下半身很明显像人类，甚至生殖器也像，剩下的部位则让人摸不着头脑。在整个大的艺术群像中，这个形象位于最顶端，好像在俯视芸芸众生，包括奔袭的野生动物和只有夜间出行的猫头鹰，也好像在俯视着我们，跟我们说一切都好。

三兄弟洞穴里的奇怪形象有很多名字——巫师、有角神、动物主宰，这些名字是对这些形象最直观的解释。在亚马孙丛林，在非洲南部和澳大利亚的沙漠，在北方的冰冻苔原，历史上都有记录表明人类会成群结队而行，由一位宗教的中心人物——萨满或类似的人物带领。西方的观察者从现代科学、去神圣化的视角，通常会把这些人称为骗子、巫医或者药师。但是在人类刚出现的时候，可能正是这些人第一次尝试理解自然和精神力量。

就算没有任何文字或口述记录能解释这些石器时代洞穴里发生的事，我们依然可以想象洞穴里组织这些活动的人，一定是他们群体中最敏感的艺术家、音乐家和梦想家，甚至可能发酵酒都是他们喝的。可能有一个像劳塞尔的维纳斯一样的女人负责制作魔酒，酒激发了人类大脑隐藏的力量，治愈了疾病，确保狩猎成功。在今天的一些传统社会，一般也是女人负责采集酿酒用的水果、蜂蜜和草药，酒会用于标记墓葬、纪念逝者、成人礼、庆祝自然祥瑞和群体联欢；在旧石器时代，这些仪式可能是用来纪念又一件洞穴绘画完成。

从黑暗洞穴中的艺术作品和它们的背景中，还可以仔细推敲出石器时代仪式需要的其他因素。早期的法国探险者发现，洞穴里有非常出色的声学性质，尤其是当他们用骨头敲击石笋和石钟乳时，发出清脆的混响。要是有一群人（石壁上的指纹显示确实有过这么多人）在里面，就可以奏出交响乐一样的效果。戴着鸟鹿面具的巫师可能踩着音乐的鼓点起舞，这舞蹈可能是精心编排的，也可能是即兴的。她可能会举起某种特殊的符号，比如木棍顶上镶着一个鸟的剪影，来增加艺术效果，这种剪影出现在拉斯科洞窟的石壁上，它的旁边像是鸟头人身的萨满。

在旧石器时代的宗教仪式里，骨头也可能作为乐器相互敲击。在乌克兰西部平原的梅津（Mezin）发现了一座完全用猛犸象骨头搭建的房子，年代为距今 2000 年前后。发掘者认为，房子地上散落的用赭石装饰的猛犸象肩胛骨、头骨和其他骨头，加上两个象牙做的拨浪鼓，组成了一套打击乐器。他们为了验证自己的结论组建了一支乐队，名字就叫石器时代乐队，他们的表演广受好评，但是应该不如在洞穴里用石灰岩"管风琴"敲出来的震撼。

红色圆点、旋转涡纹等一些设计元素，加上洞穴里的野生动物艺术形象，也让很多人认为这是旧石器时代的巫术崇拜。根据戴维·刘易斯-威廉姆斯（David Lewis-Williams）等学者的认识，这些重复出现的主题可能是人的感知变化以后，产生的视觉现象，或者是光学幻影。感官失效、精力高度集中或奏乐跳舞这样的重复行为，可能会形成这些视觉形象的几何排列。而扭曲感知最直接的途径是服用精神药物，早期人类最有可能接触到的也是人体最适应的，就是酒精。过了刚开始喝酒时的兴奋劲，饮酒的人可能会出现幻视，看见的东西也让他们难以理解，最终可能会陷入完全的癫狂状态。

这一切的前提假设是，早期人类发现饮酒能改变认知，因此欲罢不能，有人也可能提出质疑。但我们所有人，不仅是神秘主义者，在梦中都有幻视和幻觉的体验，我们生命中几乎三分之一的时间都在睡梦中度过。我们可以选择忽略我们的梦境，把它当作清醒时体验的碎片。然而有的时候，这些梦境会突然让我们从沉睡中惊醒。梦境也可以给人灵感，它会把意象和观念随机地重叠、组合，解释世界上的神秘现象。例如化学家弗莱德利希·奥古斯特·冯·凯库勒（Friedrich August von Kekulé）在梦中发现了苯的环状结构，他梦到扭动的蛇，其中一只咬住自己的尾巴变成了一个环。他醒来的时候，得到了睡觉前还不知道的答案。

我们的梦境千变万化又惊心动魄。我们可能梦见一只动物变化成人，可能从局外人的视角看见我们自己，好像在演一出话剧，又可以体验飞起来或掉入无限深渊的感觉。黑暗洞穴里石器时代的壁画像极了梦境闯入我们的三维世界，在漆黑的夜里变幻出逼真的彩色幻境。在酒精的作用下，洞穴里倍加寂静，如此更加放飞了敏感的人的想象力，通过二维艺术形式描绘出内心和外部世界。于是萨满和所有人可以开始重要的仪式，以保他们今生和来世的福祉。

旧石器时代的洞穴绘画就像一座座西斯廷教堂，在当时一定是非常艰巨的任务，尤其是考虑到在如此漆黑险峻的环境中，他们拥有的技术又如此有限。人类到了今天也还是这样，喜欢花那么多时间和精力在异想天开的事情上。智人的需求既包括凝聚社会群体的仪式，也包括象征着精神世界和大自然创造的艺术形式，还包括赋予人生体验意义和逻辑的宗教仪式。发酵酒或药物可以增强这些体验，刺激产生新的想法。对旧石器时代的人来说，他们用酒或者其他方法达到改变意识的效果，把纪念性仪式升华成确保身体健康、安抚祖先亡灵和鬼神、占卜吉凶、预测未来的集体活动。

载歌载舞

我们不知道人类从什么时候开始普遍关注"美酒、女人和歌"① ——我还要加上宗教、语言、舞蹈和绘画。在距今约 10 万年的撒哈拉以南非洲，已经出现了一种新的符号意识的萌芽，那也是我们作为一个物种踏足全球的开始。在南非的边境洞穴（Border Cave）和克拉西斯河口洞穴（Klasies River Mouth Cave），磨成粉的赭石、可能曾经串成项链的穿孔贝壳表明人类已经有意识地让自己更吸引人，可能是为了吸引伴侣、满足虚荣，或者是祈求祖先和神灵帮助。边境洞内发现了一具青少年的尸骨，浑身盖满颜料，这种习俗可能一直延续到以色列的迦密山（Mount Carmel）[斯虎尔（Skhul）和卡夫泽（Qafzeh）洞穴]，最终传遍古代世界。猴子和猿类可能会互相梳毛，但是没有证据表明它们会主动美化自己。如果早期人类开始装饰自己，也许他们早就已经使用某些自创的声音和手势彼此沟通。当洞穴绘画开始出现在欧洲时，人类的认知能力和使用符号象征的能力肯定已经有了质的飞跃。

在津巴布韦蒙巴洞穴（Mumbwa Cave）发现用石头垒砌的火塘，是 10 万年前用来保存和控制火的，进一步体现了早期人类的创造发明能力。这种知识为人类向地球寒冷地带的

---

① "Wine, Women, and Song"最早可能是小约翰·施特劳斯在 1868～1869 年创作的圆舞曲（第 333 号作品）的名字，后来广泛流传成为享乐主义的代名词。——译者注

迁移提供了帮助。再稍晚一些，刚果卡坦达（Katanda）发现了精致的骨制鱼叉，克拉西斯河口洞穴发现了细石器——用于特殊目的的小型尖锐燧石器。

然而考古学无法告诉我们，当人类进入有挑战的新环境时，大脑是如何变化和适应的。我们用石膏拓取古代人类和现代人头骨的颅内模型，发现人类的大脑皮层在距今 10 万年左右已经相当现代了。有些研究者发现了某个脑区的位置，在现代人类大脑中被称为布罗卡氏区（Broca's area），它是我们大脑左侧前额叶第三个脑回区域，决定着人的语言能力和某些音乐创作能力。

要获得处理语言和说话的能力，需要一系列互相配合的遗传学、生物学和社会学的转变。双腿直立的站姿使人类的喉部位置更靠下，这样就可以发出更多不同的声音。化石头骨显示舌下神经管孔径增大，说明连接舌头的神经数量也变多。胸神经是控制横膈膜收缩的，它的椎管也明显变大，可以让人更好地控制气流和声音。大脑出现新的分区，如布罗卡氏区和韦尼克氏区（Wernicke's area），可能合并到或扩展已经存在的脑部中枢，形成情绪反应和感知。以布罗卡氏区为例，其中有一部分我们称之为镜像神经元，顾名思义，这种神经元可以记录我们观察到的一切并且可以回忆，就像照片一样，复制出来。这可能对于协调我们的表情和舌头运动非常重要，如此我们才可以说话。人类发展出语言的最后一步，可能是所谓的 FOXP2 基因的微小变异。基因变异是动物世界中普遍存在的现象，但是这个基因的改变使我们对舌头和嘴唇的运动控制得更加精细，这也是说话的重要条件。

语言是我们表达思想的工具。我们的很多思想都藏在意识层面之下，以"逻辑"的形式存在，诺姆·乔姆斯基（Noam Chomsky）使这个词流传开来。通过把思想带到意识层面之上——赋予字面含义自创的声音，然后串联起来表达思想——思想就可以储存在记忆和意识之中。

音乐与语言的理解和输出共享了很多脑区，因此音乐可能是语言的前身。同语言一样，音乐也是有结构的，高度符号化并适应了我们的身体构造。我们可以通过改变音调、速度和强调某些音节表达情绪。我们可以调动身体，脚踩节奏或并排跳舞，享受与其他人协调一致的感觉。进化生物学家史蒂芬·品克（Steven Pinker）认为，音乐是可有可无的娱乐，[①] 但今天我们都知道音乐重要得多。人们上下班的路上都戴着耳机，谈话间都是最新的摇滚明星八卦，在现代人类文化中，音乐无处不在。你甚至可以说现在是性爱、毒品和摇滚的巅峰时代。

假如我们想一下音乐是如何影响我们自己的，就可以明白音乐对我们的生活是多么重要，是如何成为我们祖先的文化元素的。早期人类可能在某个固定的声调范围里，通过组合和排列单个的音节创造出第一种通用语言。这种有节奏感的声音虽然不如使用单词的语言那么精确，但是某种程度上更加容易理解：来自某种文化的人至少能够部分地理解和欣赏另一种文化的音乐。当我们听音乐的时候，我们自觉或不

---

① 史蒂芬·品克在 1997 年发表文章称音乐是"auditory cheesecake"，字面意思是"听觉的芝士蛋糕"，意指音乐是人类演化选择过程中的副产品，不是生存和繁殖的必需品。他的这种说法广受诟病。——译者注

自觉地试图内化它所表达的情绪，包括这段音乐的走向和意义。就像我们想要看清我们未来的生活，音乐会唤醒大脑原始的边缘系统，即我们的情感中枢。

情绪和理性思维对我们的生存来说一样重要。因为某种食物、饮料、人和事而产生的高兴、悲伤、害怕、愤怒或者恶心的情绪，都会导致不同的行为，很多情况下都是下意识产生的。兴奋的时候会让人坚持——我们做的一定是对的！——但是失望或沮丧表明我们可能走错了方向，需要调整方法或彻底放弃。《星际迷航》（Star Trek）里的史波克（Mr. Spock）①可能会尝试从各个角度解决问题，但是旧石器时代的猎人或现代人都需要快速决策。在非洲大草原上如果一根树枝突然断裂，或者在漆黑荒凉的街道上听见身后有脚步声靠近，我们的情绪会动员大脑和身体，逃离感知到的危险。虽然可能是毫无意义的噪声，但通过对比记忆中的声调和音色，我们判断可能是狮子准备跃起或劫匪在逼近。

在生物学上与我们最接近的猿类和黑猩猩对音乐也很敏感。东南亚雨林里的长臂猿是一级的音乐家。在 12 种长臂猿中，有 10 种都是雌雄一对相伴终生，它们会通过对唱来宣示领地和彼此的结合。雌性的啼叫复杂又有节奏感，持续6~8 分钟，越往后节奏越快、音调越高。在雌性精彩表演期间，雄性不发声，只有在雌性表演结束之后，雄性才会以类似歌剧宣叙调或终章的形式结尾。雄性有时会以自己的短歌

---

① 史波克是《星际迷航》中的主角之一，是半人类半瓦肯星人。瓦肯星人以其纯粹的逻辑和理性思维著称。——译者注

曲作为压轴表演。

我们可以接着长篇大论，来说明情绪、音乐和符号系统对早期人类的生存有多么重要。在我们平常观察的所有动物中，鸟类最有可能告诉我们音乐的起源和作用。就在我今天早晨起床的时候，在费城郊外的密林里，我听到了画眉鸟发出的打字机般的轻快叫声，它们刚刚从中美洲来到这里。还有一种从热带地区迁徙来的鸟，叫黑喉蓝林莺，发出刺耳的、声调越来越高的尖叫。本地的凤头山雀不甘示弱，叫个不停且音调不变，"皮特，皮特，皮特"。尽管如此嘈杂，每种鸟都能用自己的曲调跟同类沟通。

我的妻子多莉丝（Doris）是做鸟类保护工作的，专门给鸟上脚环，她曾经做的一个项目是在新泽西州南部的湿地给每只蓝翅黄森莺录音。这个物种在交配季节，只有雄性才会唱歌。该项目是想探究每只鸟的歌声是否相同。通过给鸟鸣录音，分析它们啼叫的频率和节奏，发现每只鸟的鸣唱确实都是不同的，虽然我们的人耳听不出其中的细微差别。年轻的鸟儿好像会从老鸟那里继承一些唱歌的元素，然后即兴唱出不同的音符和节奏，确定好以后就不变了。我妻子在录完音之后，可以不用望远镜就能分辨出是不是同一只鸟，她每年都会返回新泽西。4月的一个早晨，在经历了数月的寒冬之后，她很惊喜听到了一只鸟独特的叫法，是一种二重唱（这只鸟的腿上绑了两只黄色脚环，于是就叫它黄黄）。

我们不知道鸟唱歌的时候是什么情绪，但是有一点是肯定的，它们唱歌的主要目的是吸引伴侣。当一只雌性听到黄黄唱歌，她可以十分确定这是一只同种类的雄性。黄黄的特殊叫声和亮眼的黄色羽毛表明它携带了良好的基因，可以跟附近的任何对手竞争。孔雀的尾巴也传递着同样的信息，失控进化理论[1]认为，这种看起来多余又累赘的附加物成了求偶仪式的焦点，变成越来越华丽的配件。

大自然里还有其他神奇的求偶仪式，它们基于有节奏感的身体移动，也就是我们常说的舞蹈。银豹蛱蝶的交配前戏可以说是芭蕾舞。当雌性在空中翩翩起舞时，她的伴侣会绕着她疾飞，在求偶过程中的某个节点接触一下又迅速飞离。随后两只蝶一起落地，最后检查一下彼此的特殊气味（信息素）再交配。它们在空中如此嬉戏至少 7 次才能成功配对。

新的想象

如果撒哈拉以南非洲早期人类的情绪和思想最先是通过音乐和其他艺术形式表达出来，那么酒可以看作滋养这种新的象征表达方式的营养液。随手可得的酒——变成了另一种通用语言——确实很可能是激发人脑深层潜意识的重要手段。我已经注意到，乐器可能是萨满和巫师的通灵工具。这些早期的神秘人很可能也是最爱饮酒的人，喝到神志不清产生幻视，并能扮演其他角色。他们可以是开方治病的医生、召唤祖先和鬼神的祭司，也可以是仪式的主事人，确保大家心想事成，子孙永续。石器时代的庆祝方式可能过于性感：

---

[1] 英国数学家费舍尔（R. A. Fisher）在 1930 年前后提出雌雄双方的生物性状互相促进的进化理论，被称为费舍尔氏失控理论（Fisherian runaway）。——译者注

从洞穴绘画上看，智人在走出非洲之后全都赤身裸体，或性器官不成比例地夸大（值得注意的是，人类的阴茎在充血肿胀时，不管是绝对尺寸，还是相对于人体的比例，都比其他任何灵长类动物的更长更大）。

还有一点或许意义更加深远，旧石器时代萨满的权力衣钵，需要有人继承。音乐或语言的传承，甚至是性能力和通神的能力，都是在家庭内部流传的，因此旧石器时代的萨满地位可能也是世袭的。经过世代的选择，我们的基因会强化音乐和艺术能力的表达，增强神力和酒力。

本书基于最新的考古学和科学发现，提出一个新的理论框架，解释我们的生物文化历史。跟随后面的章节，我们将开始寻找发酵酒的环球旅行，同时我们也会逐渐发现，从经济学、实用角度和环境角度出发的观点虽然很流行，但是这些观点都不足以解释人的本性和我们人类是如何一步步走到今天的。从旧石器时代到今天，我认为人类发展的驱动力是自觉、创新、艺术和宗教，这些都是独属于人类的特征，也都可以通过饮酒来刺激和升华，酒对人脑的作用不可低估。

第二章　黄河两岸

　　我从未料到，寻找发酵酒的起源之旅会把我带到中国，毕竟我花了 20 多年的时间在约旦领队发掘，工作遍布中东地区。我迈向中国旅程的第一步，缘于 1995 年美国人类学会的年会，我非常偶然地参加了一个关于古代陶器的分会场。在那里我遇到了文德安（Anne Underhill），她是芝加哥菲尔德博物馆（Field Museum）的考古学家，也是"文化大革命"之后开始对中国进行考察的第一批人员。她十分确信，酒是中国最早的文化中不可或缺的一部分，正如我的实验室在近东地区所发现的那样。在传统社会和现代社会中，世界各地的成年人的生活都少不了酒，要么是用来犒劳一天的辛苦，要么是用来庆祝。文德安相信，随着中国科学发掘规模的扩大，我们一定会了解酒对于古代中国社会关系、宗教礼仪、宴享和节庆的重要性。她提议，让我加入山东一个叫两城镇的新石器时代晚期遗址的发掘，用化学方法分析可能发现的器物。

　　即使我对古代中国文明几乎一无所知，一个汉字也不认识，但这么好的去中国工作的机会岂能错过。我预备在 1999

年的发掘中加入文德安的考古队。同时，我开始考虑中国其他与酒的历史和史前史有关的遗址。

戛门·哈博尔特（Garman Harbottle）是我在布鲁克海文国家实验室（Brookhaven National Laboratory）的一个同行，他帮我联系上了王昌燧，著名的中国科学技术大学科技史与科技考古系教授。王昌燧教授很快就安排我到北京，与顶尖的考古学家和科学家见面，并参观了黄河流域的多处遗址，那里孕育出灿烂的中国文化。他甚至陪我坐过夜火车，一路帮我翻译，对我关怀备至，还为我介绍中国当代的生活和习俗，尤其是美食和美酒。

每日的宴席上，作为客人，我有一个却之不恭的任务，就是要用筷子吃第一口烤鱼。如果我成功地夹起并送到嘴里，便会赢得掌声。我还发现，在这些宴席上，敬酒是必不可少的，这有着悠久的历史传统。我们频频举杯，祝身体健康、研究顺利。为了不在用高粱或小米酿的烈性蒸馏酒前丢了颜面，我通常都要求换成更温和、香气更浓郁的米酒。毕竟在我要研究的时间段，蒸馏技术还没出现。

连续六周的旅行和宴席让我结识了众多同行，这为以后获得考古样品，再通过海关，送到我在费城宾夕法尼亚大学考古学与人类学博物馆的实验室铺好了路。在中国完成这么复杂的过程需要广交朋友。有的同行跟我一样，热衷于用最新的分析技术探究中国古代酒，也帮了很多忙。

我和王教授最终回到了大城市郑州，郑州位于黄河沿岸，被翠绿的田野环绕着。我们在河南省文物考古研究所见到了张居中，所里摆放着他从新石器时期的贾湖遗址发掘出的陶器和其他文物。贾湖遗址在郑州东南方向约 250 千米处。

有段时间，考古学家认为动植物的驯化是在新石器时期的近东地区开始的，然后传播到世界各地。这些进步使人类开始踏上"文明"的道路，因为可以由一小部分人提供食物，剩下的人可以自由地从事其他专门的工作。包括小麦、大麦在内的一些基础作物，毫无疑问是在近东地区完成驯化的，还有放养的动物，如绵羊和牛，也是最先在那里完成驯化的。

现在我们知道中国的"新石器革命"比近东地区的很多进步还要早，这颠覆了我们以往的认知。你仔细想一下，如果人类没有狗的帮忙恐怕很难控制绵羊和山羊，最近的 DNA 证据也显示东亚地区是人类最好的朋友——狗完成驯化的地方，早到距今 14000 年的末次冰期。追溯驯化的马、猪和鸡①的祖先，很可能也在这片区域。

中国人在距今约 15000 年就开始制作陶器，② 比近东地区早了近 5000 年，这一点对我来说很重要。陶器的出现使制作、储存和盛放酒成为可能，它们的孔隙还会吸收酒，并保存下来被我们用作分析。由于陶土的可塑性，陶器呈现出各种各样的形态，它们可以用于盛准备下酒的食物——世界上最伟大的美食之一。新石器时代菜单上的美食之一，是一种细长的面条。在黄河上游地区的喇家遗址，发掘出了约公

---

① 最新的研究表明，鸡很可能是在更晚的青铜时代在泰国等东南亚地区完成驯化的。——译者注

② 江西万年仙人洞遗址出土陶片距今 20000—19000 年，被认为是迄今为止世界上最古老的陶质容器。——译者注

元前1900年的保存完好的黄色面条，这些面条是用谷子和黍子做成的，盘成高高的一碗，就跟现在中国人吃面的方式一样。

张居中把这些新石器时代的陶器从架子上取下来给我看，随之我就被这些陶器雅致、精巧的造型震撼到了。有些陶瓶（彩图2）有细长的颈部、斜敞的唇边，肩部或圆润或棱角分明。这都是储存酒和盛酒的完美器型。它们的把手是单独制作黏在上面的，形制多变，不逊于我在中东地区见过的任何一种，而且把手对称，既美观，又有助于搬运、储存和拿起酒瓶直接饮用。

这些陶器很明显是通过泥条盘筑和泥片贴筑手工制作的。器口的精细纹饰应当是慢轮精修完成的，也许是在一个垫子上。有些陶瓶装饰有一条红色的裙边（一层很薄的细黏土），被打磨得十分有光泽。黄色和红色的陶器都掺了矿物颗粒，烧成所需温度很高，可能高达800℃。贾湖遗址的新石器时代陶瓶展现出高度复杂的制作工艺和成套的形制，这些陶器形制成为以后中国数千年陶器制作的模板。本地化的创新可能造就了上乘的制作工艺，这有迄今为止在遗址上发现的11座陶窑为证。

当我往陶器内部瞧的时候，又发现一个惊喜。陶瓶底部有成片的红色残留物，一直延伸到内壁上，就好像它们曾经装过某种液体。另一种陶器的内部呈现大面积、非同寻常的沟槽状，里面填满了某种黑色物质，很像我在伊朗见过的一个陶瓶，我在那里面发现了中东地区最早的大麦啤酒的化学证据（见第三章）。我对分析贾湖陶瓶的前景非常看好。

贾湖奇观

贾湖遗址位于中国中北部的河南省，它可不是那种一般的新石器时代早期遗址——可能只有几处散乱分布的简陋房屋、几座墓葬和若干随葬品。淮河流域向北与黄河谷地相接，在这片肥沃的平原上，迄今为止发现了三个时期的完整村庄和相邻墓葬区，延续时间大约为公元前 7000 ～前 5600 年。

贾湖遗址不仅发掘出土了中国较早的一些陶器，还发现了全国较古老的水稻。令人惊奇的是，这些水稻是短粒的粳米，长时间以来学者们都认为它是由偏热带地区的长粒籼米演变来的，在南方长江流域的遗址内出现。然而近年来的考古发掘和植物考古研究表明，这些亚种几乎是同时出现的。我们还不知道基因流动的方向，也不知道这些新石器时代的水稻是驯化的还是野生的。在贾湖，水稻的大量出现暗示着人们已经开始栽培。此外，从贾湖出土的动物骨骼来看，当时的人储藏稻米还得小心防范狗和家猪，它们在街上到处乱跑，在泥坑里撒欢打滚。

贾湖人利用自然环境中的丰富资源，包括鲤鱼、鹿、蚕豆和菱角等，显然过着富足的生活。他们还喜欢符号化和异世界的东西。贾湖可能出现了迄今为止中国最早的刻画符号——一个眼睛一样的标记、一个举着叉子一样物品的火柴人，还有像后来的象形字"窗户"的刻画图案，以及像一、二、八、十这样的数字。

图 2　河南贾湖遗址新石器时代早期的"巫师音乐家"墓葬

　　说明：公元前 6200~前 5600 年，他的身边有两支骨笛（照片中的箭头），其中一只经过严谨的修复。在墓主的头部附近，有两个塞满石子的龟甲和可能装过某种混合发酵酒的陶瓶。

　　资料来源：张居中、张志清和河南省文物与考古研究所提供。

贾湖的这些符号刻画在龟甲和骨头上，像极了在这之后约 6000 年时的商代都城安阳和黄河流域其他封国流行的祭祀活动。商代的甲骨和龟甲测年约在公元前 1200～前 1050 年，迄今已经发现了 10 万多件，它们在宗教祭祀活动中被用来为商王和王室占卜吉凶。这些牛骨或龟甲经过钻孔和受热产生裂纹，占卜者对其进行阐释。占卜的事由和相应的预言，随后都被记录在甲骨或龟甲上，留给后世子孙。

贾湖龟甲和骨头上的符号含义我们还不清楚。通过仔细观察出土这些物品的墓葬以及里面的随葬品，我们推测，它们与某种祭祀仪式或宗教观念有关。在墓葬区迄今发掘的近 400 座墓葬中，这些有刻画符号的物品只在少数几个男性墓葬中发现。其中几个墓主在死后头部被小心地取出——但是在肉体腐烂之前还是之后不得而知——用六对或八对整套龟甲代替。公元前一千纪的周代和汉代贵族死后所戴的"玉覆面"是这个古老传统的延续。

在另外一些墓葬中，龟甲被放在墓主身旁或靠近肩膀的位置，就好像它们曾经是衣服的配饰或被握在手里。很多龟甲——包括那些代替墓主头部的——里面都盛着圆形的、白的和黑的小石子，少则三颗，多则上百颗。每个龟甲内的石子数量可能有数字上的含义。还有一种可能，这些塞满石子的龟甲曾被墓主人当作响器，死后随葬。

我们把这些龟甲当成打击乐器是有原因的，因为与其中一些龟甲一同埋葬的，还有我们所说的世界上最早的可演奏的乐器。1986 年，张居中的考古队在墓葬 M282 中发现一对骨笛，他几乎不敢相信自己的眼睛。每支骨笛有 7 个孔，每个孔间隔精确，沿着骨腔呈直线排列。它们与现在中国依然用来演奏传统音乐的竹笛毫无二致，使用五声音阶。在中国以往的考古发掘中，还从未出土过类似的古代乐器。

随着一座座墓葬的发掘，出土了更多的骨笛。目前一共发现了 24 支完整的骨笛，另外还有 9 支是破碎的。保存如此完好，使我们可以宣称这些笛子是最古老的演奏乐器，虽然旧石器遗址盖森克劳斯特勒和伊斯蒂里特也出土了笛子，但是都破碎到无法发出稳定的音调。中国的考古学家开始寻找一位技艺高超的音乐家来测试贾湖的这批骨笛。中央民族乐团的笛子演奏家宁保生先生欣然响应。他使用标准的斜吹法从笛子一端开始吹，像吹竖笛一样，当即就吹出低沉雄厚的音调，而这个声音已经 9000 多年没出现过了（图 3）。

图 3　吹奏新石器早期骨笛

资料来源：张居中提供。

考古学家和音乐家开始利用现代的录音设备和数字技术研究三个时期出土的各种骨笛。因为没有人确切知道这些乐器是如何被演奏的，为简化问题，只使用了最简单的指法，把所有的笛孔同时堵住。这就产生了一个非常精确的音阶。接着，每个孔依次打开，其他孔依旧堵住，再记录下得到的音阶。当然专业人士可以通过变换指法、吹奏方式等演奏出更多声调。

在遗址延续的 1200 多年里，多孔乐器越来越流行，这也就产生了越来越复杂的音乐。即便是最早的五孔骨笛，也能演奏出四个音阶，跟现在西方十二音阶中的几乎一致。只要再多一个孔，即使是初学者也能吹出五个音阶。7 个孔或 8 个孔，音阶和指法的变换方式就更多了，直到标准自然大调的所有音阶都能用简单的指法演奏出来。

很明显笛子在当时是很珍贵的。笛子的两端和表面都被仔细打磨光滑，钻孔之前还先画上辅助线（盖森克劳斯特勒和伊斯蒂里特的笛子也有）。笛子破损，还会被用心修复，就像今天的斯特拉迪瓦里（Stradivarius）小提琴一样。其中一支笛子的裂缝两端钻了 14 个小孔，用线穿了起来。大多数笛子都是成对出现的，可能有一支是作为笛子主人的备用乐器。

神奇的是，所有的笛子无一例外都是用丹顶鹤翅膀上的尺骨制作的。从实用的角度看，中空的鸟骨是制作笛子的理想材料，但或许这种鹤的行为也启发了做笛子的人。丹顶鹤浑身雪白的羽毛搭配醒目的黑色和红色，求偶时跳着复杂的舞蹈，两只鹤互相鞠躬，跳到空中展开双翅，用洪亮的鸣叫声表达彼此的爱意。笛子的发明还可能受到饮食的影响，当吸食骨髓后，再往骨头空腔内吹气，骨头会发出声响。

要是能再次听到古代贾湖的乐声，说不定能让人联想起丹顶鹤，可惜这种可能性实在渺茫，因为并没有发现关于新石器时代的详细记录。然而我们可以确定的是，那些随葬笛子和响器的人，在他们的社会中扮演过特殊的角色。他们与常人不同，身上都装饰着来自远方的绿松石和玉饰品。但他们的墓里也有磨盘、锥子和其他实用器具，说明他们并没有脱离一般劳动。随葬品中还有那种奇怪的叉形骨器，就更让人捉摸不透。这些骨器有多处钻孔，我们大胆推测它们可以像竖琴一样弹奏，又或许象征着"新农业"或是某些工匠的特殊工具（这点我后面还会讲到）。

全世界最早的酒

关于新石器时代早期贾湖的故事结局，要是只关注稻米、刻画符号和音乐，那就忽略了其发展过程中一个重要的角色——一种特殊的酒。

王昌燧把我介绍给张居中后，张居中带我走上了一条捷径，让我能发现贾湖酒以及它在新石器时代社会中的重要作用。张居中向我分享了他的认识和他发现的陶器，我从中选择了16个陶片用作化学分析。这些陶片代表了各种陶罐和陶壶，很可能都装过液体。其中有一个大号的双耳罐格外吸引我，要是这个罐在5000年后的近东地区出现，很容易会被错认成迦南罐，也就是后来在广袤的地中海地区葡萄酒贸易中用到的希腊和罗马双耳瓶的原型（见第六章）。

分析如此重要的样品可不敢疏忽大意，于是我邀请了很多合作者，他们来自中国（北京的微生物学家程光胜、植物考古学家赵志军）、欧洲［迈克尔·里查德（Michael Richards），现在莱比锡①］及美国［农业部的罗伯特·莫柔（Robert Moreau）和阿尔伯特·努涅斯（Alberto Nuñez），现在在芬美意（Firmenich）公司的艾瑞克·布特姆（Eric Butrym）］。运用一系列分析技术，包括液相色谱-质谱联用（LC-MS）、碳氮同位素分析和红外光谱，我们鉴定出贾湖古代酒主要成分的化学指纹图谱。研究过程虽然漫长，但每一步都让我们坚信，我们正在接近已知的世界上最早的酒。

我们用甲醇和氯仿从陶片中萃取残留物，而后在一次又一次的残留物分析中，不断发现同一批化合物。酒石酸的出现，说明可能有葡萄或者山楂。所谓的蜂蜡特征化合物很容易保存，而且几乎很难在样品处理过程中完全过滤掉，它的出现证实了蜂蜜的存在。最后还有一些与其他化合物高度匹配，包括集中特定的植物甾醇，指示稻米可能是第三种主要成分。碳同位素分析确认了其中的谷物来自温带气候区的 C_3 类植物，例如水稻，而不是粟或高粱一类偏热带的 C_4 类植物，这两类植物有着不同的光合作用和代谢途径。

加上我在宾大博物馆实验室的同事格雷琴·豪尔（Gretchen

---

① 翻译本书时该学者已在加拿大任职。——译者注

Hall)，还有一位母语是汉语的同事王晨姗①（Ellen）的帮忙，我们开始艰难地搜集科学文献——很多是用中文发表的，来寻找跟我们的结果一致的天然产物。博物馆的其他同事——服部笃子和唐桥文帮忙查阅了日语文献。

如果我们的样品来自中东地区，酒石酸或酒石酸盐的出现肯定代表着用葡萄做的东西，例如葡萄酒，因为在这个地区，酒石酸和酒石酸盐只出现在葡萄中。但是在中国，有好几种水果都含有酒石酸，除山楂外，还有山茱萸和龙眼都可能是成分来源。

中国其他植物中也有少量的酒石酸，例如天竺葵属的叶子或牻牛儿苗科的一些花儿。霉菌糖化是制作中国米酒或日本清酒（见下文）前，利用真菌把稻米淀粉分解成糖的过程，这个过程中也会产生每升 0.1～2 毫克的酒石酸。然而这个浓度太稀了，无法解释在每个陶片样品中都出现的高浓度的酒石酸，而且我们知道霉菌糖化在中国很可能是较晚才出现的，也许晚至汉代（公元前 202～220 年）。只有成分是山楂或葡萄，才能解释我们的实验结果。

假设这些细颈敞口的陶瓶和陶罐确实装过液体，我们就很容易得出这样的结论，这些容器里装的是一种混合发酵酒。在中国，有些野生葡萄的单糖含量能占总重量的 19%，包括山葡萄和毛葡萄，含糖量如此高的水果还附着了能够开启发酵的酵母。同种的酵母还存在于蜂蜜中，当蜂蜜从浓稠状态稀释到三分糖七分水的时候，这些酵母就会被激活。如

---

① 音译。——译者注

果陶罐中装有果汁和稀释的蜂蜜，这种混合物在适当的温度下，几天之内就会自然发酵。我们应该检测不到酒精的痕迹了，因为它过于活泼且容易被微生物消耗，但我们几乎可以肯定，最终产物里是含有酒精的。

就在我们宣布酒中最可能存在的水果是葡萄或者山楂之后，又有一项科学证据支持了我们的化学分析结果。赵志军的植物考古研究在遗址内发现了这两种水果的种子，而且只有这两种水果。我推测这两种水果加到贾湖酒中是用来提升风味、促进发酵的。

同葡萄和山楂一样，古代酒中的水稻可能是野生的，也可能是驯化的。稻米中的淀粉必须分解成单糖才能被附着在水果或蜂蜜中的酵母消化。但是在那么早的年代里，稻米淀粉是如何转化成单糖的？有一种可能是通过发芽，做成大麦芽一样的米芽。这个过程会释放出淀粉酶，它能把谷物中的大分子多糖分解成单糖。还有一种可能，而且也许可能性更高，那就是通过咀嚼，人类唾液中的淀粉酶发挥分解淀粉的作用。在日本和中国台湾的偏远地区，你仍能看到这样的场景，女人围坐在一个大碗旁边，边咀嚼边把米汁吐到容器里，准备婚礼用的米酒。这种酿造谷酒的方法遍布全球，从美洲的奇恰玉米酒（*chicha*）到非洲的高粱和小米酒（第七章、第八章）。

不论使用哪种方法，酒的表面都会漂着一层酵母、谷壳和其他物质。从这么大的容器里过滤杂质是个很烦琐的工作，最好的办法是把一根管子插入漂浮物下面，把液体吸到嘴里。在美索不达米亚和古代世界的大多数地区，用吸管喝谷酒是很常见的方式。直到今天，在中国南方一些偏远的山村（彩图3）和柬埔寨吴哥窟的密林里，依然有人用这种方式喝酒。

我们通过大量的分析认为，贾湖的酿酒师已经有足够的技术，可以酿造出由葡萄和山楂果酒、蜂蜜酒、米酒组合而成的混合酒［本书中提到的果酒（wine），指的是一种相对高度的酒，9%～10%的酒精含量，通常是用水果酿造的，这里与米酒（beer）区分开，后者的酒精含量为4%～5%，主要成分是谷物，例如稻米］。你可以管这种酒叫作中国醴酒或包含多种外来成分的新石器格洛格酒（grog）。确切地说，格洛格酒指的是朗姆酒、水、糖和香料的调和酒，这种酒在17世纪初的英国海军中开始流行。这个词后来变得越来越宽泛，特别适合用来指古代世界中的各种混合发酵酒。

在我们的分析中，最大的惊喜是我们发现贾湖酒的成分中很可能包含葡萄，那就是世界范围内最早利用葡萄酿酒的例子。其实我们早就该料到，因为中国的葡萄品种多达50种，占世界野生品种的一半多。但是根据历史文献记载，中国开始种植和利用葡萄酿酒的时间要晚得多，张骞在公元前2世纪作为皇帝特使出使西域，把驯化的欧亚葡萄带回长安——现在的西安才开始酿酒。就我们现在所知——也许未来的考古探索可以发现新的证据——中国这么多的葡萄品种，没有一种是经过驯化的。

先祖有灵

贾湖遗址贵族音乐家墓葬中那些一开始看起来毫不相关的物件，组成了一个考古学的谜题——笛子、响器、叉形器、龟甲上最早的刻画符号、中国新石器的格洛格酒——但当我们把它们看作巫术仪式的第一缕晨曦，伴随着中国新石器革命①的新格局，一切似乎都顺理成章。当温饱不再是问题，"巫师"可以成为一个全职的工作。例如，音乐演奏需要十分协调的运动机能，特别是手眼协调能力。通过发明更多、更好的乐器——响器、音域更广的笛子、用绷紧的鳄鱼皮制作的鼍鼓——提升演奏技巧，社会中的专职祭司或巫师就可以更有效地跟异世界进行沟通，为村民保福祉、驱恶鬼、疗伤病。

后世的文献提供了一些线索，让我们可以推测贾湖曾经出现过哪些祭祀仪式，像《礼记》和《仪礼》都记录了公元前8世纪西周的祭祀仪式和宗教观念。有人去世后，要给家族先祖和神灵供奉祭酒和特制食品，包括蒸谷饭和烤羊

---

① 著名考古学家戈登·柴尔德（Gordon Childe）提出人类历史上有三大革命，包括"新石器革命"（Neolithic Revolution）、"城市革命"和"工业革命"。其中新石器革命核心内涵包括：第一，经济层面，生业形态转变为食物生产（即农业，因此有人将新石器革命简单理解为农业革命）；第二，物质文化层面，对食物资源、原材料、土地、产品等的所有权开始出现；第三，社会层面，剩余资料得以积累，社会内部的分化和财富继承出现，社会权力开始掌握在部分人手中；第四，思想意识方面，新的符号系统、丧葬习俗甚至新的思想体系开始出现。——译者注

肉。整个仪式非常正式，特定的牲畜要在特定的时间和地点宰杀，还有伴乐和伴舞。

葬礼的日期是通过占卜选定的。然后，在七日斋戒的第四日，通过掷签筹的方式来选择"士"（后人）——通常是逝者的孙子辈或儿媳妇——跟先人沟通，主持葬礼。这一天，逝者的灵魂被请回来，用"士"的身体享用食物，大概就是喝一口酒。通过喝酒，"士"将逝者和先人连通起来。

经过七天斋戒，"士"早已身心俱疲，还被要求用尽可能多的细节还原逝者，包括他的面部表情、他在世时最喜欢做的事情，以及他的声音。仪式到这一步，"士"和其他参与者很可能已经神志不清，出现幻觉了。

斋戒最要命的是最后一天，这天逝者下葬，大家在家庙祠堂吃丧宴。"士"要协调整个仪式，还要吃饭饮酒，既为了他自己，也是代替先祖的世界。"士"要先喝九杯谷子酒或米酒，温酒盛在觚或觯一类的仪式用容器中。这些酒杯高达 30 厘米，可以容纳 200 毫升的酒。我们假设当时的谷子酒或米酒的酒精含量约 10%（见下文），这位"士"要喝的酒相当于今天两瓶葡萄酒的量，或者八杯标度 80 proof[①] 的威士忌。禁食了这么多天，"士"早就满眼冒金星了。

公元前 8 世纪的《诗经·小雅·楚茨》中描绘了当时的

---

① 威士忌酒标上的"Proof"是一个表示酒精度数的单位，它源自英国，英式 proof 和常用的酒精浓度（Alcohol By Volume，即 ABV）关系为 Proof = ABV × 1.75，美式 Proof = ABV × 2，所以这里指的是酒精浓度为 40% 的威士忌。本书中提到的酒精浓度都是指的体积百分比，即 ABV。——译者注

场景：

> 礼仪既备，
> 钟鼓既戒。
> 孝孙徂位，
> 工祝致告。
> 神具醉止，
> 皇尸载起。
> 鼓钟送尸，
> 神保聿归。

我们可以想象在贾湖贵族音乐家的墓葬中出现的新石器时代的骨笛和响器，跟 5000 年后的钟和鼓的功能大概相似。稻米、葡萄、山楂和蜂蜜酿造的混合酒也很可能代替了谷子酒或米酒。贾湖的容器在形态上可能与周代的不同，但是能容纳的酒量是差不多的。所有这些后世仪轨中出现的必要条件，在贾湖就已经初具模样。

贾湖的早期巫师角色可能后来都分化出独立的职能，成为专业的疗伤者、灵媒和乐手。贾湖的音乐家很可能更像我们认为的旧石器时代的萨满，或者近代西伯利亚或亚马孙丛林中的萨满。除音乐家的角色外，他们可能还是出谋划策的人，对符号和艺术信手拈来，心灵手巧，而且更重要的是，在酒的刺激下增添了一层神秘色彩，让他们能与神灵和先人沟通。

黄帝被认为在几千年前建立了中国的王朝体系，关于黄帝的神话也抓住了巫师精神的内核。这位帝王派遣一位学者到遥远的中亚山地，到那里砍伐和收集用于制造笛子的竹子，来演奏神秘的凤凰的鸣叫声。他相信，用这件特殊乐器演奏的音乐将会让他的统治与天地和谐。这又让人联想起贾湖和旧石器时代的笛子，展翅高飞的鸟类和它们的鸣声是通达隐秘异世界的入口。

虽然我们对贾湖贵族音乐家的巫师葬仪的假想看起来合情合理，但是这并没有被墓葬中陶器残留物的分析证实。我检测过的所有陶器都是来自居址区。迄今为止发掘的 50 座房子中，没有一座是特别的，所以我们推测饮酒在当时的村子里很普遍。除了在特殊场合酒必不可少，邻里之间也经常把酒言欢，人们心情郁闷或身体不适，或壮胆和领赏时都要饮酒。目前考古发掘只揭露了遗址的 5%，我们要准备好将来有更惊喜的发现。

起死回生

当我们的发现在 2004 年末首次发表在美国科学院院刊的时候，我们做好了媒体铺天盖地宣传的准备。我们发现了世界上最早的酒，而且是在中国，不在大家预期中的近东地区。但我们还是低估了媒体的影响力，事后证明当时的发现引起了普遍的共鸣。

《纽约时报》的约翰·诺布尔·韦福（John Noble Wilford）是第一位通过电话联系我的记者。在之前一篇报道我们近东地区研究的文章中，他用到了"快乐时光"① 这个词，说明他本人也偶尔喜欢敞开了喝酒。他的报道被《国际先驱论坛报》（*International Herald Tribune*）转载，进而进入国际视野，还有几个英国广播公司 BBC 的采访。《费城调查者报》（*Philadelphia Inquirer*）的酒评家德博罗·斯克伯兰科夫（Deborah Scoblionkov）也迅速跟进，很快摄影师就打来了电话。他用摄像机记录了我在做一些具有 19 世纪风格的化学考古——直接用鼻子闻考古学样品——但好在我没有用嘴尝，一百年前的化学家确实会那么干。德博罗的报道登上了路透社的新闻，接着我就收到了很多欧洲大媒体记者的邀请，《焦点周刊》（*Focus*）、《地球》（*Geo*）等，还有几家，他们都想要独家报道。在中国，主流媒体新华社进行了重点报道，我们文章的合作者程光胜跟我说，"你现在在中国可是出名了"。我终于来了！

对 9000 年前的酒做分析这件事算是了了，但是我们又开始想，为什么不把它复原出来，让别人也能品尝，体验时间穿越的感觉？我们根据迈达斯国王墓或他的某位王室祖先的墓中发现的残留物，比较成功地复原出另外一种年代比较晚的古代酒（第五章）。我当时跟萨姆·卡拉焦恩（Sam Calagione）谈过，他很感兴趣。萨姆是特拉华州角鲨头（Dogfish Head）精酿啤酒厂的所有人和酿酒师，在他的启发之下，我们研制出了迈达斯点石成金酒（Midas Touch）的现

---

① 英文 happy hour，指在酒吧、饭店等售酒场所，一天当中某个时间段（通常是傍晚或深夜）酒水打折销售。——译者注

代配方。麦克·格哈特（Mike Gerhart）是他手下的酿酒师，他们俩一起琢磨出了一款新石器时代酒。

复原一款中国新石器时代的酒的过程充满了挑战和错误尝试，拉瑞·嘉拉格（Larry Gallagher）2005 年 11 月在《发现》（Discover）杂志上发表了篇文章叫《石器时代的啤酒》（Stone Age Beer），生动讲述了这个故事。我们应该只用葡萄，还是只用山楂，还是两个都用？因为在贾湖遗址中两种水果的种子都发现了，所以我说应该两个都用。麦克最终在西海岸寻到了一位中国的草药商，可以给我们提供正宗的山楂，但是我们拿不到正宗的中国葡萄，只能将就用古老品系的栽培种——麝香葡萄。在蜂蜜的采用上也遇到了同样的问题，来自中亚的某种野花蜂蜜格外珍贵，但是我们不得不用更方便买到的美国蜂蜜代替。

在美国很容易买到中国产的大米。我给麦克提出的问题是，我们该用精米还是糙米，后者的话，是用带麸皮的还是完全不去壳的。贾湖人是有石磨的，可以用来处理稻米，但是处理得可能不会很精细。我们决定采用一种提前糊化的大米，这种米已经熟了，做成一种浓稠、均质的糊状物并晾干，里面还混有一些自带的麸皮和壳。

接下来的问题就是如何糖化这些米。我当时跟萨姆说，最早的糖化方式很可能是咀嚼，他说："行啊，就这么干，尽量贴近历史事实。"我说过，有时候做实验考古会做过了头，而且不管怎么说，给大米催芽的方式也很可能早就出现了。当拉瑞·嘉拉格主动提出他可以跟他的未婚妻一起嚼大米时，我们如释重负。拉瑞的试验明显是失败了，因为他都没给我寄一瓶样品尝尝。

在角鲨头做试验的早些时候，麦克试过用中国传统的曲霉糖化大米。程光胜通过密歇根州立大学的研究生王凯①从北京给我带来一些菌种，还附上了详细的使用说明。它产生了一种酸味的糊状物。因为它只占最终产品的一小部分，我们也没太担心。

另外一个关键问题是要不要采用自然发酵，也就是完全利用葡萄表皮上和蜂蜜里的野生酵母，或者通过添加少量培养的酵母帮助发酵。我们还是决定采用后面这种方法，但随后又面临一个问题，即使用哪种酵母。我推荐了几个菌种，但麦克觉得这些菌种不一定是中国土生土长的，又或者在9000年前也不一定存在。我们最后折中，采用了一种烧酒酵母，毕竟这种日本版的米酒传承的是中国酒。

我们用萨姆创业时用的小型设备开始了第一次复原试验，那些老旧的酒桶都扔在他特拉华州里霍博斯比奇（Rehoboth Beach）酿酒馆的角落里。在拉瑞·嘉拉格仔细检查我们的每一个步骤之后，我们从早晨9点开始酿酒。倒进桶里的米糊升温之后溢出来的变成米汁（从米糊中提取出来的甜味液体）。把打碎的山楂倒进桶里的时候我特别担心，我当时觉得这种又酸又面的水果加太多了，但麦克早就定好了添加比例，我们就没做改动。

我们还要面临两个截止日期：一是需要让美国烟酒枪炮及爆炸物管理局（ATF，以下简称"管理局"）批准通过我

---

① 音译。——译者注

们的酒；二是距离 2005 年 5 月在曼哈顿华尔道夫-阿斯托里亚酒店（Manhattan's Waldorf-Astoria Hotel）举办的大型品酒会只有几个月的时间了。管理局一开始不允许使用山楂；山楂可以加到草药或茶里，但是不能加到酒里。我们加的量太少了，政府机构根本就察觉不出区别。经过无数次沟通之后，我们终于收到了许可通知。

在桶中沉淀一段时间之后，这款新石器时代的酒终于可以装瓶在公众面前亮相了。在场的媒体当然对首批酒大加赞扬。但一个隐隐的担忧在我脑中挥之不去，这款酒好像有点太酸了，但凡体面的新石器时代村民或巫师都不会想喝这么酸的酒：我们知道糖和甜味在古代很珍贵。

我跟萨姆和麦克提出这个问题后，我们在随后的几个月里做出改进。在角鲨头另外一位酿酒师布莱恩·塞德斯（Bryan Selders）的帮助下，我们调整了配方，赋予这款酒可口的酸甜口感，与中国菜相得益彰。

在整个过程中，萨姆进入了一种巫师似的癫狂状态。他做了一个梦，梦中一位赤裸上身、长发及腰的中国新石器时代女孩带着酒向他走来。他委托纽约的一位艺术家塔拉·麦克弗森（Tara McPherson）为我们的新石器时代格洛格酒创造一个撩人的酒标，名字就叫贾湖酒庄。她画的主角颇具神韵，还在后背靠下的位置画了一个看起来很神秘的文身，这文身也是萨姆梦到的，但实际上是汉字的"酒"（图 4）。这个字看起来像一个酒瓶的口部洒出三滴液体。这个字能追溯到公元前 1600 年的商代，从那时起就一直在用。

图 4　角鲨头精酿啤酒厂的酒标

　　贾湖酒庄最新版本的酒简直完美——诱人的葡萄香气，香槟一般极致细腻的气泡，让你忍不住再喝几口，还有与黄帝和黄河相匹配的沉郁酒色。山楂和麝香葡萄、野花蜂蜜、带壳米糊的组合，在烧酒酵母的作用下产生了这种奇特又让人无比满足的酒。

　　我们在东西海岸的重要场合都提供过贾湖酒庄酒。东海岸的宴会是于 2006 年 10 月在纽约格林威治村（Greenwich Village）的柯尼利亚街咖啡店（Cornelia Street Café）举办的。那是一次盛大的聚会，主持人是我多年的好友和同事、诺贝尔获奖者罗德·霍夫曼（Roald Hoffmann）。品酒过程融入了科技与艺术，模仿费城富兰克林研究所（Franklin Institute）展出的本杰明·富兰克林（Benjamin Franklin）的玻璃琴，用装酒的玻璃杯演奏的音乐伴奏。当扮演的酒神在观众面前的桶里踩葡萄时，我们到处闪躲，以免深红的葡萄汁溅到身上。

12 月，旧金山的亚洲艺术博物馆主办了两场相关活动。其中一场是在大厨和美食作家法里纳·王-金斯利（Farina Wong-Kingsley）家里举办的，她家能俯瞰金门大桥。在一派中式花园的景色和气味当中，法里纳做了一桌上海菜搭配贾湖酒庄酒。第二天晚上，博物馆的讲座以品酒会的形式结束，新石器时代酒能够对上几款高品质的日本清酒，这要感谢纯甄清酒厂（True Sake）的主人博·蒂姆肯（Beau Timken）。正如我意料之中的，更加复杂的贾湖酒庄酒轻松赢得上风。

术业专攻

新石器时代的贾湖人可能酿造出了不同凡响的酒，但是我的研究很快就能说明，人类似乎永不满足。新石器时代止于夏商时期高度发达的巫师文明，两个朝代的都城都在黄河北岸，距离贾湖大约 300 千米。我跟王昌燧坐了一夜的火车，来到当时发掘面积最大的古代城市——殷墟，在那里见到了考古领队唐际根。他带我们参观了遗址。殷墟在 3000 年前面积最大的时候，占地约 62 平方千米，并且已经连续发掘了 80 年。还好他只是带我们参观了遗址的重点部分，然后就把我们拽上了黄河上的一艘驳船，丰盛的宴席上摆满了精致的米酒。

我们下到一座商代王后的墓葬中，感受到当时的盛况。一条悠长的缓坡墓道通往墓室，在里面发现了满戴金饰和玉饰的王后。战车不仅用来驰骋帝国疆场，根据一些早期的文献记载（如公元前 3 世纪的《庄子》），还可以用来升往天国。随葬战车的墓葬让我恍惚回到了美索不达米亚乌尔城（Ur）的王室墓葬（第三章），他们的王后也像这样佩戴了金饰和青金石饰品，并随葬战车。

回到安阳的发掘驻地，我看到了真正的宝贝——出自一件精美的商代青铜器中的液体样品。那时候我完全不知道中国的考古发掘竟然发现了液体，保存了逾 3000 年之久。我完全被震撼住了。我闻了一下，我当时就笃定，液体有传统酿造的米酒或谷子酒那种典型的香气，像雪莉酒一样轻微氧化，散发着酒香。

这份液体来自一件叫盉的青铜器（图 5）。它的底部有三条足，还有一只巨大的把手，盖和把手之间用金属部件连接，很像一个茶壶，但那时候中国还没有出现茶叶①。这种器型在仪式中是用来斟酒的——谷子酒或者米酒。里面的液体蒸发到约只有其容量的三分之一，但是因为盖子最终还是腐蚀了，紧紧地卡在颈部，令整个容器呈密封状态，直到数千年之后被发掘出土。

近年来，中国好像一直有装着液体的青铜器被发掘出

---

① 截至本书翻译时，山东邾国故城发现了世界上最早的茶叶实物遗存，年代为战国早期（公元前 453~前 410 年），其次是西安汉阳陵（公元前 100 年前后）考古发现的茶叶实物。——译者注

图5　商代盉（线图）

说明：高30.1cm，器身装饰有神秘的鸟面或龙面饕餮纹。

资料来源：由唐际根、安阳市文物考古研究所、中国社会科学院考古研究所提供。

土，尤其是在墓葬当中，媒体也是大篇幅宣传。例如在2003年的时候，西安——公元前210年秦始皇随葬兵马俑的地方——发掘了一座高等级墓葬，其中一件带盖的容器内装有26升的液体，据说"酒香四溢"。难道是3000年的古酒？但很可惜，没有对其做化学分析。在当时，喝王室御酒可不一定是件美事。青铜器的合金中有高达20%的铅，商代的君王们沉迷于酒，相当于给自己投毒。这或许能解释，为什么后来的几个商王不是疯疯癫癫就是自寻短见。

我带着一份安阳的液体样品回到费城，开展了一整套的化学检测。我们发现，那个密封的容器里装着一种很特殊的谷子酒。这可不是新石器时代的格洛格酒，它不含蜂蜜，也没有水果。但是出现了两种芳香族三萜类化合物、β-香树素和齐墩果酸，这表明其中加入了某种树脂，很可能是源自橄榄科某种带香味的树。菊花也可以产生这些化合物，所以也有可能是它。这又让我想起近东地区的葡萄酒用松香和笃耨香做添加剂（见第三章）。

有没有可能，安阳的这种液体代表了中国传统草药发展过程中的某个阶段？三萜类化合物有抗氧化作用，可以降低胆固醇，清除引发癌变的自由基，所以酒里面加点这些化合物，肯定也可以放到古人的药箱里。β-香树素既是镇痛剂，又带有些许清新的柑橘香味。最近，我与宾夕法尼亚大学医学中心的艾伯拉姆森癌症中心（Abramson Cancer Center）发起一个项目（"肿瘤考古学：发掘药物发现史"）。人类通过不断试错，很可能在数千年的时间里发现了天然疗法，而它们就埋藏在考古发现之中。

跟随王昌燧乘火车回到郑州，我们下一个要见的人是张志清，他是河南省文物与考古研究所的考古学家。张志清告诉我们，在东边 250 千米的鹿邑县长子口，发现了另一个高等级墓葬。这个墓出土了 90 多件青铜容器，当打开墓葬的时候，其中 52 个带盖的青铜器都还保存着液体，体积从四分之一到一半不等，着实令人惊奇。这件高挑雅致的青铜器跟安阳的"茶壶"一样，装饰着神秘、令人生畏的饕餮纹，面容似龙或似鸟，有长长的角、深邃的眼和卷曲的上唇。

没想到，不同于安阳的盉，长子口的卣里装的不是谷

图 6　作者在实验室检测 3000 年前的谷子酒

说明：这个酒出自安阳的一座贵族墓葬，保存在密封严实的青铜容器中。

子酒，而是一种纯用稻米制作的特殊酒。两种单萜类化合物——樟脑和 α-雪松烯，让酒在 3000 年以后依然散发着清香。这个樟脑的纯度并没有我们用来驱虫的那么高，所以味道也没有那么浓烈。事实上，酒里的这种特征化合物很可能来自某种杉树的树脂（最有可能的是 Cunninghamia lanceolata）、某种花儿（菊花又出现在了疑似来源的榜首），或者一种蒿属植物（这个属里包括艾草，用来制作非常苦涩的苦艾酒）。

一种有麻醉和抗菌作用的"药酒"该怎么制作？酒发酵好以后，直接采集树脂加到酒里面，较高浓度的酒精有助于溶解其中的三萜类化合物。花和植物其他部位的有效化合物可以用水煎煮分离或用油提取，这与香水的制作工艺相似。长子口墓葬本身就提供了线索。一个大号的青铜盆里装着另一种有香味的树叶——桂花——还配有一把长柄勺，表明里面曾经装满了液体。这种树叶有一股植物的花香味，很明显曾被泡在液体中，就像今天泡茶一样。蒿草或菊花也可能像这样泡在米酒里，然后过滤掉。

商代的甲骨卜辞是中国最早的文字，其至少区分出三种酒，包括药酒（鬯）、有甜味的低度米酒或谷子酒（醴）、充分发酵和过滤的酒，最后这种酒的酒精含量可能在 10%~15%，也是用大米或小米制作的。有一组高级官员和酿酒师监督酿造过程，确保每位王室成员的日常供给，还要保证每年的祭典和重要场合，每种酒都能及时供应。有的时候，王要亲自检查，确保质量过关。

后来的周朝把末代商王纣描述为一个荒淫无度、整日沉迷于酒池肉林的昏君。但是周朝的国君好像跟所有朝代的君主也没有什么差别，还是很喜欢酒：商代复杂的酿酒官僚体系依然存在，实际上还有所扩张。在《周礼》中至少又多出两种酒，一种是用叫作蕨的果实制作的果酒，另一种是未过滤的米酒或谷子酒（醪），也可能是未发酵的芽浆。在汉字中，酿酒进一步演变出"医"字，周朝的时候其中的"巫"① 字被"酒"字替代，简要地说明了酒一步步精细化的趋势。

商周时期的青铜器数量多得惊人，其中大多数都装过官方指定的某种酒。这些青铜器多数是在黄河及其支流上的大型城市的贵族墓葬中发现，包括二里头、郑州、台西、天湖和安阳。它们的器型包括爵、斝（华丽的三足器）、觚（高柄杯）、尊、壶、罍、卣等，其中蕴含着很多信息，如关于这些酒的制作、储藏、摆放、供奉仪式和饮用方式等。

例如，根据古老的中国传统，一种可以放到火上的高脚三足器斝，是温酒的必备器皿。边缘上支棱起来的两根小柱子，可能是象征着饕餮的角，但是喝酒的时候就会比较碍事了，所以这种器物很可能是用来倒酒的。然而，几千年前的古人诗句中也表达过对喝冷饮的喜爱，如约公元前 300 年的《楚辞·招魂》中写道：

> 瑶浆蜜勺，实羽觞些。
> 挫糟冻饮，酎清凉些。

"羽觞"盛酒再合适不过了，这些单把的浅碗很多都是用玉做的。

众多精美的中国青铜器可能都盛过"酒"或药酒"鬯"。在周代和汉代时，据说是把带树脂的植物叶子浸泡在酒里制

---

① 此处应当指"毉"中的"巫"字。——译者注

作醪，或者是在酒里加草药（郁金）。我们的化学分析支持了这些文字记载，并且证实这些特制的酒是用霉菌糖化分解淀粉的，这是中国对酿酒工艺的独特贡献。这种传统工艺利用霉菌或真菌，包括曲霉属、根霉属、红曲属等，中国的每个地区都有自己独有的菌属。霉菌把大米或其他谷物中的糖分分解为可以发酵利用的单糖。传统的方法是先把霉和酵母混合，在各种蒸制的粮食或豆类上长成厚厚的一团，制成发酵剂——曲。中国史前的主要粮食作物是稻和粟，因此这两种很可能是制曲的培养基。

酵母是偶然进入这个过程中的，可能是昆虫带进去的，也可能是从老的木头建筑的椽子上掉下去的，布鲁塞尔地区的兰比克啤酒厂就是这样。今天制曲可能会加入上百种特殊的草药，包括蒿属，有些甚至能将酵母的活性提高 7 倍。在台西出土的一个罐子中，发现一团凝结的白色物，重约 8.5 千克，后来发现整个都是酵母细胞组成的酒渣，它们肯定发酵过一种特别强劲的酒。

贾湖最早的新石器时代格洛格酒的成分如此复杂，我们可能永远也无法得知它的制作细节，但是相对于商代酒的制作过程，我们还是可以从传统的米酒制作上窥探一二。从上海乘火车往西南方向不远就到达小城绍兴，在那里你可以看到蒸米、高温和低温下的二次发酵、初酒过滤入坛、泥土封坛的整个过程。在最后一步封坛之前，坛口要用竹子和荷叶堵住，里面还要塞入一张纸，写着生产年份。这些容器的外表面通常都画着五颜六色的花儿和年轻女子，因为传统时期这些坛子（女儿红）是在女儿出生时埋到地下，当女子出嫁时才取出，开坛饮用。

根据甲骨文和其他古代文献的记载，绍兴是中国酿酒开始的地方，虽然我们对贾湖遗址的分析削弱了这种说法的可信度，但传说大禹的女儿在公元前 2000 年前后第一次酿酒，而大禹是夏代的开创者。根据记载，大禹不仅经历了像诺亚一样的大洪水，而且还通过修建沟渠、堤坝控制住黄河、长江，平息了众多水患。据说大禹在一次巡视治水的途中死在绍兴，如今一座巍峨的大禹雕像依然矗立在绍兴的大禹陵园中。

程光胜是北京的微生物专家，也是我的朋友和同行，当年在他的陪同下我们一起来到绍兴。我们参观了古城里的酒坊，品尝到了著名的绍兴黄酒。其中很多酒都可以存放 50 年以上，有雪莉酒一般的香气和口感，反映出当地独有的微生物群落。我们还吃了当地的另一种名吃——臭豆腐。我们听了曲水流觞的故事，文人墨客让酒杯顺流而下，酒漂到谁的岸边，谁就要把酒喝掉并赋诗一首。面对这么多诱惑，我们还是不敢忘了我们此行的目的——深入了解古代的酿酒工艺。我们辗转于一个个幽深复杂的酒坊，每一个都以独特的方式坚守传统。面对频繁的品鉴邀约，我们也欣然应允，每次品酒都是一件让人开心的事，同时也是学习酿酒工艺的好机会。

对我来说，古代工艺最有意思的传统是用曲分解淀粉、开启发酵。酒坊中有巨大的空间用来叠放曲饼，每层约有 30 厘米厚。用特定的霉菌来糖化谷物、开启发酵意味着中国古代的酿酒师不需要像新石器时代格洛格酒的酿造者那样，用嘴咀嚼或给粮食催芽，也不需要蜂蜜或水果来提供糖分和酵母。随着中国文化的发展，史前的混合酒逐渐失宠而被谷子酒或米酒代替，就像商周时期礼仪用器中保存的那种液体。

中国酒也不是完全把水果和蜂蜜排除在外。商代城址台西发掘出土了许多漏斗和奇形怪状的容器，说明当地的酿酒技术先进。一种被称作"将军盔"的陶器呈急剧内收的尖底形状，特别适合用来澄清液体里的沉积物，这里面还保存着很多酵母。除此之外，该遗址还出土了一件大陶罐，里面装满了桃仁、李子核、大枣核，还有草木樨、茉莉、麻仁等。难以想象这酒该有多好喝多么让人上头。商代记录在册的醚酒是以水果为基础的，有些学者认为它是中国最早的酒，甚至说贾湖的酒就是醚酒。今天在中国很多地方，依然流行一种米酒混合新鲜水果的饮料（如寿州米酒）。

填补空缺

霉菌糖化什么时候成为酿酒工艺的独有技术？文德安带我进入中国考古圈，也是她让我有机会探索公元前 7000 年的贾湖和商代之间 6000 年的空缺。

文德安①是最早在中国重新开启发掘的美国考古学家之一，她开始探索的区域是考古学遗存丰富的山东省东南部。她跟芝加哥菲尔德博物馆的同事联合山东大学，在两城镇遗

---

① 文德安教授因与山东大学在日照市两城镇遗址的联合考古发掘，以及对中美文化交流的突出贡献，于 2010 年被日照市政府授予"荣誉市民"的称号。——译者注

址考古发掘，发现了龙山时期的房址和墓葬，年代约为公元前 2600~前 1900 年。

　　古代的山东尤以繁复多样的酒具而闻名，其中绝大多数在墓葬中发现，并似乎从大汶口文化晚期（约公元前 3000~前 2600 年）开始盛行。到了龙山时代，漆黑黝亮、薄如蛋壳的陶器高柄杯出现。与这些陶器一同出土的，还有同样精致的鬶，它高耸的肩部和一对环形把手还带有贾湖的风格。我们想要检测现代米酒在这种高级酒具中的吸收和蒸发特性，所以请了一位现代的陶匠用当地的黏土复制了一件鬶，还顺便做了一个凸起的盖子。结果不出所料，即便烧制温度如此高的陶器也免不了多孔的结构，不能像铸造青铜器一样阻止蒸发。但是要破坏这件漂亮的陶器做化学分析，我还是犹豫了。

　　我们还选了陶鬹，它有长长的流口和三只足，后来商代的青铜爵跟它很像。我们挑选完毕研究所需要的陶器类型，涵盖了一整套饮食器具，包括杯、罐、盆、鬹，甚至还有一件疑似蒸锅的箅子。

　　我们对这 27 件样品的化学分析主要关注那些最可能用来制作、储存和饮用酒类的器皿。因为我们不能把样品带回美国做检测，文德安发动人脉四处寻找解决办法。不久，当地中学的化学老师陈老师邀请我在他实验课空闲的时候，可以使用他的实验室。我们在日照市采购到玻璃器材和溶剂，我开始用甲醇和氯仿加热陶片样品。有空的时候，学生们会来找我挑战乒乓球，他们很吃惊我会打败他们——我可是高中时候的乒乓冠军。我的蒸馏水用光了，陈老师还会就地取材帮我造蒸馏水。

回到美国之后，我们对这些萃取物进行检测，结果毫无疑问地指向了一种跟贾湖格洛格酒很像的酒，也包含水果（葡萄或山楂）、稻米和蜂蜜。尽管当时从遗址中只发现了三颗龙山时代的葡萄种子，但是两城镇酒使用野葡萄是合情合理的。在今天，山东省东部有 10 种野生葡萄，中国葡萄属的起源也可以追溯到这个地区。

黄河在山东入海，两城镇应当与上游地区的文化有接触，包括酿酒方面的技术进步。在两城镇发现跟贾湖相似的酒，说明霉菌糖化还没有在黄河流域出现。但是我们对两城镇酒的分析确实找到了一种化学证据，表明酒里曾经加入过植物树脂或草药。巫师兼酿酒师似乎在逐渐发明药酒，这才有了商代出现的鬯。在这个过程中，他们发现某些草药和霉菌的其他作用，最终用它们糖化稻米和谷子，加速发酵。

我们对萃取物的分析还发现了另一种更让人费解的原料存在——大麦。这种用来酿造啤酒、制作面包的粮食作物源于中东地区，在公元前 8000 年前后驯化。大麦特别适合用来酿酒，因为它长出麦芽的时候会产生大量的淀粉酶，把淀粉分解成糖。现在美国像百威这样的大酒厂都是利用大麦的这种特性，糖化更便宜的稻米。这个发现让人费解的地方在于，两城镇那时候还没有发现过大麦种子或其他跟大麦有关的证据。

至少现在的证据表明，大麦到达东亚还有很长的时间。它公元前五千纪到达今天巴基斯坦西部的俾路支省，公元前三千纪的时候出现在中亚。到公元前二千纪的时候，大麦进一步往东，偶尔在一些龙山时代遗址的植物遗存中发现。我们还知道在公元前 1000 年前后的时候，驯化的大麦已经出现在与山东隔黄海相望的日本和韩国。我认为在两城镇发现大麦是迟早的事。[①] 潮湿的海岸环境不利于植物遗存的保存，除非是经历燃烧炭化的植物。

我们通过分析两城镇盛过混合酒的陶器的出土地点，发现这种酒带有某种宗教意义。很多蛋壳黑陶杯都是出自墓葬，它们可能代表了墓主人生前拥有的珍贵物品，或是随葬祭品。在墓葬旁边的灰坑里，考古发现数以百计的完整陶罐、陶鬶和陶杯。但是为什么要把看起来还能用的陶器都扔掉？这些灰坑里埋藏的可能是丧宴上献给祖先的祭品剩饭，我们认为贾湖就是这种情况，乃至几百年后黄河流域的重要城址也是如此。

丧宴的场景似乎也不难想象，在接近傍晚的时刻，气温降到零摄氏度以下，我们所有人挤在餐厅里，那是整个发掘驻地最暖和的屋子。哈气在窗户玻璃上凝成水滴缓缓下坠，我们的餐桌上摆着黄海里的各种海鲜——贻贝[②]、大虾和各种海鱼。搭配海鲜的通常是青岛啤酒，德国殖民者在附近的青岛建立了中国第一个欧式拉格啤酒厂。

对两城镇的分析只是填补了贾湖和商代之间的部分空缺，但我们需要更加深入地了解，尤其是公元前二千纪初期，商代开始之前的关键节点。大禹女儿首先在中国酿酒

---

① 据 2016 年出版的四册《两城镇：1998~2001 年发掘报告》（文物出版社，2016），两城镇遗址尚没有发现大麦。——译者注
② 也叫青口，在山东沿海叫海虹。——译者注

的传说可能也不完全是空穴来风，也许这个传说指的是霉菌糖化的初次使用。当时我还没有去找夏代的样品，但今天的学术界通常是这样的，我收到了意外的邀请。那是一封邮件，来自一位夏代研究的重要学者刘莉，她问我有没有兴趣分析灰嘴和二里头遗址的样品。有种说法认为二里头是夏代都城，这就有可能出现填补龙山时代和商代之间证据的缺环。

中国的饮酒诗人

从公元 3 世纪开始，一些著名的中国诗人赋诗赞颂酒的重要地位。随着汉朝的衰落，儒家学说和礼仪正统也逐渐式微。号称"竹林七贤"的诗人从悠久的巫师传统中汲取灵感，又在酒的精神指引下，复兴玄学。他们倡导道教的自由和道法自然，把自己塑造成与世隔绝和崇尚自然的名士。他们在乡间的竹林中探讨哲学、奏乐赋诗，花大把的时间饮酒。

从公元 7 世纪开始，唐代帝王开创了罕见的国际化和创新爆发时代，又一代诗人承担起记录繁华盛世的重任。王绩是酒中八仙的第一位，[①] 他在《赠学仙者》[②] 中寄托了他的情感：

---

① 可能有错误，酒中八仙没有王绩。——译者注
② 作者引用丁香（Ding Xiang Warner）的英文版书籍 *A Wild Deer Amid Soaring Phoenixes*，书内个别用字与通用版本不同，用括号标出。——译者注

采药层城远，

……

仙（伶）人何处在？

……

春酿煎松叶，

秋杯（苏）浸（泛）菊花。

相逢宁可醉，

定不学丹砂。

在诗中，王绩描绘了一个回荡着音乐的神仙世界，同时又让人感觉到一杯用松针和菊花酿造的美酒触手可及。菊花酒一直以它独特的香味和象征帝王的黄色被视为珍品。唐代的时候还有许多酒：被红曲染色的红酒、竹叶青酒、胡椒蜂蜜酒。难怪传说中国历史上最著名的诗人李白是在水中捞月时溺水而亡，他早就写过：

花间一壶酒，独酌无相亲。

举杯邀明月，对影成三人。

日本插曲

除了捷克下维斯特尼采（Dolní Věstonice）发现的 26000 年前的陶塑人像，日本拥有世界上最古老的陶器之一——距今约 12000 年的绳文时代萌芽期的陶质容器。中国在这一点上已经赶超了日本，我早就想到了，据联合发掘领队、哈佛大学的欧弗·巴尔-约瑟夫（Ofer Bar-Yosef）报道，位于湖南道县的玉蟾岩遗址发现的陶器，经放射性碳测年法测定距今15000年。[①] 在酿酒的发展道路上，中国也是处在领先的位置。如果我们把贾湖的酒当作某种米酒的话，那它比日本的米酒，也就是清酒，要早7000年。要不是中国完成的水稻驯化和霉菌糖化技术，清酒可能根本就不会出现。日本到公元3世纪前后承袭了中国的酿酒传统。

事实上，迄今为止还没有对绳文时代萌芽期的陶器进行化学分析，这个时期的很多陶器都是很大的碗，可能是用来大量准备或饮用酒的。就算是晚至公元前400年绳文时代的陶器也没有被检测过，其中包括有嘴壶、高颈罐和装饰复杂的碗，很明显都是为适应饮酒文化而产生的。

当文献中第一次记载酒在日本古代文化中的作用，中国对日本的影响已经非常明显了。与唐代酒中八仙备受推崇的年代大致相当，日本也有自己的狂饮诗人。公元8世纪，大伴旅人在他的《赞酒歌十三首》里写道：

> 自作聪明状，高谈阔论多，
> 不如饮美酒，醉哭在颜酡。[②]

---

① 玉蟾岩遗址陶片最终发表的校正后年代为距今18000～17000年，江西的仙人洞遗址出土了距今20000～19000年的陶片，被认为是迄今为止世界上最古老的陶质容器。——译者注

② 据湖南人民出版社1984年版《万叶集》，杨烈译。——译者注

与中国一样，清酒也出现在丧宴上，上贡给神仙。在奈良和京都重要的清酒产区都设有酒神大物主大神的神社。今天这些神社依然在用日本柳杉的树叶制作一种球状的装饰物，挂在酒厂的房梁上，表示已经开始酿造清酒了。这样做是让人想到古代的时候，这些树叶和树脂被浸入酒里。

当酿酒技术初次传到日本的时候，清酒的酿造法一定跟中国的米酒一样，用的是霉菌糖化。然而因为地理上的相对隔绝，日本的微生物群落种类有限，这就需要另寻一种方法。通过把大米的麸皮去除得越来越干净获得精米，便能酿造出更加纯粹的酒。同理，可以用单一品系的酿酒酵母完成发酵。必须完全杜绝使用添加剂，以保证酒的纯粹。然而有人可能会从赏味和科学方法论的角度问，这样会不会丧失充满变数的酒中才会出现的某些口感和香气？

第三章　近东难题

以往人们认为近东地区是文明的发源地，但中国公元前7000 年新石器时代的酒挑战了这种说法。我带着这种想法在1999 年去了中国，因为我在宾夕法尼亚大学学习的就是近东考古学和历史，而且工作以后花了大量时间在中东地区发掘，所以这种想法根深蒂固。中国直到罗马时期才出现在近东地区的文字记载中。就算是号称掌握整个人类历史和人类在宇宙中位置的《圣经》，也只字未提中国。《马太福音》（2：1—12）说东方三博士顺着星星的指引找到耶稣的诞生地伯利恒，神秘的三博士说是从东方来的，但很可能是祆教的牧师，再往东也不过到伊朗而已。

我当时认为近东地区是文明的摇篮，还有其他原因。我们第一次成功用化学方法鉴定出古代酒的样品，就来自这个地区。而且根据其中一种理论，我们的现代人祖先在大约 10 万年前走出非洲，来到了中东地区，这里有大量可以利用的植物和动物资源（还有一条人类迁徙的路线是穿越红海南端的曼德海峡，到达阿拉伯半岛）。沿着北线穿过西奈陆桥，他们可以进入山地之国以色列和巴勒斯坦，下山抵达植被茂盛的约旦河谷，沿着东非大裂谷向北的延长线到达大马士革以及更远的绿洲。我们雄心勃勃的祖先一定会花时间探索这片新土地的潜力和神奇之处，然后继续往东越过可怕的艰难险阻。沿着这个思路，我认为中东地区一定在中国之前出现了发酵酒。

文明世界的边缘

要是有个厉害的巫师，就可以告诉我马上要发生的事。1988 年，维吉尼亚（吉妮）·拜德勒（Virginia Badler）的一个电话，开启了我们对中东地区发酵酒的研究，到今天为止已经持续了 20 多年。她当时就留意到有的大陶罐里有红色的残留物，可能是葡萄酒的残渣。

吉妮说有一个叫戈丁台地（Godin Tepe）的考古遗址，坐落在伊朗西部扎格罗斯山的中央。多伦多皇家安大略博物馆的发掘发现，美索不达米亚低地最早的城市建造者虽然处于今伊朗南部，但已经对海拔 2000 多米的山区产生了影响。他们在远离家乡几百千米的霍拉姆河沿岸的戈丁台地，修建了一座军事兼贸易基地，年代为公元前 3500 ~ 前 3100 年，研究该地区的考古学家或称之为乌鲁克晚期。

乌鲁克晚期出现了很多新事物，包括第一部法典、第一个灌溉系统、第一个官僚体制，但也许最广为人知的，是出现了世界上最早的书写体系。在乌尔、乌鲁克、拉格什、启什这些宏伟城市的宫殿和庙宇里上演着愈演愈烈的权谋之争，这一切的背后都有书记官的影子。他们在泥板上刻下简略又有章法的象形文字，记录着往来账目、祭祀和朝贡。他们还开始将人类历史和神灵编织在一起，如后来成书的《吉尔伽美什史诗》和《创世记》。这些信息都是用苏美尔语记载的，这种语言与其他任何语言系统都没有亲缘关系。象形文字就像贾湖龟甲上的刻画符号，用来指代某件器物或者表达想法。但是美索不达米亚的书记官更进一步，把这些单独的符号或语标合并在一起，组成词语甚至句子。

时光荏苒，美索不达米亚的城市发展逐渐扩张到卡伦河的泛滥平原，顺着戈丁台地往下游走，向东是今伊朗的设拉子地区。那里的人说着另一种语言——古埃兰语，而且建立了自己的城邦苏萨。他们的物质文化与周边的人没什么两样，也使用同一种书写系统，用着同一套刻画符号字库。

吉妮告诉我，她们在戈丁台地的乌鲁克晚期地层中，发掘出 43 块有文字的泥板，标志着这里有来自平原地区的人，带来了他们风格独特的低地建筑和陶器。泥板上的文字和其他文物不足以证明这些文字到底是古苏美尔语还是古埃兰语。因为苏萨平原可以直接沿着霍拉姆河逆流而上，所以戈丁的发掘者更倾向于认为泥板是用古埃兰语书写的。

有一块泥板格外引起我的注意，其中一个刻画符号是细口尖底的陶瓶形状。泥板上还有三个一组的圆圈和三个一组的竖线。圆圈代表数字"10"，竖线代表数字"1"，组合起来，泥板上的数字表示有 33 个陶瓶，再多的细节就没有了。我当时认为，我们的化学分析方法可以探究一下这些瓶里都装过什么。

管它是古苏美尔语还是古埃兰语，这些人选择在这么偏远的地方建立根据地，目的是获取山地的丰富资源。他们寻找金、铜等金属，不算珍贵的宝石，建筑用的木材，以及很多有机物，这些东西在平原上要么根本没有，要么就是很难生产。高山上的优良牧场养育着山羊和绵羊，用它们能生产出质量上乘的织物纤维和奶制品。很多植物——其中最重要的是驯化的欧亚葡萄——不能忍受美索不达米亚平原上的干热气候，却在高原上长势喜人。

庞大的贸易网络促进了平原的发展，戈丁台地虽然只是其中一个节点，却是一个典型，让我们得以窥探货物交换的深远影响，其中通常包括发酵酒。我现在回想，戈丁不仅是向西指向美索不达米亚的城邦，它还与东边的阿富汗有来往，而阿富汗是深蓝色青金石的主要产地。事实上，戈丁遗址处在一条"高速公路"上，或者叫"亚述和波斯帝国的呼罗珊大道"，后来的丝绸之路也是沿着这条线。

呼罗珊大道是穿过扎格罗斯山到达伊朗高原和东部居住点为数不多的路径之一。这条路蜿蜒曲折，穿越幽深的峡谷和陡峭的悬崖。国王和军事将领们在一些悬崖的高处留下了他们辉煌的足迹。比如在贝希斯敦（Behistun）（"上帝之境"）令人望而生畏的制高点上，大流士一世用古波斯语、埃兰语和巴比伦楔形文字雕刻出巨幅的铭文，感谢祆教造物神阿胡拉马兹达（Ahuramazda）保佑他取得胜利。

这条高速路的开拓者很可能是新石器时代的人，甚至是旧石器时代的迁徙者。他们不像后来的人那样留下文字记载，在这片土地上也只剩下蛛丝马迹般的考古遗存，但是我们几乎可以肯定他们走过这条路，因为并没有别的更好的路可走。我下面会讲，旅途中这些新石器时代的人很可能在有意无意间把如何驯化植物、酿造酒的方法传播开来。通过你来我往，这些方法逐渐传遍整个中亚地区，对沿途的文化产生了深远的影响。

戈丁台地的发现尽管晚了几千年的时间，但是与更早的新石器时代的想象图景并不矛盾。在整个公元前四千纪，平原低地上的人在城堡丘（Citadel Mound）上建造和维护着所谓的椭圆城，这些外来人充分利用了山地的优势。吉妮·拜德勒最开始关于陶罐的假设后来证明是正确的。她观察到遗址内不同区域出土的陶罐底部和内壁上都有红色的残留物，这些确实是葡萄酒留下的：我们的化学分析显示有酒石酸存在，这是中东地区葡萄酒的指纹特征化合物。

我们先从 20 号房区中选了两个造型奇特的陶罐，每个有 60 厘米高，可容纳 30 升液体。细口、长颈的设计很适合盛放和倾倒液体，这与遗址内发现的其他陶罐的形制迥然不同。虽然美索不达米亚其他地方也有这种梨形的陶罐，但是纹饰仅见于戈丁，每个陶罐的两边用泥条修饰出像绳索一样的附加堆纹，呈倒 U 形。这种纹饰初看毫无意义，但是经吉妮提醒，它可能是用来演示现实中如何用绳子固定住陶瓶的两边。通过简单的实验考古很快就验证了这种可能性是存在的。在离陶瓶不远的地方发现了黏土塞子，与瓶口的直径一致，把陶瓶侧着放倒，塞子就可以被瓶内液体浸润，防止干透、收缩之后空气进入，使酒变质。这也就解释了为什么红色残留物只在瓶子的一侧发现。换句话说，古代的酿酒人虽然没有软木塞，但已经找到了防治"葡萄酒氧化病"的办法，发明了世界上最早的葡萄酒架，但是只要有氧气在，葡萄酒早晚都会变成醋。

我们可以想象着还原古代的场景。几瓶塞着瓶塞的酒侧着存放在椭圆城的酒窖或暗室里，过了一两年，口感粗糙的新酒变得柔和，酒石酸晶体和酵母组成的酒渣沉淀下来。某一天，有位钦差或王室的人从平原上来，或者出于特殊场合的需要，这些酒瓶被带了出去。它们被竖起来，这样酒渣可以沿着瓶壁流下来沉到瓶底。瓶口被小心切开，然后削掉，防止酒塞和碎渣掉进珍贵的酒里。这种"开瓶"方式在1500年后的埃及新王朝已经十分流行。波特酒的狂热爱好者还会使用这种方式，他们用滚烫的火钳夹住玻璃酒瓶的瓶颈，再用湿毛巾包住，随着温度的剧变形成完美的断碴。

还有一个酒瓶表明可能还有更巧妙的开瓶方式。在红色残留物的反面，离瓶底大概 10 厘米的位置钻出一个小孔，这样可以完成醒酒，而不扰乱已经沉淀在瓶子里的酒渣。但不知道什么时候，喝酒的人失去了耐心，这个陶瓶的颈部也像其他瓶子一样被整齐地削掉了，一定是宴会开始了。

然而这场史前酒会好像有点失控了，有人丢了一条罕见又精致的项链，最后跟陶瓶埋在了一起。这条项链由 200 多颗黑白的石珠串成，是发掘出土的一件精品。也许是某位达官显贵的夫人戴着这条项链，喝醉了酒失了礼，但就算是那样也没人会注意到，因为这间小屋有一道幕墙将它与庭院和墙外窥探的人隔开。

"宴会厅"旁边是 18 号房区，里面的发现同样让人产生许多联想。这个房间是整座城堡的中心，在后墙的位置有一个巨大的壁炉，可以在寒冷的季节供暖。从两个窗户看出去就是庭院。整个屋内最后的样子混乱不堪：炭化的豆子和大麦粒散落在地上，在角落里堆着大约 2000 个石球，可能是用投石器发射保卫椭圆城的。我们生物分子考古研究的重点是几个大型的陶罐，容积约有 60 升。要是装满液体，这些陶罐肯定太沉了难以搬运，得用勺子舀出来。

18 号房区可能是中间分配物资的地方，供给外国的商团、士兵和官员使团。粮食和其他物资——换发的武器、写字用的泥板、做面包和酿啤酒用的大麦，乃至特殊场合需要的上好葡萄酒——可能都是在这里打包，从两个窗户递出去。

隔着庭院，在 18 号和 20 号房区的正对面是 2 号房区，在里面发现一个大号的漏斗，直径有 50 厘米，顶上还有一个直径略小一点的圆形盖子。这个漏斗充分说明加了树脂的葡萄酒是在现场生产的。同样大小的漏斗在铁器时代以及更晚的酿酒设施里都有发现，在土耳其东部和叙利亚北部乌鲁克晚期的其他高原遗址的发掘中也发现了，今天这些地方也是生长野生欧亚葡萄的地区。

漏斗除了可以把液体从一个容器转移到另一个容器，还可以神奇地当成滤嘴使用。在漏斗内部铺垫一层粗布（有也早就分解掉了）或者简单地填充一些植物纤维或毛发，就可以过滤未澄清的葡萄汁或发酵液。也可能直接把葡萄倒进漏斗里，盖上将近 1 千克的盖子压榨葡萄汁，直接流到陶罐里。

在房间里还发掘出两三个破碎的陶罐，都是带倒 U 形附加堆纹的，但是没有一块陶片可以看出红色残留物的痕迹，有可能它们本来就是等着罐装的空瓶。

　　说 2 号房区是酿酒间是完全有可能的，但还缺少关键的证据。通常来说葡萄籽容易保存下来，但是也没有发现（可惜房间内的土壤没有过筛或用水浮选植物考古遗存），漏斗也有可能是用来转移酒以外的其他液体。那个盖子可能就是用来盖在某个大敞口的容器上的。2 号房区只发掘了一半，考古工作戛然而止，因为 1979 年伊朗革命爆发。那时候刚刚揭露出一个方形的槽子——也许是踩踏池？——然而关于它的功能，我们只能等到下次发掘才能揭晓了。

　　如果有人要寻找支撑美索不达米亚低地平原上早期城邦的葡萄酒酿造中心，戈丁台地就符合条件。遗址坐落的位置，自古就是穿越扎格罗斯山的重要贸易通道。今天这里到处都生长着生机勃勃的葡萄树。或许乌鲁克晚期的时候是这番景象。如果 2 号房区是酿酒间，它就相当于今天的高级酒庄。大规模的生产肯定会在靠近葡萄园的位置，这有待将来的考古发现。平原地区庞大的贸易网络、城市化进程、灌溉农业和园艺栽培，都体现了那个时代的实验精神和开创精神，这也许在高原上的酿酒生产中也有体现。戈丁酒完全可能是古代世界的山脊酒庄的赤霞珠干红，这是保罗·德雷珀（Paul Draper）用长在圣塔克鲁兹山（Santa Cruz Mountain）圣安德列斯断层悬崖上的葡萄酿造的。

潜藏在遗存中的第二种酒

　　戈丁台地上的古代酒的故事出现了又一次转折。生活在戈丁的地道的原苏美尔人或埃兰人不仅喝葡萄酒，还喝啤酒。我们从晚期的文献中得知，啤酒是美索不达米亚平原上老百姓的口粮酒。就算是上层阶级，一般也会喝啤酒，不过他们有很多选择，有淡啤、黑啤、琥珀啤酒、甜啤酒和特殊过滤啤酒。

得知该遗址上的人们曾酿造和饮用啤酒后，吉妮重新梳理了出自 18 号房区的公元前四千纪的大量陶片，通过遗址分析发现，18 号房区是个杂货铺一样的储藏室。在拼接完破碎的陶器后，她最终找到可能盛过古代啤酒的理想样品，一件带把手的啤酒壶。葡萄酒的瓶子是长颈细口有塞子的，而这件 50 升容量的敞口陶壶与其截然不同，虽然它像葡萄酒瓶，和同时期的很多陶器一样，也有绳子似的附加堆纹，但这个纹饰不同寻常，现在还没有合理的解释。写实风格的绳子堆纹绕陶器顶部一圈，穿过两个（已经缺失的）把手，这两个把手紧靠在陶壶的一侧。在两个把手的中间，这条"绳子"还打了个结，多余的绳头垂在下面。耐人寻味的是，在烧制这件陶器之前，还有人在"绳结"下面钻了个小眼儿。

陶壶的里面就更奇怪了，刻满了纵横交错的沟槽。陶器纹饰一般都是刻画在外壁上，很少有在里面的；通常都不经任何处理，或者只是粗略地打磨。而内部有沟槽的陶器让吉妮想起了古苏美尔语的啤酒字符 "$kaš$"。它的书写方式是先在令我着迷的戈丁泥板上画一个陶罐符号，再在上面画横的、竖的和斜的杠。这个里面刻满奇怪记号的陶罐，是不是跟啤酒的字符有关？又或者，$kaš$ 是内部有凹槽的奇怪陶壶的象形符号？如果真是这样，这件陶壶原来是不是用来酿造、储存或喝啤酒的？

　　陶壶内部的凹槽里有黄色的、像树脂一样的东西，想不到它竟然成了证明住在戈丁的平原人也喝啤酒的关键证据。吉妮早在整理 18 号房区出土陶片的时候就注意到了这些残留物。现在我们实验室的任务就是证明它到底是什么，怎么保存在这儿的。

　　我们的分析方法在讲贾湖酒的时候就已经提到了。我和同事鲁道夫（鲁迪）·米歇尔［Rudolph（Rudy）H. Michel］从查找文献着手，了解哪些化合物能够确证陶壶里面装过的是大麦啤酒。很幸运，我们找到了一种化合物，它能够在大麦啤酒加工和储存的过程中沉淀下来，就是草酸钙。酿啤师管它叫啤酒石，草酸结合钙离子成为最简单的一种有机酸盐。草酸钙尝起来有些苦，有微毒，所以最好能从酒里剔除。陶器的孔隙正好能做到这一点，而且在清除草酸钙的同时，还把它保存下来，几千年后的我们才得以提取并分析。

　　弗里茨·费格尔（Fritz Feigl）发明的标准化学点测法可以检测到百万分之一浓度的啤酒石。我们用这种方法检测戈丁台地陶壶凹槽里的古代残留物，并检测出了草酸盐。

　　鲁迪的"艰巨"任务是从现代啤酒中采集对照样品，他为此去了趟费城的道客街酒厂（Dock Street Brewery）。费城曾经是整个西半球最大的啤酒城，拥有数百家啤酒厂，这些厂家衰落之后出现了小型啤酒坊，第一批啤酒坊在道客街开门营业。鲁迪的任务对他们来说恐怕也是头一回，他们从酿酒桶里刮下一份啤酒石递给他。这份样品的检测结果跟古代样品一致。

　　为了最后再确认一下，我们还检测了皇家安大略博物馆收藏的一件埃及新王朝时期的陶罐，它很有可能以前装过大麦啤酒。埃及学家都管这件侈口圈底的陶罐叫啤酒瓶，它的外表用埃及蓝装饰着莲花瓣和毒茄参。根据墓葬彩绘和浮雕，研究人员认为它被用于特殊的面包啤酒仪式。陶罐里面也检测到了草酸盐。

有了这些结果，我们基本可以断定戈丁台地遗址 18 号房区不同寻常的陶壶，应当装过大麦啤酒。结合其他证据，我们还可以做出更多重要的推论。驯化的六棱大麦的炭化种子在同一房间的地板上到处都是，椭圆城的其他地方也有出土，很可能是本地种植的。当时的人很可能是在城周围的农田里播种、照看大麦，掐穗收获，扬掉谷糠，用玄武岩制作的石臼和石棒碾磨麦粒。

大麦必须经过发芽制成麦芽（当然也可以用咀嚼的办法——见第二章）。在发芽的过程中，淀粉酶被激活，把谷物淀粉转化为糖。在麦芽长成植株之前，通过烘干甚至火烤的方式清除水分，这样化学反应就停止了，再加水的时候会重新启动，把麦芽制成芽浆。这一步就显示出做水果酒或蜂蜜酒的好处和相对容易了。酿造啤酒不仅增添把淀粉转化为糖的步骤，而且由于谷物不携带天然的酵母，不能直接开始发酵。要开启发酵，古代的酿酒师有两个选择，要么等，等着天然酵母进入，就像现在中国米酒和比利时兰比克啤酒一样，要么直接添加水果或蜂蜜引入酿酒酵母，这样更可靠。

把大麦变成啤酒的秘诀在于糖化和发酵，今天的小型啤酒作坊基本上还是这么操作的，只不过用上了不锈钢桶和恒温控制技术。最晚在公元前 1800 年，美索不达米亚对苏美尔酿酒女神宁卡西的优美赞歌记录下了这个过程。这是文字记载的最早的啤酒"配方"，有些词高度诗歌化，是无法翻译的。例如，猛烈的发酵被描述为"波浪涌起又落下……（像）底格里斯河和幼发拉底河的匆匆河水"，但实际上，麦芽是把谷物泡在水下制成的。麦芽浆（麦芽经过完成糖化、过滤之后剩下的含糖液体）同时用蜂蜜和葡萄酒做引子，也许是为了保证有足量的酿酒酵母开启发酵。诗中还提到混合物中有其他的"甜蜜香气"。这种说法很模糊，可能指的是椰枣或偏苦味的添加剂，如萝卜或带茴香味的泽芹。

弗瑞兹·梅泰格（Fritz Maytag）是美国小型啤酒坊革命的一位先锋人物，1989 年，他和他的旧金山铁锚蒸汽啤酒厂（Anchor Steam Brewery）的天才酿酒师团队决定接受挑战，复原古代的苏美尔啤酒。我有幸品尝过两个版本，名为"宁卡西"，也算恰如其分。第一次是跟迈克尔·杰克逊（Michael Jackson）——是那位啤酒和苏格兰威士忌专家，不是那个歌手——在宾大博物馆的品鉴会上，它的酒体像香槟一样轻盈，略带一点椰枣香。第二个版本是在纽约《考古》（Archaeology）杂志举办的特别宴会上揭晓的。这一次完全不同，酿造时在桶里添加了深度烘焙的面包，这在宁卡西的啤酒赞歌里也提到过，因此酒具有焦香、色深的特点，并带有酵母味。出于对其历史悠久的尊重，弗瑞兹决定不把宁卡西扩大进行商业生产，而我们还在期待添加泽芹的版本。

我们再次回到公元前 3500 年，回到更加原始的酿酒工艺，不禁疑惑，为什么戈丁陶壶的内部会有凹槽？他们解释成古苏美尔语里啤酒字符的原型 *kaš*，似乎有待商榷。我们已经通过化学分析得知，凹槽里面是啤酒的残留物，之所以存在这些凹槽的一个现实原因突现在我的脑海中：凹槽是用来收集苦涩的啤酒石的，否则啤酒的味道就会变糟。

啤酒酿造完成之后，人们可能直接从大陶壶里喝，就跟现在那种自流的不锈钢啤酒桶一样。然而古苏美尔人和埃兰人并没有在底部开孔加水龙头，而是用另一种方式喝酒：用长长的吸管或麦秆直接从底部把酒吸上来，这样就能避开浮在顶上的麸壳和酵母。许多滚筒印章（有纹饰的管子，盖印的方式是在泥板上滚，标记个人所有权）上都刻有这样的画面，显示大麦啤酒就是这么喝的，在美索不达米亚延续了数千年的历史。有些印章上的图像是一个人在酒里插上吸管偷偷地喝，有的是一男一女一起喝。带有这种图案的印章最早出自宾大在伊朗北部扎格罗斯山发掘的高拉台地（Tepe Gawra）遗址，那是一件土质印章（是印章盖在黏土上的印痕），年代约为公元前 3850 年，比戈丁台地的陶壶还要早几个世纪。印章上是两个简笔画一样的人物站在陶罐的两侧，陶罐的高度是人物身高的三分之二。这个图案至少在陶罐肩部印了两次，可能表示这是件特殊的酒器。关于图中的人物有两种解释，要么是在拿着棍子搅拌，要么是在用一根削尖的吸管喝酒。当然也有可能是在喝酒的间隙，人把笔直的吸管拿到嘴边，这个姿势在晚期的滚筒印章上很常见。

还有些印章上有和戈丁陶壶一样的那种大敞口罐，上面插着许多根吸管，肯定是用在人更多的社交场合。因为啤酒很难保存，所以一堆人聚在一起的时候，需要在一两天之内尽快喝完。直接从酿酒的容器里喝啤酒也有些现实原因，如果把啤酒从一个容器转移到另一个容器，一些营养成分和易挥发的成分就会因为被酵母、谷物残渣和容器表面吸收而丢失。我们肯定都尝过世界上某些大型啤酒厂出售的寡淡无味的啤酒，这些处理过的啤酒可能卖得好，但是它们的口感和香气就差太多了。再者，如果容器里的酒被快速喝光，紧接着再做一批，陶器孔隙里残留的酵母就还能再发酵一回。还有一种循环利用酵母的办法，就是撇去表面的漂浮物，这里面富含微生物，留着给下一批酒引种酵母，就跟今天中东地区做酸奶的方法一样。

　　大家围坐在一起用吸管喝啤酒可不是"肥沃的半月形地带"① 的古代居民的专属，而是全世界共有的现象——在中国、太平洋上的岛屿、美洲、非洲等地广泛存在。这一习俗分布如此广泛，让人不免怀疑除了实用功能外，还有别的原因。芦苇秆和麦秆当然很容易找到，它们有着细长中空的结构，既可以用来吹，也可以喝。麸壳和酵母在酒体表面形成硬壳层，可以阻隔氧气给啤酒保鲜，所以最好能保持完整，直接用吸管喝到底下的好东西。就算这种实用功能是各地区独自发明的，但我们仍会问，为什么用吸管直接从酿酒容器里喝啤酒的做法如此普遍，而喝葡萄酒和蜂蜜酒就没有这种现象？

---

　　①　今天的伊朗、伊拉克、叙利亚、黎巴嫩和约旦一带，在大约 1 万年前是世界上农业起源和家畜驯化的重要地区之一。——译者注

在我们结束讨论戈丁啤酒陶瓶之前，还要再抛出一个问题：在两个把手之间、假绳结的下方，那个小孔是干什么用的？它肯定不是用来倒啤酒的。但是这个孔径倒是正好能插进一根吸管。我们或许可以想象一下，戈丁族群的大巫师或者苏美尔商队的头领在这场群体酒会中坐的是首席位置，其他人都是往陶罐的大口里伸吸管，而他有自己专用的吸酒孔。

直到今天，戈丁台地的啤酒瓶依然是经过化学检测证明的世界上最早的啤酒酿造和饮用容器，里面盛的至少是相对传统的大麦啤酒。大约同一时期在遥远的地中海西侧（见第六章），出现了一种大致相似的酒。大麦是在公元前 9000 年前后开始驯化的，和戈丁陶壶的制造年代有巨大的时间差。这段时间差里藏着许多关键的问题，这中间到底发生了什么，使人类从狩猎采集过渡到定居社会？

面包、啤酒，谁先谁后

20 世纪 50 年代人类学的一个重要争论引发了对另一个相关问题的激烈讨论：到底是因为面包的发明才出现了啤酒，还是先有啤酒才有的面包？罗伯特·博瑞德伍德（Robert Braidwood）是芝加哥大学东方研究院中东史前考古学界的老前辈，他发表在《科学美国人》（*Scientific American*）杂志上的一篇文章中提到，人类从新石器时代开始定居生活，与野生大麦的驯化有直接关系。新石器时代的人有田里的驯化谷物作为充足的食物来源，而且懂得如何制作面包，肯定会着力开发单一作物的经济潜力。

博瑞德伍德的假设是基于他在扎格罗斯山山麓地区即所谓的山地前缘做的大范围调查工作。他认为末次冰期结束之后，气候和植物种类立刻恢复到与今天相似的条件，这些肥沃的丘陵和峡谷一直延伸到土耳其东部的托罗斯山（Taurus Mountains），那里是大麦实际完成驯化的地方。每年 250～500 毫米的降水量创造了适宜的环境，吸引早期栽培者挑选出野生植物的种子，这些种子在人类收集时依然紧实地附着在植株上，而没有掉落和分散在地上。为了得到谷物种子，人类也可能已经开始试验摔打脱粒和扬场的方法。

博瑞德伍德在《科学美国人》杂志上发表的文章中进一步拓展他的理论，认为单是一种加工食物——大麦面包——促成了"新石器革命"。博瑞德伍德的方法为狩猎采集向定居农耕的巨大转变提供了另一种解释。这与之前的环境和社会决定论截然不同，那些理论强调人口过剩或对稀缺资源的竞争才是社会转变的主要原因。

继博瑞德伍德对这个问题提出新的见解之后，威斯康星大学的乔纳森·萨沃（Jonathan Sauer）回应说，驯化植物最大的动力不是面包，而是啤酒。接着博瑞德伍德组织了一次具有里程碑意义的研讨会，题目就叫"人类曾经只靠啤酒活着吗？"在会上大家各抒己见，但最后并没有得出一个统一的结论。

从现实角度说，这个问题太简单了。要是今天让你选的话，是面包还是啤酒？新石器时代的人有跟我们一样的神经通路和感觉器官，所以他们的选择不会跟我们的有什么两样。如果你需要一个更加科学的解释，大麦啤酒确实在营养上更胜一筹，它含有更多的 B 族维生素和人体必需的赖氨酸。但是选择啤酒怎么能忽略一个更重要的因素？啤酒含有 4%～5% 的酒精，如果喝得够多，就是强效的致幻剂和药物。

但是关于这个人类学的问题，真实的答案既不是面包也不是啤酒。啤酒很可能都不是第一种发酵酒，单纯因为啤酒更难制作。前文已经提到，大麦需要很多加工流程，从播种到扬场，再到碾磨、催芽、发酵，谷物里的淀粉必须降解成单糖，才能添加酵母开启发酵。换言之，葡萄酒和蜂蜜酒会轻松赢得古代发酵酒的比赛。

新石器时代生活平等、饮酒自由

1991 年罗伯特·蒙大维酒庄（Robert Mondavi Winery）举办了一次开创性的葡萄酒研讨会，名叫"葡萄酒的起源和古代史"，从那之后我开始涉猎中东地区的新石器时代和一系列的发酵酒研究。那次会议激起了我寻找葡萄酒更早证据的兴趣。公元前 8500～前 4000 年的新石器时代，似乎最有希望找到这些证据。就在这个时期，人类驯化了一系列的动植物，开始主动掌控食物资源，最终在近东地区出现了最早的永久性定居生活的聚落。公元前 6000 年前后陶器的出现加速了定居过程，特制的陶器可以用来制作葡萄酒或其他食物、饮料，而且可以塞上塞子储藏起来防止变质。新石器时代的"美食"真正地出现了。各种食物加工方法——发酵、浸泡、加热、调味——被一一发明，另外新石器时代的人还制作出了最早的啤酒、面包、各种各样的肉食和面食,很多直到现在依然频频出现在我们的餐桌上。

陶器的发明也显著增加了我们发现古代食物和饮品残留物的可能性。黏土很容易制作成加工器具、餐饮容器和储藏容器,这些都是酿造和饮用葡萄酒和其他发酵酒的理想工具。加热到足够高的温度之后,陶器几乎难以彻底摧毁,就算容器碎了,陶片也会保存数千年。更重要的是,液体和其中的沉淀物很容易在陶器结构的孔隙中累积,这些化合物被螯合到黏土的化学结构中,避免了环境污染。

宾大博物馆非常适合寻找新石器时代葡萄酒的化学证据,因为它拥有全世界发掘记录最全的藏品。我只需打个电话跟新石器时代考古学的同事聊一聊就行,或者是曾经代表博物馆开展考古发掘的人,有一些考古资料是出土国家委托给博物馆永久收藏的。我最开始找的人是玛丽·沃格特(Mary Voigt),她现在就职于威廉与玛丽学院,结果发现只要找她一个人就够了。

玛丽告诉我她在 1968 年的时候发掘了一个小型的新石器时代遗址,叫哈吉费鲁兹台地(Hajji Firuz Tepe),位于扎格罗斯山北麓、乌鲁米耶湖(Lake Urmia)的西南方,海拔1200 多米。新石器时代的居民似乎生活得非常舒适,动物和植物资源都很丰富。他们的土砖房很讲究,大致呈方形,有一间巨大的客厅(可能兼作卧室)、一间厨房和两间储藏室。今天,这些房子在该地区依然能见到,几乎一模一样,那个时候也应该能容纳一个大家庭。

遗址的年代约为公元前 5400 ~ 前 5000 年,处于陶器新石器时代①，所以我自然地问了玛丽一个问题：你见过可能盛过葡萄酒的陶器吗？"当然"，她回忆说有些陶片带有黄色的残留物，而且后来拼出了一件完整器。这些残留物都集中在陶器的内侧下半部分，表明之前应该是装过液体。同样形状的陶器有6件，每件容量约有9升，在一间新石器时代房子的厨房地板上沿着墙根一字排开。房间的另一侧是一个火塘，可能是做饭用的炊器破碎之后散落在地上。这6件陶器曾经装的东西很可能就是新石器时代村子里的美酒。

玛丽一开始注意到陶片上的残留物时，以为它们是牛奶、酸奶或其他的奶制品。这些陶器都被取过样，做了科学检测，但是结果一无所获，可能是1990年前后的生物分子考古技术还没怎么发展起来。

1993年，我们来到宾大博物馆的地下仓库，把陶片从现代的埋藏堆里重新发掘出来。我可以在实验室利用化学方法解开谜团，看看这些陶器以前到底装过什么。经过鉴定发现了酒石酸，也就是说陶器曾经装过葡萄酒。我们的结果发表在《自然》杂志上，一时间成为热门话题，后来博物馆又给了我一件正在展出的藏品，也是从厨房出土的完整器，里面有红色的残留物。我们的分析结果显示，这也来自浸过树脂的葡萄酒。但要确定第一件陶器里装的是白（偏黄）葡萄酒，后来的这件装的是红葡萄酒，就只能通过色素鉴定，看看黄色的是不是黄酮类（槲皮素），红色的是不是花色素苷

———————————

① 意为陶器出现之后的新石器时代，在此之前近东地区有一段时期是没有陶器的新石器时代，通常称为前陶新石器时代。——译者注

（矢车菊素），但我们那时候还没有开展这项工作。

与戈丁台地的陶器类似，这些年代更早的陶器也是专门用来储存珍贵的琼浆玉液的，它们的瓶口非常狭窄。我们还在附近发现了配套的黏土塞子，用来隔绝氧气，防止葡萄酒氧化病。

在对两件哈吉费鲁兹陶器的化学分析中，我们还发现了更有意思的东西，标志性的三萜类化合物表明葡萄酒里添加了红脂乳香树脂，有显著的抗氧化和抗菌作用。红脂乳香树（与开心果是一个科）在中东地区分布广泛、数量很大，甚至在沙漠地区也有分布，单棵树就可以长到高 12 米、直径 2 米，在夏末秋初的时候产出 2 千克的乳香树脂，恰巧跟葡萄成熟和采摘的季节一致。

人类使用树脂的历史悠久，可以追溯到旧石器时代。树脂可以用作胶水，也可以放在嘴里嚼起到镇痛作用，在瑞士新石器时代的湿地遗址里发现过一坨一坨的桦树树脂，上面的齿痕就印证了这一点。早期人类好像已经发现了，当树皮被割坏，里面会渗出树脂促进树皮愈合。他们想明白之后，把树脂用在了治疗人的伤口上。同理，喝浸了树脂的葡萄酒应该能治疗内伤。把树脂加到葡萄酒里，也许对葡萄酒本身有同样的保护作用，延缓可怕的"葡萄酒氧化病"。

树脂葡萄酒在古代非常受欢迎，我们分析了整个中东地区的葡萄酒样品，从新石器时代一直到拜占庭时期，都有它的痕迹。今天只有希腊还在制作一种松香葡萄酒，方法跟在橡木桶里陈化差不多，有的人可能会避之不及，但是最终产品竟然有点诱人：盖亚酒庄（Gaia Estate）的热茜娜酒（Ritinitis）是在希腊葡萄酒里添加了微量的阿勒颇松香，因此带有淡淡的柑橘味道。即便到了罗马时期，除了品质极佳的陈酿葡萄酒，当时的人会在葡萄酒里添加各种树脂，例如松香、杉树树脂、红脂乳香（号称"松香女王"）、乳香、没药等。老普林尼在他的《自然史》第 14 卷里花了大量篇幅描写树脂葡萄酒，其中没药葡萄酒被认为是最好最贵的。

正如我们已经看到的，新石器时代的中国利用树脂可能是口口相传的医药和植物学知识，在那个时代应该都知道，还有很多先进经验流传至今，经受住了时间的考验。但是葡萄酒或其他发酵酒本身就有药用价值，如果适当饮用的话。乙醇和来源于植物色素的多酚类芳香化合物都与树脂的成分一样，有显著的抗氧化作用。最近炒得火热的白藜芦醇只是其中的一种，它能中和身体里的活性氧，因此可以降低心脑血管疾病的发生率，预防癌症和其他一些疾病。

新石器时代的树脂发酵酒，不管在中国还是中东地区，都是大家以相当公平的方式分着喝的，可能在有些特殊场合是由新出现的巫师阶级独享。遗址内没有发现明显的社会分化，比如所有的房子里发现的陶器类型都是相同的。

如果我们以在这座普通房子的厨房里发现的 6 个陶罐为基准，那么饮酒在整个村子就不只是富人和名人的特权了。这些陶罐如果都装满的话，可以盛大约 50 升酒。整个遗址的其他家庭（然而并没有全部发掘）如果也是同样的饮酒量，100 座房子就有 5000 升酒，这个数量可非同一般。

每家这么多的葡萄酒，说明哈吉费鲁兹应该已经开始种植驯化的欧亚葡萄，这个地区很适合葡萄生长。它位于美索不达米亚北侧的山地国家，在乌鲁米耶湖旁边的沉积物钻孔内发现了葡萄的花粉，证明是野生葡萄在现代和古代分布的最东边。但是采摘野生葡萄可没那么容易，而且其产量又比驯化葡萄低。从预估的哈吉费鲁兹的葡萄酒保有量来看，我们还可以大胆推测，葡萄种植和酿酒是整个村子共同参与的劳动成果。也许今天葡萄酒享有较高的地位，但在新石器时代的经济和社会条件下，葡萄酒更像是促进民主的事物。

哈吉费鲁兹让我们看到了新石器时代葡萄酒的曙光，但是直到今天还没有发现年代这么早的啤酒或其他发酵酒。但是这很大程度上取决于用来分析的陶器，迄今为止人们更多的精力是在寻找疑似的葡萄酒容器上。我们需要更多的吉妮·拜德勒来整理新石器时代的陶片堆，从中挑选出可能用来酿造啤酒、蜂蜜酒或其他酒的陶器。

祭司阶级开始出现

哈吉费鲁兹遗址位于伊朗的阿塞拜疆省——处于肥沃的山麓地带，与托罗斯山、美索不达米亚平原北部和土耳其东部即安纳托利亚接壤。1983 年，也在这里，在幼发拉底河上游河谷的美丽石灰岩地带发现了奈瓦利科里（Nevali Çori）遗址，开启了新石器时代考古研究新方向。今天这里的山光秃秃的，只有远处的河边有一抹绿色，难怪考古学家没有早日踏足这片区域。当时要修建的阿塔图尔克大坝（Atatürk Dam）改变了这一切。由哈拉尔德·霍普特曼（Harald

Hauptmann）带领的海德堡大学科学学院考古队，还有尚勒乌尔法（Sanliurfa）考古博物馆联合开始抢救性发掘，等大坝完工，水库水位上涨就会淹没所有的古人活动遗迹。

奈瓦利科里为前陶新石器时代早期的遗址，开始年代为公元前8500~前6000年，遗址上的发现震惊了所有的发掘队员。两座接近方形的建筑上下叠压在一起，边长约为16米，建筑格外规整，中间竖着巨型的单体石灰岩石柱，石柱的顶部呈T形。沿着墙壁排列着石凳，石柱就穿插在石凳中。在最晚的建筑中，中央的两个石柱上雕刻着浅浮雕，画面是两只弯曲的胳膊在鼓掌。我们几乎可以想象石柱就像安静的旁观者，注视着建筑里发生的事，在场的新石器时代的人会坐在石凳上围观。以前在新石器时代早期的遗址中，从来没有发现规模如此庞大的建筑。

每个建筑里都有一个嵌在墙里的壁龛，在最晚期的建筑中发现一个奇怪的雕塑藏在壁龛的深处：一个耳朵突出的大光头，脑后有既像阴茎又像蛇一样弯曲爬行的装饰。可惜雕塑的脸部被磨蚀了，难以分辨其性别。虽然这件残品在脖子处断裂，但以前应该是一件真人大小的雕塑的一部分，霍普特曼推测它一开始很可能立在早期壁龛前面的台子上。在同一个壁龛里还发现一个大型猛禽的石灰岩雕塑。

没有迹象表明早期建筑经历了毁坏和重建。真实情况是，早期建筑被刻意通过某种仪式掩埋，一起埋藏的还有11件石雕。其中最令人震撼的是一根像图腾柱一样的立体石柱，上面雕刻着两个背靠背的人物形象，胳膊和腿交缠在一起，头上各站立着一只猛禽，长长的卷发辫暗示两人都是女性，猛禽的爪子紧紧抓着一个缠头巾的半身人像。还有一件是两只鸟面面相觑。第四件似乎人鸟合一，说不上是翅膀还是胳膊围抱在身前；突出的脑袋和平坦的面具特征像极了猫头鹰，让人联想到莫迪利亚尼（Modigliani）的诡异画作。

显然，奈瓦利科里的建筑不是用来居住的普通房子。这种房子在土耳其东南部也不是特例。附近还有一个年代更早的前陶新石器时代遗址叫哥贝克力石阵，霍普特曼的同事克劳斯·施密特（Klaus Schmidt）一直在研究它。遗址位于由幼发拉底河、底格里斯河和拜利赫河围成的所谓黄金三角地，在高高的山地上俯瞰肥沃的哈兰平原。遗址上发现的建筑也有 T 形的柱子，而且比奈瓦利科里的装饰更浮夸。狮子从石柱顶端一跃而起，蛇蜿蜒上下，狐狸跳跃，野猪冲刺，还有一群鸭子。在一根柱子上，我们可以看到三种动物的组合，从上到下是野牛、狐狸和鹤：柱子的窄面只展示了野牛角。画面上也有人类，有一个雕塑是猛禽的爪子里钳着一个女性的头部，跟在奈瓦利科里遗址发现的很相似。还有一件雕刻的是与异性交媾的赤裸女性形象。

这两个遗址上的雕塑都为解释这些建筑的初始功能提供了线索。我们见过这样的例子，巫师把他们上天入地的本领与高飞的鸟类和它们的鸣唱、求偶舞蹈联系在一起。安纳托利亚地区晚期的高级酒器有长颈和鸟喙般的流口，可能就是这种传统的体现。新石器时代之后的 6000 年间，这种人（这里指的是女性）鸟之间的奇妙关联还残存在弗里吉亚人对伟大女神库柏勒的描绘中，她的形象通常是手擎猛禽或被它的羽毛环绕。简而言之，奈瓦利科里和哥贝克力石阵都是巫术崇拜用建筑，代表有组织的宗教在中东地区第一次出现。

他们喝的什么酒，献祭的什么

就算我们说奈瓦利科里和哥贝克力石阵的不寻常建筑是巫术崇拜，我们依然不知道在他们的仪式中有没有用到发酵酒。奈瓦利科里的考古发掘出土过两件稍小的文物，可以叫石杯或者石碗，暗示曾经确实有酒。石杯上雕刻着一男一女在和幼发拉底河的乌龟一起跳舞。石碗上貌似也是刻画的某种节日庆祝，三个人物张嘴跳跃，好像在唱歌。我在高加索地区格鲁吉亚的新石器时代陶罐上见过类似的场景（没有龟），上面的人物好像在葡萄架下跳舞。这很难不让人联想到葡萄酒，毕竟格鲁吉亚在古代世界有过灿烂的葡萄酒文化。对出自舒拉韦里斯－戈拉（Shulaveris-Gora）和克拉米斯－迪迪－戈拉（Khramis-Didi-Gora）遗址的新石器时代陶器的初步化学分析显示，它们确实盛过葡萄酒。

哥贝克力石阵和本地区其他重要遗址也出土过与奈瓦利科里遗址相似的石碗或石杯，这就包括卡育努（Çayönü）遗址，研究人员在该遗址发现巫术崇拜的宏大建筑曾长期存在，废弃后通过仪式用土埋起来。沿着底格里斯河支流继续向东，有克提克（Körtik）和哈兰赛米（Hallan Çemi）遗址，在这些遗址上发现了格外重要的证据，因为陶器的数量大、年代早。

哈兰赛米是比哥贝克力石阵还要早的前陶新石器时代遗

图 7　奈瓦利·科里遗址出土的石灰岩石碗或石杯

说明：约公元前 8000 年，高 13.5 cm，外表刻画的两人一龟跳舞的
生动形象十分独特。

址，发掘领队是特拉华大学的迈克尔·罗森博格（Michael
Rosenberg）。它的巫术崇拜建筑比哥贝克力石阵要小，质量
也更差，而且是圆形的。那里发现的很多石碗和石杯碎片都
是素面的，偶尔发现的雕刻装饰也基本是同一主题——特别
是风格化的蛇和鸟——与克提克遗址的一样。克提克遗址是
由蒂奇（底格里斯）大学的韦之义·奥兹卡亚（Vecihi
Özkaya）发掘的，只在墓葬中发现了碗和杯。这些容器数以
百计，器物上除了动物主题以外，还有复杂的几何纹饰。很
多器物上重叠的蛇和鸟，还有奈瓦利科里跳舞的龟，都表明
了一种上天入地的等级世界观，这也是巫术思想的特点。最
近在以色列加利利西部的一个洞穴里发现了一具老年残疾女
性的遗骸，她被认为是一名巫师，随葬了 50 多件完整的龟
壳以及一头野猪、一只鹰、一头牛、一只猎豹和两只貂。这

座距今 12000 多年的特殊墓葬属于纳吐夫（Natufian）文化（见第六章），会不会是它启发了土耳其东部那些器物和石柱上的主题纹饰，甚至是几千年后中国贾湖的"巫师"随身携带的刻文龟甲？

哈兰赛米和克提克的石碗、石杯是用绿泥石切割而成，这是一种吸水性很强的黏土矿物。这些器物促成了公元前6000 年前后出现最早的陶器，包括大型的陶罐和筛网，适合用来加工和储存葡萄酒，有的时候还用黏土装饰出葡萄穗的样子，像极了格鲁吉亚的陶罐。

我在 2004 年去土耳其东部的时候，韦之义·奥兹卡亚给了我两个克提克的绿泥石容器做分析。我们非常幸运，绿泥石的孔隙里保留了大量的古代有机质化合物。我们的分析还没有完成，但是根据已有的红外线检测和酒石酸点测法结果，已经足够证明这些容器里装的是葡萄酒，而不是大麦啤酒。如果要进一步证实，就需要液相色谱-串联质谱法（LC-MS-MS）分析。

两河源头

除了拿到石头和陶器样品做分析，我到土耳其东部还有另一个目的，可以暂且理解为我们在寻找"伊甸葡萄园"。托罗斯山东麓、高加索山和扎格罗斯山北麓一直被认为是欧亚葡萄的世界中心，这里是葡萄品种遗传多样性最丰富的地方，所以有可能是葡萄最先被驯化的地方。随着我们考古学和化学分析调查的深入，历史也变得越来越清晰，世界上最早的葡萄酒文化——葡萄栽培和酿酒工艺为一体，主导经济、宗教和社会——至迟在公元前 7000 年在这片山地孕育而生。

葡萄酒文化在形成之后，随着时间推移逐渐向周边传播，成为整个地区经济和社会发展的主要推动力，在后来的数千年里扩散至整个欧洲。自冰河时代结束以后，历经将近一万年的时间，今天的欧亚葡萄培育出一万个变种，酿造出世界上 99% 的葡萄酒。虽然北美和东亚有许多本土的野生葡萄品种，有些甚至含糖量非常高，但奇怪的是，迄今还没有证据表明这些葡萄在现代之前被驯化过。

我们想知道，在这个中心区域是不是曾发生过某个事件，导致了葡萄驯化。这种单一时间、单一地点的假设被称为"诺亚假说"，这是来自《圣经》的典故，宗祖的方舟停留在亚拉腊山后，他的首要目标就是开辟一处葡萄园，开始酿造葡萄酒（《创世记》8：4 和 9：20）。

今天的土耳其东部虽然看起来并不适合葡萄种植，但是近年来的考古发掘描绘出新石器时代这里是一幅完全不同的风景。在冰河时代结束后，这里降水量增加，而且由于托罗斯山是中亚造山带的一部分，古今的地质活动都很频繁，所以当地土壤富含金属、矿物质和其他营养物质，这是葡萄和其他各种野生水果、坚果和谷物生长所必需的。

这片富含钙质的山地和峡谷通常发育含铁的红土。这种土壤一般砂石含量高，透水透气，有利于根系发育，其中的黏土可以在整个旱季保持足够水分，pH 值偏碱性，腐殖质少，也有利于葡萄生长。即使这些条件都具备了，问题依然存在，早期人类到底是不是在托罗斯山的某处驯化了欧亚葡萄，并且开始酿造葡萄酒。

我们跟欧洲和美国的同行合作，运用现代 DNA 分析技术解决这个问题。我们对来自土耳其、亚美尼亚和格鲁吉亚的现代野生葡萄和驯化葡萄植株进行细胞核基因和线粒体基因特定区域（微卫星位点）测序，并将结果与欧洲和地中海地区的栽培种进行仔细比较。我们发现，中东地区的葡萄可能都来自共同的祖本，四种西欧葡萄品种——莎斯拉、内比奥罗、品诺和西拉——都与一组格鲁吉亚的栽培种有紧密的亲缘关系，很可能源自古代的格罗吉亚品种。从种子和植物其他部位提取古 DNA 的工作正在进行，结果将提供更多的直接证据。

我们在土耳其东部寻找野生葡萄的过程并不是一帆风顺的。跟我同行的有瑞士纳沙泰尔大学的何塞·弗拉穆兹（José Vouillamoz）和安卡拉大学的格可汗·梭艾勒梅左卢（Gökhan Söylemezoğlu）、阿里·厄古（Ali Ergul），我们在 2004 年春天乘农业部的陆地巡洋舰，颠簸在尘土飞扬的高速路和乡道上。我们采集样品的其中一个地点是著名的内姆鲁特山（Nemrut Daghi）遗址下面深切的沟谷，公元前 1 世纪的君主安条克一世在遗址 2150 米高的山顶上建造了自己的雕像，与用石灰岩雕刻的神像比肩。另外比较有潜力的地点是比特利斯（Bitlis）和锡尔特（Siirt）附近切入托罗斯山的一条河谷，以及沿着幼发拉底河向北可以抵达的哈尔费蒂（Halfeti），它在尚勒乌尔法的北边。

我们一路抵达底格里斯河的源头，即哈扎尔湖（Lake

Hazar）和埃拉泽（Elaziğ）的下游。河流在这里切割出古代近东地区最重要的冶金地区之一——马登（Maden，土耳其语，表示"矿"），这个地区在今天依然有活跃的地质构造活动。马登距离重要的新石器时代遗址卡育努只有25 千米。还好当时的地壳比较稳定，但由于我急切地想够到河边一棵格外诱人的葡萄树，差点掉进底格里斯河上游湍急的河水里，得亏阿里死死抓住了我，要不然就没人在这里讲这个故事了。

当我们发现了一棵雌雄同株的野生葡萄时，感觉一切危险都是值得的，它就位于一株野生雄性葡萄和一株雌性葡萄中间，早期的葡萄种植者就需要观察这种现象并挑选出这种植株。驯化的欧亚葡萄之所以是理想型，正因为它是雌雄同株：雄蕊和雌蕊在植株的同一朵花里，而野生品种的雄花和雌花是分开在不同植株上生长的。雌雄同株使得生殖器官彼此靠近，这样就可以稳定结出更多果实。这种本体受精的植株可以再根据想要的性状继续选择，例如甜度更高、水分更大的果实，或者更薄的果皮，通过枝条、芽或者根进行无性增殖。

雌雄同株是一种变异，在野生葡萄种群中占 5%～7%。但葡萄花儿的生殖器官实在太小了，需要眼尖的人去发现这些植株并驯化它们。

驯化葡萄就意味着人类已经发现如何人工培育葡萄，因为如果是从种子开始种植的话，长出来的性状是不可控的。野生葡萄的生长环境使它并不适合用来酿酒，也不易采摘。如果不加修剪的话，葡萄会攀爬到树上往高处生长，遮蔽其他竞争植物，结出的果实可以吸引动物，特别是可以传播葡萄种子的鸟类，但是人类不一定会喜欢，因为尝起来很酸。

新石器时代的葡萄种植者发明出一种压枝生根的方法，让它沿着旁边的树生长，这种可能性也是存在的。用人造物支撑葡萄生长的做法可能就是受到葡萄爬树的启发。早期的葡萄种植者可能已经开始修剪葡萄的高度和形状，这样采摘水果就方便多了。

迄今为止，根据我们在土耳其东部和高加索地区采集的样品，DNA 分析似乎是支持诺亚假说的，但是将来还有很多工作要做。中东地区的其他地方也需要样品，特别是今天伊朗的阿塞拜疆，但要在那里做工作仍然很困难。雌雄同株的基因是基因组的一段区域，负责同一植株花朵里雄性和雌性生殖器官的发育，如果我们把它分离出来，就可以靶向检测古代和现代的样品。迟早有一天我们会知道答案。

挺进黑山

也许就在葡萄酒出现之后不久，啤酒也助推了新石器革命。在与该遗址的发掘者克劳斯·施密特一起参观哥贝克力石阵时，雷丁大学的史蒂芬·迈森（Steven Mithen）观察到，当时的人选择定居在这里的主要原因很可能是宗教意识形态，而不是驯化动植物带来的经济优势。迈森对新石器时代的解释与通常的认识是相反的，他认为修建巫术崇拜建筑需要大量劳力，得有食物供给（我加一条，还需要有酒解渴），因此才有了就地解决稳定食物来源的需求。

为了回应迈森的假说，施密特指向了大约 30 千米以外的群山——托鲁斯山脉（Karacadağ Range），也叫黑山，由黑色玄武岩构成的火山地带长满了密不透风的野生一粒小麦（Triticum monococcum ssp. boeoticum）。春天的时候，这个地方的草本植物确实生长旺盛，我们英勇的葡萄探索小队试图在那里寻找野生葡萄，但一无所获。在那些山头上，小麦才是优势物种。

对黑山品系的一粒小麦进行 DNA 研究，得到了非常有说服力的结果，从中欧到伊朗西部的广袤弧形地带分布着一些现代的野生小麦，相比之下，黑山小麦在遗传上更加接近现代的驯化小麦。植物考古的证据也支持这一发现——从该地区早期的新石器时代遗址中发现了最早的野生和驯化一粒小麦，这些遗址包括卡育努和奈瓦利科里，也包括约旦北部的一些遗址。新石器革命期间，开启人类农业的八种"基础作物"中的三种——一粒小麦、鹰嘴豆、豆科的野豌豆——起源都能追溯到这个地区。在卡育努和奈瓦利科里遗址还发现了另一种"基础作物"的野生和驯化形式——二粒小麦（Triticum dicoccum）。

施密特和迈森都没有进一步推测当地的这些小麦到底是做面包用的，还是做啤酒用的，也没有对遗址内出土的陶器做化学检测。一粒小麦和二粒小麦都不适合做啤酒，因为当这些小麦发芽的时候，用来把淀粉降解成糖的淀粉酶产量太低。大麦完成这个任务的效率就高多了：在现代酿酒业，小麦啤酒的做法是混入一定量的大麦芽，用来提高小麦多糖的糖化效率。我们足智多谋的先人很可能无意中发现了类似的解决方法。

第一次酿酒的时候，这位雄心勃勃的新石器时代酿酒师一定要敢于尝试。她的目标可能不是做出一种纯净、精制的酒。或许我们可以想象在土耳其东部新石器时代的村子里，充满干劲的酿酒师围坐在发酵容器旁边，她们需要依赖自己的嗅觉和味觉，尝试能够找到的各种天然产物的不同组合——水果、谷物、蜂蜜、草药、香料等等。当然最终要看村子里其他人对她们的酒的评判。

我们的酿酒师可能也早就发现了，大麦芽要比一粒小麦芽和二粒小麦芽甜得多。但在当时这些早期的村落里，只发现了野生大麦，并没有驯化的，所以小麦可能是更常用的谷物。加上小麦以后，就能做出更多的野生大麦酒，而且还增加了讨人喜欢的独特口感。

驯化大麦是从邻近地区引入的，在新石器时代晚期开始出现。仅仅是两个基因的变化，让脆弱的小穗基盘变得更加坚韧，这样种子就不容易脱落到地上，消失不见。就算有足够的大麦去做传统的大麦啤酒或小麦啤酒，新石器时代的酿酒师们也会想要在酿酒桶里添加一些含糖量高的水果或蜂蜜，让发酵启动。前一次的发酵在酿酒桶里留下了酵母，所以她们可能重复使用同一个酿酒桶。

恰塔胡由克鹤舞

两河流域上游往西大约 500 千米，在托罗斯山脉的山脚下，有一个了不得的遗址，名叫恰塔胡由克（Çatal Höyük），它为寻找发酵酒的发展历史提供了无数可能。我说"可能"，是因为还没有对该遗址做过生物分子考古学的检测。①

在卡帕多西亚的科尼亚（Konya）平原上，恰塔胡由克遗址历年的发掘揭开了公元前6500~前5500年，即前陶新石器时代晚期连续堆积的房屋建筑，20世纪60年代由詹姆斯·梅拉特（James Mellaart）主持发掘，自1993年开始由伊恩·霍德（Ian Hodder）接手。该遗址是近东地区已知的最大的聚落遗址，其中最震撼的发现是大约40座神庙似的建筑叠罗汉一样紧挨着。神庙的墙壁上装饰着一层又一层的壁画，让人联想到旧石器时代的洞穴画，也把猛禽当作仪式活动的重要角色。用红色颜料直接印上的手掌纹，还有手掌的留白，一排一排的，瞬间把人带回到冰河时代的洞穴，那里也有一群人或许用相似的方式与神灵沟通，表达与神灵团结。

在恰塔胡由克的壁画中，有秃鹫争食无头人的画面，另一面墙上还有多个巨大的乳房，画满了人头骨。还有一幅画面上有至少10个持弓搭箭的猎手正在攻击两头雄鹿和一头小鹿。旁边还有一组舞者助兴，有些舞者没有头，还有一个人好像拿着鼓。在神庙地下的真实墓葬中，确认有一些无头的墓主，这些人的胸部通常还会放置神秘物品——一块木板、

---

① 在本书的英文版出版后，恰塔胡由克遗址的考古学研究工作一直在持续，读者可以在网上（https://catalhoyuk.ku.edu.tr/）获取公开的发掘资料甚至观看虚拟展览，暂未出版的第9卷发掘报告中有专门的有机物残留分析，只不过还没有发表以寻找古代酒为目的的研究。——译者注

猫头鹰的食丸或者某种动物的生殖器。在聚落外发现了成堆埋葬的头骨，可能属于聚落内的那些无头尸。

一组奇怪的彩绘画着贴合在一起的六边形，其边缘都是破损的，梅拉特把它解释为带有蜜蜂的蜂巢，这些蜜蜂要么还困在抚育室里，要么正出现在一片花海上。我们不该把这种解释简单地理解成对几何图形的过度解读。克提克遗址有一组奇怪的石碑，上面描绘的可能也是蜜蜂，哥贝克力石阵巫术崇拜建筑里雕刻最华丽的一根石柱上也有相似的图案。安纳托利亚的蜂蜜很出名，西海岸的蜂蜜有讨人喜欢的柑橘香味，中部高原产各种野花蜂蜜，西南森林地区的红松上有一种昆虫分泌蜜露，因此这里产蜜露蜂蜜。在托罗斯山脉的最高峰亚拉腊山，蜜蜂猎人还会在森林里搜寻野生蜂巢，这些蜂巢都在很高的树上，熊够不到的地方。我不厌其烦地强调用蜂蜜制作酒的好处，蜂蜜的单糖浓度在自然界中是最高的，经过稀释以后可以被自身包含的酵母直接发酵。

许多石头或陶质的带小孩的裸女形象都有十分丰满的身体曲线，被称为"母亲神"，也让人想到"旧石器时代的维纳斯"。恰塔胡由克遗址的女性霸气地坐在椅子或王座上，扶手做成豹爪的样子（图8）。壁画版的"母亲神"生出了野牛和公羊，墙上泥塑的胸部长出了秃鹫的喙。虽然绝大多数形象都是女性，但也有骑在野牛和猎豹上的大胡子男性或男神形象。人和动物杂糅在一起让人不知所云，却也与后来的神话思想不谋而合。

在一个狭小逼仄的坑里发现一个鸟的翅膀，还有一根野牛角的角心和两根野山羊的角心，我们或许可以通过它们想

图 8 两侧有猎豹的新石器时代"母亲神"

说明：出土于土耳其恰塔胡尤克遗址的粮食灰坑，高 11.8 cm，头部是复原的。它延续了"维纳斯"雕像的悠久传统，这种传统可以追溯至旧石器时代。

象进入新石器时代先人们的神秘世界。对骨头的分析表明鸟骨来自灰鹤，这立刻让人想到事情没那么简单。我们知道在遥远的德国南部和东亚，有些鹤和天鹅的翅骨被做成笛子。中国丹顶鹤的求偶舞蹈跟它们在安纳托利亚的近亲几乎一模一样。经过切割痕迹分析，恰塔胡由克遗址的鸟类翅骨被锥子一样的工具钻过孔。这些孔很可能穿过绳子，这样人就可以把它戴在肩膀上，作为某种特殊舞蹈的道具。

　　遗址内出土的一幅壁画也为这个说法提供了间接的考古证据，上面画着一对彼此相向的鹤；在同一房间的另一面墙上，五个跳舞的人披着猎豹皮，甩着黑色羽毛做的尾巴，可能是使用灰鹤羽毛做的。布克拉斯（Bouqras）位于叙利亚境内幼发拉底河岸边，该遗址出土过一个彩绘雕刻的石板，上面展示了 17 只正在跳舞的鹤，所有鹤都朝着同一方向，这种行为在野外被人观察到过。我前面提到哥贝克力石阵的柱子上也出现过鹤。

　　西伯利亚、中国、澳大利亚、日本和一些太平洋岛屿、非洲南部的族群中都发现过鹤舞，新石器时代的恰塔胡由克也出现过，就显得没有那么突兀了。当希腊英雄忒修斯逃离克里特岛的弥诺陶洛斯迷宫，来到爱琴海上的提洛岛，普鲁塔克（Plutarch）的神话说他像鹤一样跳起了舞。

　　我们还缺少生物分子考古的证据，表明新石器时代的鹤舞或恰塔胡由克的壁画和雕塑上的几何图案和人物形象可能与酒有关，但是有其他证据暗示了酒的存在。陶质酒杯（有些是木头做的，遗址在新石器时代是一块湿地，缺氧的条件可能让一些木质酒杯保存下来）、用来转移液体的漏斗，还有其他适合用来储存和备酒的陶器类型，包括形状像坐着的"母亲神"的高大的细口罐，还有鸟形和野猪形状的，以及各种酒杯，都说明了当时高度发达的酒文化。遗址上发现大量驯化的大麦和小麦，表明酿造啤酒的原材料唾手可得。奇怪的是植物考古的材料中并没有发现葡萄，但是今天往东仅50 千米左右，在海拔稍高一些的地方，就有很好的葡萄园。从艺术作品看，当时酿酒也可能用到了蜂蜜，但现在缺少证据。克里斯汀·哈斯托夫（Christine Hastorf）负责近些年遗址的植物考古工作，据她说有一种含糖量很高的水果——朴树果——不管遗址里曾经酿过什么酒，它都很可能是一种重要原料。这种果子营养丰富，口感和密实度跟枣差不多。遗址内发现了这种树的碎块，说明它就生长在附近。

有一件事我们可以肯定，恰塔胡由克的居民酿过酒。他们就居住在新石器时代"基础作物"驯化的核心地带。在这个区域，几乎每一个新石器时代的遗址都发现过葡萄种子，年代早至公元前 9000 年（例如卡育努）。覆盆子、黑莓、山茱萸、接骨木果、爬藤卫矛果等浆果也被利用起来。有这么多可以发酵的材料，恰塔胡由克的酿酒师很可能热情地投入酿酒试验，说不定用到了朴树果和蜂蜜。

穿越亚洲裂谷

在土耳其东南和叙利亚北部的新石器时代核心区域发展出的葡萄酒文化，也许更应该叫作混合酒文化或醴酒文化，因为这种酒可能用到了不同的水果、谷物、蜂蜜和各种各样的草药，当然包括葡萄。当我们顺着这种酒的传播路线来到近东其他地区，约旦河谷引起了我们的格外关注。

从加利利海到世界陆地最低点的死海，约旦河谷沿着非洲大裂谷一路向北直达西亚。我们的祖先大约在 10 万年前走出非洲，很可能走过这条路分散到了世界其他地方。然而旧石器时代的营地遗址遍布整个河谷，肯定有很多人受这里丰富的野生动物和茂密的植被吸引留了下来。据说你在这里每走一步，就会踩到一个史前遗址；但是当你初次踏足这条河谷，很可能得到完全相反的印象，反正我在 1971 年第一次来中东的时候就是这么想的。从耶路撒冷到耶利哥（Jericho）的现代高速公路，沿着这条自古就有的路线，一路下坡像是下地狱。随着海拔下降，高处舒适的微风渐渐变成沙漠环境的热浪。就在你饥渴难耐急需喝水时，绿洲里的耶利哥映入眼帘。很快你就能喝上杧果汁，吃到木瓜，舒适地坐在露天咖啡厅休憩。

古代的耶利哥低于海平面近 300 米，临近死海，从公元前 10000 年就有人类在这里永久定居，延绵不绝。我们要感谢牛津大学的凯瑟琳·凯尼恩女爵（Dame Kathleen Kenyon），她在 20 世纪 50 年代仔细梳理了这里的时间碎片，发现前陶新石器时代的墓葬习俗竟然出现得那么早，而且只是比北部安纳托利亚的墓葬习俗出现得稍晚一点。

凯尼恩在古代耶利哥的房子下面发现了成组的抹泥的人类头骨，很像恰塔胡由克遗址墙上的人类和动物泥塑。奇怪的是，头骨的顶部还是光秃秃的，下颌骨被移除了，用泥塑代替。头骨的眼窝里塞着海贝或者其他贝壳——这些贝壳来自几百千米外的红海和地中海，让整个头骨看起来更加诡异，像一个闭着眼睛睡觉的人。

这种抹泥的头骨有时候看起来像是在集体开会。有的三个一组，看向同一个方向。还有一次发现了一组头骨紧紧地围成一圈，都看向中心。以前我在安曼的拜亚谷地（Baq'ah）发掘，距离耶利哥不到 50 千米，在一个铁器时代早期的墓葬坑中也发现了类似的景象，里面埋了 227 个人，这些人在大约公元前 1200～前 1050 年下葬后，头骨被依次从尸体上取下，都没有抹泥，沿着坑壁摆出一个圆圈。那时候我认为，这种摆放方式象征了一个大家庭在阴间的重新团聚（犹太教的阴间叫"Sheol"）。

在随后的几十年间，约旦河谷和附近高海拔地区的考古发掘速度逐渐加快，发现了更多的抹泥头骨。其中最震撼的遗存是偶然发现的。1974 年在约旦高原安曼北部建设一条新高速路的时候，发现了一个占地面积广大的前陶新石器时代村落——安·加扎尔（Ain Ghazal），由盖瑞·罗勒夫森（Gary Rollefson）和扎伊丹·卡法菲（Zeidan Khafafi）带领的团队尽可能地做了抢救性发掘。他们不仅发现了抹泥的人头骨，还发现了 32 个完整的人物雕塑。这些遗存都出自两个窖藏坑，年代都在公元前七千纪，但中间隔了 200 年。所有的雕塑都是按照东西向小心放倒的。

安·加扎尔雕塑分为两种大的类型：下半身轮廓或多或少清楚的单头人像和共享身体或被破坏的双头人像（图 9）。但不管是哪种，芦苇做的身体支架上都被抹了泥巴，头骨或其他骨头部位都没有抹泥。在塑造头部的时候格外用心，它们的眼睛都睁得很大，用沥青画出虹膜的范围。泥巴也经过抛光，泛着深红色的光泽。其中一些雕像明显是女性，她们手捧着胸部和膨大的腹部，这种姿势在旧石器时代就很常见，一直延续了数千年。那些双头人像的性别就不太好猜了，因为连胳膊和腿这样的身体部位都没有；坚硬的底座里只伸出来两个头。它们的高度在 30 厘米到 1 米不等，都可以独自站立，显然曾经是用来展示的。

图 9　两个新石器时代"先人"的雕像

说明：她们的身体融合在一起，沥青画出的眼睛直勾勾得瞪着，高 85cm。这件将近半人高的雕塑在约旦得安·加扎尔发现，在同一个公元前七千纪中叶的窖藏坑中还发现了很多泥塑。

安·加扎尔的另一组发现让我们得以透过新石器时代先人的视角，理解这些抹泥头骨和泥塑后面的复杂象征意义。三个贴泥的人脸面具被放置在一起，眼睛像死去的人一样都是闭着的。这些面具可能是用来罩在要下葬的逝者脸上，也可能是活人戴在脸上祭祀，象征死去的先人或巫师。那些雕塑可能代表了生育女神和她的男性配偶，在仪式中被抬着巡游。她们睁大的双眼和有穿透力的目光，好像已经看透悲欢，连接着生死。仪式结束后，她们可能被送回宗教建筑里，继续发挥着超自然的力量。发掘者发现过很多圆形和方形的遗迹，有的还有竖立的石头划分出像是祭坛、火塘或神龛、神庙一样的半圆拱形凹坑，以前雕像可能就放在里面。

其中两个圆形的神龛让我们可以进一步了解可能发生过的祭祀活动。在抹泥浆的地面中央有一个大洞，连接地下的水沟，地面上的泥也是反复涂抹的，说明祭祀活动也经常举行。这个洞让我想起卡育努的一个巫术崇拜建筑，它也有地上和地下的水沟，遗址的发掘者认为与祭酒活动有关。

新石器时代的事大多如此，我们虽然能窥探到古人象征世界的蛛丝马迹，但是始终缺少确凿的证据，无法知道他们在仪式中到底使用了哪种酒。还没有实验室分析过新石器时代晚期阶段的陶器，包括陶罐、陶杯和彩陶杯，这些都是适合储存酒、备酒和仪式上倒酒喝的容器。在约旦高原或约旦河谷也没有发现早到新石器时代的驯化葡萄，直到公元前4000 年前后葡萄才被往南移植。驯化的一粒和二粒小麦、大麦都可以用来酿造啤酒，蜂蜜也可能被用到过。

最近在约旦河谷的下游发现另一处遗址，在耶利哥北面仅 20 千米，为回答这个问题提供了新材料。吉哥 1 号（Gilgal I）遗址是一处新石器时代早期的聚落，距今 11400～11200 年。尽管遗址是在 30 多年前发掘的，但直到最近巴伊兰大学的墨德柴·基斯列夫（Mordechai Kislev）才有机会分析出土的水果遗存。他分析了 9 个无花果干和几百个小核果，也就是无花果的果肉，发现它们的种子或胚并没有被共生的黄蜂受精。他和他的同事认为这很可能是无花果已经被驯化的证据。只要一个基因突变就可以让无花果树变成孤雌生殖（也就是说不用花粉受精，这个过程通常是由黄蜂来完成），结出很甜的可以食用的无花果，而且不会掉到地上。但是因为这种植物不能通过种子繁殖，所以必须人工干预，通过剪枝和扦插来增殖。无花果很容易受到人类操控，因为它比其他果树都更容易扎根。

吉哥无花果并不是特例。基斯列夫又回到他工作过的另一个遗址奈特夫·黑格达（Netif Hagdud）寻找植物考古材料，这个遗址距离吉哥仅有 1.5 千米，而且年代也几乎一致。在这里发现的将近 5000 个无花果的果肉碎片都缺少胚，表明它们都来自同一种孤雌生殖的品种。在同时代的耶利哥和河谷更北端的盖舍（Gasher）遗址也都发现了无花果。

如果说无花果是在公元前 9500 年前后驯化的，比任何谷物都要早 1000 年，更别说葡萄、椰枣和各种坚果及其他果树了，这个结论也不一定靠得住。约旦河谷的那些无花果也可能是从雌性无花果树上采摘的，毕竟它们也会结出未受精的甜味果实。

我们暂且不讨论是否驯化的问题，无花果在吉哥和其他新石器时代早期遗址仍然是非常重要的资源，它们结构完整，很明显是人类有意干燥的。干燥后的无花果是自然界中含糖量最高的，一半的干重都是单糖。在新鲜状态下，无花果含有 15% 的糖，比葡萄和香蕉少一些。这么甜的水果自然适合酿酒。我们也很容易想象，人类可能早就观察到无花果特别容易扦插成活，人们后来利用这种现象驯化了其他植物。

　　我们在约旦河谷找到了大约 6000 年后无花果被加到酒里的证据，在几百千米外的阿拜多斯（Abydos）（第六章）的一座皇室墓葬中发现了树脂葡萄酒，我们的化学分析显示这些酒是在黎凡特南部酿造后出口到埃及的。这种葡萄酒有个独特的特点：有些陶罐里放着一个无花果。无花果被切片、穿孔，这样就可以用线穿着悬在液面上。在这里，无花果可能是甜味剂或者发酵引子，也可能是增加特殊香气用的。切片之后用线悬挂可以增加酒与无花果的接触面积。

　　作为世界上已知最早被驯化的植物品种，无花果可能是耶利哥和附近遗址的居民酿酒用的材料，虽然我们并不完全清楚这种新石器时代的酒到底是什么。世界其他地方并没有记载该地区独有的这种传统，但它却一直流传到法老蝎子王一世（Scorpion Ⅰ）的时代，他是公元前 3150 年前后阿拜多斯墓的主人。

近东全盛时期的饮酒文化

　　自新石器时代开始，混酿酒逐渐式微，酿酒师也越来越专业化，更加注重使用单一原料。位于新石器时代核心地带的安纳托利亚，充分见证了这一发展历程。

　　安纳托利亚用陶、金、银各种材质制作的酒具超乎人们的想象。在安卡拉的安纳托利亚文明史博物馆，我们可以看到精致典雅的红色酒具，流口极长，象征着鸟喙，有时候要在把手上装一个猛禽类的鸟饰平衡重量。这些酒具的流口可能被削去或敞开，有的甚至做成阶梯的形状，这样倒酒的时候，酒会像瀑布一样一级一级地流淌下来。巨型的号角杯会做成猛禽、公牛、狮子、刺猬等动物的形状，哪怕是最挑剔的贵族酒客也会心满意足。半人高的纺锤瓶两头内收变细，造型仿照的是用于某种特殊酒的小号酒具，它立在那里像随时等人装满。

赫梯帝国在公元前二千纪中晚期统治着安纳托利亚的中部高原，我们从他们的文献中得知，这些器物绝大多数装的是葡萄酒。赫梯帝国的首都波阿兹卡雷（Boğazkale）——在古代称为哈图沙（Hattusha），周围都是葡萄园。他们把大量的葡萄酒献给众神，剩下的给人也够喝了。

虽然安纳托利亚的酿酒业越来越倾向于葡萄酒，但是自古以来的传统可不是那么容易消失的。赫梯人的文献中记载了葡萄酒里添加橄榄油、蜂蜜和树脂。啤酒和葡萄酒这两个苏美尔的象形文字合并起来还有一个专门的字——kaš-geštin，字面意思翻译过来就是"葡萄啤"。

在都城里，酿造君主或他的侍从饮用的混合酒都要格外用心。安卡拉博物馆里的那件伊南迪克瓶（Inandik）就是很好的证明，虽然它的外表看起来有哗众取宠的嫌疑，但它的作用要严肃得多。这件器物不容亵渎地立在古赫梯展厅的正中央，环绕瓶口配备了一个空心环，液体可以从一边的大缺口倒进去。液体流过空心环，又通过牛头流进瓶子，牛的口鼻处钻了孔。这件器物从未被取样和分析过，但是我们可以从赫梯的文献中推测，这里面装过葡萄酒——可能是加过树脂或草药的混合酒，这是赫梯人的名酒，也可以作为药用——加入了其他原料，或许是蜂蜜，或许是另一种水果，甚至可能是啤酒。

伊南迪克瓶的独特之处是从下往上，在瓶身的四个外立面按照顺序画了酿酒过程和仪式上的用酒场景。最底层画着一个人用一根长棍在一个容器里搅拌，画中的容器跟这件器物很像，而搅拌是酿造混合酒的必要步骤。横线的上方画着一个人，应该是国王，穿着标准的近东服饰坐在像马扎一样的王座上，侍者从带流口的瓶中倒酒，用杯子呈给国王。再往上一栏画着乐师和舞剑的人，还有其他列队等待参加盛典的人。他们正在前往一座神庙和祭坛，国王和王后并肩坐在祭坛后面的长榻上。虽然后面这幅场景被破坏了，但是可信的复原画面应该是国王在揭开他妻子的面纱。这些都是在为最上面的场景做铺垫，国王和王后，或者是圣妓，举行象征性的交媾仪式或神圣婚礼，如此才能保证大自然的生命力和国王的健康，国家也能风调雨顺。伴随戏剧性的表演，乐师又开始演奏笛子、竖琴和铙钹，舞者跃入半空。

伊南迪克瓶代表了赫梯陶匠的艺术和技能巅峰，生动地展示了在公元前二千纪，酿酒是如何成为被皇室精心控制的产业，酒又是如何被融入宗教和艺术。旅行者到今天的土耳其一看便知，混合酒从来没有被专业化酿酒彻底取代。在乡下，一家人会热情跟你打招呼，甚至请你去他们家里或帐篷里品尝巴卡酒（baqa），它是由无花果和椰枣混酿而成。更多时候，你会被邀请尝一杯新鲜的阿伊蓝酒（ayran）——一种不含酒精的酸奶酒。然而今天的安纳托利亚延续了赫梯时期的传统，不掺杂任何东西的酒仍然是绝对主流。在过去十几年，人们利用一种超级红的本土葡萄品种"奥库兹勾泽"（Öküzgözü，意为"牛眼"），形成了一个精品葡萄酒产业，重新激活了古代葡萄酒业的活力。

在美索不达米亚平原地区，灌溉农业支撑起大片的谷物农田，大麦和小麦啤酒在几千年的时间里逐渐臻于完美。我曾经说过古代千奇百怪的"小酒厂"，产出的酒的酒体、口感和甜度都不一样。在公元前一千纪流行一种偏甜的酒——枣啤，或者更准确一点，应该叫椰枣葡萄酒。在两河流域的下游河谷生长着茂盛的椰枣林，椰枣的含糖量是葡萄的两倍多，果实发酵之后能达到 15% 的酒精含量。

在美索不达米亚，从平民到国王每个阶层的人都是无酒不欢。人们围坐在敞口的酒罐旁边，这种方式有助于形成社会纽带，我们在戈丁台地也分析过，人们用吸管喝酒。这些场合用到的特殊酒罐，在口沿上会等距离排着 2~7 个出酒口。这种聚众喝啤酒的方式十分流行，特别是在公元前三千纪，从美索不达米亚平原地区一直到底格里斯河和幼发拉底河上游，遍布整个土耳其，甚至在爱琴岛也发现了这种有多个出酒口的陶罐。

最华丽的饮酒吸管是宾大博物馆和大英博物馆在发掘乌尔早期王朝墓地时发现的，年代为公元前 2600~前 2500 年。普阿比（Puabi）女王的墓里有好几套用金、银和青金石制作的"吸管"。在她的墓室里还发现一件银瓶，可能曾装过每日供给她的 6 升啤酒。平民百姓可分不到这么多，很多人还在普阿比下葬时陪葬了。参与建筑早期城市的人，每天也就能领到 1 升啤酒。

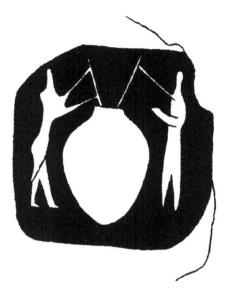

图 10　美索不达米亚人用吸管喝大麦啤酒

　　说明：在伊拉克高拉台地的一个泥封里出现的已知最早的流行
图案，年代为公元前 3850 年左右，两个集合的人从一个巨型的陶罐
里用吸管喝啤酒。

图 11　美索不达米亚青金石滚筒印章上的聚会喝酒

　　说明：长 4.4cm，出自乌尔皇家墓地普阿比女王墓葬（大英博物
馆 121545），年代为公元前 2600～前 2500 年。图像的上层画着一对夫
妻在同喝一罐啤酒。下层画着一个饮酒狂徒，在灌了一杯葡萄酒后，
又有人上前用一个壶口朝下的酒瓶给他倒酒。

在美索不达米亚平原地区，至少是在南方，葡萄酒属于不同的社会阶级，那里的葡萄只能依靠人工灌溉，还得避免被烈日晒伤，只有皇室成员才可以享用这种奢侈品。大约在公元前 3000 年，在设拉子海拔较低的扎格罗斯山上开始种植葡萄，供应平原地区。如果一位国王想要从北方的酒庄进口葡萄酒，用船或骡子运输会产生巨大的额外支出。从记载经济往来的文书中得知，在公元前二千纪早期，如果从亚美尼亚或土耳其东部沿幼发拉底河运输一瓶相当于加州两元恰克（Two-Buck Chuck）葡萄酒的便宜酒，价格要比美索不达米亚下游地区高 3~5 倍。

尽管葡萄酒在皇室圈子里的地位越来越高，谷物啤酒和椰枣酒也没完全丧失诱惑力。有时候椰枣和葡萄还会一起混酿［根据公元 2 世纪希腊作家波利艾努斯（Polyaenus）在他的书《战略》（Stratagems）中的记载］。苏美尔语的 banquet 翻译过来就是"啤酒和面包之地"。国王通过举办盛大的宴席、在高阶神的庙宇里喝啤酒、与爱情女神伊安娜［Inanna，古阿卡德语里的伊诗塔（Ishtar）］出双入对来炫耀自己。在神圣婚礼仪式上，国王以杜木兹（Dumuzi）的身份出现，他是成神之后的乌鲁克国王，乌鲁克是美索不达米亚下游的一个城邦。盛大的庆祝仪式在乌鲁克的女神庙［伊娜（Eanna）神殿］举行，从四、五月的新年开始，持续好几天。

公元前 5 世纪的希腊历史学家色诺芬在他的《远征记》（Anabasis）里对近东地区啤酒的高贵地位有格外生动的描述。小居鲁士在公元前 401 年去世之后，号称万人军团的雇佣军从波斯撤退，途经安纳托利亚中部和东部的危险地带，也就是底格里斯河和幼发拉底河的发源地。在一个偏僻村庄里的大麦"葡萄酒"救了他们的命，这种酒要用吸管从大罐子里喝。大麦葡萄酒，古今都一样，很可能指的是一种非混酿的、只用大麦制作的特别烈的啤酒。这酒烈到什么程度呢？当时的士兵要兑水才能喝下去。难怪希腊神话里流传着这么一个故事，说巴比伦人惹怒了酒神狄奥尼索斯，结果酒神让他们再也喝不到葡萄酒，只能被迫喝啤酒〔根据公元3世纪旅行家和历史学家塞克斯图斯·尤利乌斯·阿非利加努斯（Sextus Julius Africanus）在他的《塞斯图斯》（Cestus）中的记载〕。

　　葡萄酒和啤酒在神圣婚礼仪式中具有重要的象征意义，都是为了促进土地的肥沃，确保国王和其子民的生活富饶。还有一个版本的神话是这样的，杜木兹被他的酒肉朋友软禁在一个地下世界的酿酒作坊，这些人都是酿造啤酒的高手。这听起来也不算是个糟糕的地方，但杜木兹还是被他的姐姐葡萄酒女神盖诗缇南娜〔Geshtinanna，这个名字包含了苏美尔语的元素（geštin），是葡萄、葡萄园或葡萄酒的意思〕救了出来。"Geshtinanna"的字面意思是"枝繁叶茂的葡萄树"，但她更为人熟知的别名是阿马–盖诗缇娜（Ama-Geshitinna，"葡萄根"或"葡萄之母"）。盖诗缇南娜帮助杜木兹得以在人间重生，最终她自己也在人间功成名就。

　　我们似乎可以把杜木兹当成春天收获的大麦，把他的姐姐盖诗缇南娜当作秋季收获的葡萄，因为两人花费了数月才从地下世界逃脱。在神殿的真人演绎中，这种神圣的结合可能是借助共饮两种酒来完成的，依据伊南迪克瓶上的图像，喝的也可能是一种混酿酒。

在乌鲁克遗址供奉伊诗塔的伊娜神殿发现了公元前四千纪晚期的器物，包括一件流口朝下的陶罐和一个只在乌鲁克发现过的别致的迷你小陶瓶，我们实验室都做过分析，两件陶器里都装过树脂葡萄酒。流口朝下的陶罐多次出现在滚筒印章上，都是用来往酒杯里倒酒的。这些结果和同时期其他城邦的发现可能都表明这种流口朝下的陶罐和酒杯里装的是葡萄酒。在有些滚筒印章上，喝葡萄酒的图像跟用吸管从大罐里喝啤酒的图像并排出现。那件迷你小陶瓶是在神殿下的碎陶片堆里发现的，有可能在神殿的某次供奉仪式中被使用过。

在中东国家形成的早期阶段，统治者和上层阶级对酒的要求似乎越来越高，获取的量越来越大。如果当地气候不适宜葡萄种植，葡萄酒就会成为昂贵的进口商品，就像我们今天为亲朋好友珍藏的帕图斯（Pétrus）、超级托斯卡纳西施佳雅（Super Tuscan Sassicaia）或山脊酒庄的赤霞珠干红。添加别具风味的香料或有致幻作用草药的特制酒，可能也有相同的作用。放眼整个近东地区，从古代的腓尼基到巴勒斯坦，穿越叙利亚大沙漠到伊朗或南下埃及（见第六章），每个地方的国王都接受了酒文化，开始争相模仿这种令人眼红的酒水消费。

近东地区的统治者之间也会交换特制的葡萄酒具，有时里面会装满特供酒。饮酒礼仪可能也会在不同文化之间传播，但这些礼仪和仪式中规定使用的酒都源自新石器时代共

同的传统，因此大同小异。人类学家称这个过程为贵族模
仿。当然，任何统治者都会确保他的墓室里塞满他最爱的
酒，以便来世享用。

巴克斯（Bacchic）诗人

公元一千纪，伊斯兰教宣称要消灭近东地区自古以来的
饮酒传统，但总有不屈的人拒绝就范。《古兰经》（5：90）
在这一点上毫不含糊："饮酒、赌博、拜像、求签，只是一
种秽行，只是恶魔的行为，故当远离。"

但在公元 6 世纪至 8 世纪，阿拉伯势力在中东地区达到
巅峰的时候，涌现出大量被称为巴克斯诗人的阿拉伯和波斯
作家学者，他们创作出一系列的爱情诗歌（阿拉伯语是
khamriyyāt），这种趋势一直持续到 13 世纪。这些诗歌充斥
着对爱欲和嗜酒的描述，看起来与传统伊斯兰教的教义水火
不容。对此我们要如何解释？

乌玛尔·本·阿比·拉比是倭马亚王朝早期诗人之一，
他生于麦加，写下热情洋溢的诗句：

> 我被整夜喂着混合了蜂蜜和上等麝香的葡萄酒，
>
> 　我吻她，她则晃动身体，让我尽情享受她［嘴唇］
> 的凉爽。

（*Kennedy* 1997：23）

再看看同一首诗里的其他句子。

　　她让我品尝她的甜美［的唾液］，我想象它是蜂蜜混合了冷静透明的水，

　　或者像在巴比伦陈酿的葡萄酒，颜色如同鸡的眼睛。

（Kennedy 1997：24）

与乌玛尔同时代的阿拉·阿泽（al-A'sā）值得长篇引用。

　　你难道没有戒爱吗？不，［爱的］激情已经回来了……

　　我喝了很多杯酒，沉迷于欢乐之中，一杯接一杯地沉沦下去……

　　［纯净的］红葡萄酒，瓶底显示着灰尘的斑点。

　　玫瑰、茉莉和吹着芦笛的歌女注视着我们。

　　我们的大鼓不停地敲打；那么这三个［快乐］我该责怪哪一个？

　　你看铙钹跟着鼓的［节拍］回应。

（Kennedy 1997：253）

　　波斯诗人欧玛尔·海亚姆（Omar Khayyam）在他伟大的《鲁拜集》（Ruba'iyyat）中把对葡萄酒、女人和诗歌的称颂推到了极致，爱德华·菲兹杰拉德（Edward Fitzgerald）将其优美地翻译成英文。

　　树荫下有一本诗集，

> 一壶美酒，一块面包——还有你
>
> 在我身旁，在旷野中唱歌——
>
> 哦，旷野已经足以成为天堂！

（*Aminrazavi* 2005：331，*stanza* 12）

巴克斯诗人如此赤裸地表达对世俗享乐的喜爱，怪不得自古至今的享乐主义者如此推崇他们，而禁欲主义者对他们深恶痛绝。18 世纪最著名的诗人之一阿布·努瓦斯（Abu Nuwās）把早期爱情诗歌的游牧基调转变成更加正式的饮酒诗（*khamriyyāt*）体例，加入了波斯宫廷的高雅情调，他后来被一位哈里发关进牢狱，被告知只能写赞歌，不准写祝酒词。别的诗人则被执行了死刑。直到 1890 年美国禁酒时期，欧玛尔·海亚姆还被称为魔鬼的化身，是个"波斯老酒鬼"。

穆斯林学者和一些人大费周章来调和巴克斯诗人的情色描写与他们信仰教义的冲突。犹如圣经传统和解释学对《雅歌》（Song of Solomon）的态度，很多神学家把对女性的爱，有时候阿拉伯和波斯诗歌中对年轻男性的爱，解释为上帝之爱的象征。这种解释方法的集大成者还得看苏菲主义的各种教义，它们都是从诺斯底神秘主义——基督教、犹太教和祆教——抽出来的，还有其他神秘的异教信仰。苏菲主义的信徒长期以来都在探索对上帝和上帝荣耀的直接体验，一种被称为"深醉"的状态。他们并不反对利用身体刺激来达到神秘和灵魂出窍的状态，然而明明利用葡萄酒或其他酒来达到万物统一的状态是被禁止的。他们围成一圈转圈，就像旋转的德尔维什苦行僧，或者重复《可兰经》的经文，甚至重复爱情诗和祝酒词，做起来无休无止。

在欧玛尔·海亚姆的诗里确实也埋藏了一条神秘的线索，因此被人反复提起。例如：

> 他就在那里，除他之外没有别的存在，我知道，
> 这个真理将在创世之书中得以展现；
> 当内心获得他的光芒后，
> 无神论的黑暗变成了信仰的光辉。
>
> （*Aminrazavi* 2005：138）

相反，阿布·努瓦斯对这些信徒的警告充耳不闻。他写道："你要执意忏悔，是你被骗了，脱掉你的外衣［与我何干］！我不忏悔！"

阿拉伯和波斯的巴克斯诗人与中国的饮酒诗人有很多相似之处，他们差不多是在同一个时代服务于各自的皇帝，尔后都躲进山林，手中握着酒瓶进入玄学秘境。中国的诗文里也许少了些情色，但两种诗歌体例的起源和发展都离不开一种因素的影响，那就是酒——西亚的葡萄酒和东方的谷酒。

* * *

中国贾湖的混酿酒（第二章）也许是迄今为止世界上已知的最早的酒，但是中东地区也没有落后太多，最新的发现也许会颠覆这种认识。葡萄酒可能是在土耳其东部的新兴村落里诞生的——一锤定音的化学分析还没有完成，就在大约同一时间，贾湖的混酿酒也在黄河岸边酿造完成。

两个地区的酿酒师都在探索多种不同的原料和工艺组

合，新石器时代的民主精神更多地被以君主为首的等级社会湮没。巫师具有多重分身，被重新定义为祭司、预言家、女医师和酿酒师。基于单一原料或单一添加剂（例如有助于保存酒的树脂）的特制酒成为标准，更加传统的混酿酒被边缘化。

有人可能会惊讶于在亚洲的两端，新石器时代酿酒试验发生的年代如此接近，二者后来都逐渐精简原料和工艺，酿造特制酒。两地的原料也许有差异，只有蜂蜜和葡萄是共有的，尽管种类和品系不同。此外，中国古代泛指的"酒"字是一个尖底罐子加上口沿垂下来的三滴液体，与古苏美尔语表示啤酒的酒字（kaş）如此相似，也画着一个类似的陶罐，恐怕不是单纯的巧合。这种相似性，也许与今天亚洲仍在用吸管喝米酒的方式有关，就像几千年前古代美索不达米亚人喝啤酒的方式一样。

由于考古上并没有证据表明两个地区在新石器时代有过直接交流，我认为新石器时代的人交流的是思想，跨越中亚的群山和沙漠，一点一点地从一群人传播到另一群人。在公元前一千纪，中东地区和中国兴起了相似的祝酒词和爱情诗，这时候考古上相互交流的证据就更加清晰了。那件戈丁台地的陶罐，是我们利用化学方法验证过的葡萄酒容器，它也标志着在横贯大陆的贸易路线上可能发生过思想和酿酒工艺的传播。

第四章　沿着丝绸之路

　　一提到丝绸之路，难免会对古代产生浪漫的想象。1797年，塞缪尔·泰勒·柯勒律治（Samuel Taylor Coleridge）在服用两颗鸦片之后产生灵感写了首诗，开头是这样的："忽必烈汗曾经下令，在上都造一座堂皇的享乐殿堂。"上都是13世纪蒙古汗国的避暑之地，它坐落在茫茫戈壁沙漠的东边，蒙古高原的高海拔牧场。在成吉思汗的率领下，蒙古骑兵势如破竹，一路南下进入中原，控制了北方和著名的丝绸之路。西安是丝绸之路东端的起点，那是中国第一位皇帝秦始皇的兵马俑所在地。

　　在柯勒律治的诗里交织着音乐、情色和奇幻的体验，伴着异域风情的酒，让人觉得丝绸之路像是另一个世界。在诗人的想象里有一座生机盎然的花园，一位阿比西尼亚侍女在用她的德西玛琴弹奏高亢悠扬的乐曲，树木散发着沁人心脾的香味。这般宁静的场景很快被黑暗的元素打破：湍急的河流在"深邃奇异的裂谷中"流淌着，隐约听到"先祖的声音在预告着战争"。诗中的人想象着如果他能重温这些感官体验，可能对他造成的迷幻效果：

　　所有人都会呐喊，当心！当心！

　　他闪烁的双眼，他飘逸的头发！

　　在他身旁绕成三圈，

　　怀着神圣的恐惧闭上你的双眼，

　　因为他一直以蜜露为食，

　　喝的是天堂的仙乳。

　　这让人想起贾湖的酒，它可能给了新石器时代的巫师们灵感，或许还启发了近东地区树脂葡萄酒和啤酒的酿造。

　　现在有学者开始严肃地质疑马可·波罗的记载，书中说他和他的父亲，更早的时候是和他的叔叔一起，从威尼斯向东旅行，艰难地穿过戈壁滩，被引入可汗的宫中。敦煌也是这条著名贸易线路上的重要驿站，有一次从敦煌返回的途中，我的航班（因为沙尘暴）临时更改路线，让我舒舒服服地看到了戈壁沙漠。无论是从飞机的舷窗还是地球上空几百千米外的卫星上俯瞰丝绸之路，都可以让人体会到商人和冒险者在中亚腹地蜿蜒穿行 5000 千米，穿越众多的道路、荒漠、高原和高山垭口的壮阔旅程。

　　考古学家利用通信和遥感卫星可以更好地了解世界上缺少地图信息的偏远地区。卫星图像可以显示出古代的道路，精度能达到 1 米。通过卫星图像在沙特阿拉伯沙漠里发现了传说中的乌巴城（Ubar）；还在秘鲁沿海的沙漠上发现了巨大的蜘蛛、猴子、鸟儿等图像，有几千米宽。艾利希·冯·丹尼肯（Erich von Däniken）想让我们相信这些是外星人的杰作，但实际上这些奇怪现象是古代纳斯卡（Nazca）人

（约公元前 200~700 年）创造的，方法是把地表上长满地衣的深色石头清理掉，露出底下的沙子和浅色的石头。卫星图像中可以看到亚洲腹地水草丰茂的绿洲，每个绿洲之间相隔数百千米，要在塔里木盆地一望无际的塔克拉玛干沙漠中徒步十几天。我们可以俯瞰帕米尔高原的兴都库什山脉、天山山脉、戈壁沙漠的滚滚黄沙，还有蜿蜒数千千米流入咸海的阿姆河和锡尔河。

尽管丝绸之路已经存在了几个世纪，但是这个词是 19 世纪晚期的德国探险家费迪南·冯·李希霍芬 [Ferdinand von Richthofen，他的兄弟曼弗雷德（Manfred），是一战时期外号红男爵的王牌飞行员] 提出的。冯·李希霍芬起的"丝绸之路"这个名字恰如其分，让人想到中国丝绸美妙轻盈的质感，它让罗马人疯狂迷恋，又让帝国里那些望而不得的人心生怨恨。除了丝绸以外，丝绸之路上的牛、骆驼和驴还运输了很多货物——用中国的桃子和橘子、花纹繁复的娇贵瓷器、典雅的青铜器、火药和纸张交换的西方的葡萄和葡萄酒、金银制作的酒器、各种坚果，当然还有更加抽象的货物，例如宗教（包括来自伊朗的袄教和摩尼教，来自印度北部的佛教）、艺术和音乐。

邻近绿洲城市敦煌的莫高窟形象地展示了宗教和艺术思想是如何在丝绸之路上传播的。在敦煌的繁盛年代，狭窄的街道上挤满了商人、僧侣和学者。敦煌地处长城最西端的沙漠边缘，历经几个世纪的建设，用于防止中亚游牧人群对中原王朝的侵袭。佛教在公元 1 世纪第一次沿着甘肃走廊和戈壁沙漠南线传入中国。与中原的道教和儒家传统不同，敦煌的佛教徒并没有用木头建筑寺庙，而是用绚丽的颜料装饰了近 500 个洞窟的墙壁和洞顶。我站在洞窟内，盯着高高的穹顶和身穿天蓝色飘逸长袍的菩萨像，被震撼到动弹不得。

连接中亚和中国新疆的这条险途，除了要翻越 4500 米高的帕米尔高原垭口，更要命的是地处大陆中心、东西向横跨 1000 千米的塔克拉玛干沙漠。塔克拉玛干沙漠也被称作死亡沙漠，是地球上最大的沙漠。塔克拉玛干可能出自早期的突厥语，意为"有去无回"。然后这个名字的前半部分，塔克拉，很可能是维吾尔语"葡萄园"的意思。

勇敢的旅行者可能向北绕过塔克拉玛干沙漠，但是这条路线要穿过变幻莫测的沙丘和贫瘠的荒野，可谓道阻且长。偶尔有天山的融水从高处流向平原，滋养出一片绿地。丝绸之路沙漠南侧的支线更加漫长，但是昆仑山脉的融水浇灌出更多绿洲，让旅途更加安全。这是大多数商旅、朝拜者和探险家选择的路线，其中就包括马可·波罗。第三条线路，是穿越更加寒冷、水草丰茂的天山北部，沿白杨河穿过火焰山抵达塔里木盆地东端的楼兰，继续向东到达敦煌和中原腹地。

传说中的费尔干纳河谷

面对翻越帕米尔高原的几条线路，绝大多数旅行者都会选择北线穿过捷列克山口。公元前 2 世纪晚期，张骞作为中国皇帝的特使被派往西域，从他的著名故事中我们得知，他们需要准备充足的食物和水。张骞记载，在帕米尔高原的西侧有一个生机盎然的绿洲——费尔干纳河谷，那里的富人们会储存数千升葡萄酒，这些酒会存 20 年以上。一个世纪后，罗马历史学家斯特拉波（Strabo）在他的《地理学》（Geography）中写道，在那遥远的地方生产着难以计量的葡萄酒，葡萄藤也长得高大，结着大穗的葡萄。斯特拉波说的可能是中亚绿洲地区特有的一种葡萄品种——马奶葡萄，穗形独特的紫红色葡萄。这种葡萄酒随着存放品质会提高，有的甚至可以存放 50 年，据斯特拉波记载，其品质好到根本不需要添加树脂。马奶葡萄很早就被移植到了中国的火焰山葡萄谷，今天的酿酒师惊叹于它的高甜度和出汁率。

同所有的冒险家一样，张骞也遭遇了不测，他被一群桀骜不驯的匈奴人抓做俘虏。而就在这不久前，这支匈奴人刚刚打败了月氏，并把月氏国王的头骨做成了酒杯。幸运的是张骞的命运没有那么惨，他被迫娶了一位当地妇女，两人育有一子，后来他逃到了费尔干纳河谷。他虽历经坎坷，但仍心想着要把当地随处生长的驯化欧亚葡萄的剪枝带回都城长安，也就是今天的西安。据文献记载，这些葡萄被种在长安，并酿出了中国最早的葡萄酒，让皇帝很高兴。但我们现在知道，新石器时代的贾湖人早就在黄河谷地采摘野生葡萄用来制作混酿酒。

公元前一千纪晚期费尔干纳河谷十分发达的酿酒业，要联系到在新石器革命期间和后来的时间里，史前丝绸之路两端的文化发展。在费尔干纳和传说中丝绸之路西侧的其他绿洲里，今天依然生长着野生葡萄，如塔什干、撒马尔罕和梅尔夫。尽管还缺少确凿的考古学和化学证据，但我们可以假定驯化的欧亚葡萄很早就在费尔干纳河谷出现了，主要的推动力可能来自古代伊朗的葡萄酒文化，但也有可能受到中国发酵酒和植物驯化等思想的影响。

费尔干纳河谷位于古代波斯的粟特省，在公元一千纪的丝绸之路贸易中脱颖而出。它的葡萄酒文化完美地展现在两种舞蹈中。这些舞蹈可能有着悠久的历史，可能早在东汉时期（25~220 年）就已传入中国，7~8 世纪的唐代对于西域（那时候指伊朗和中亚绿洲地区的文化）的兴趣使得这些舞蹈流行甚广。在壁画、酒器和玉器上所描绘的胡腾舞中，一名男舞者戴着锥形帽，帽上有时镶有珍珠，织银或锦缎带子上绣有葡萄图案，身穿紧身夹克或衬衫，袖子卷起，脚穿毡靴。有时多达 10 名舞者，每个人都在自己的地毯上跳舞。他们手持酒杯或将酒葫芦挂在身上，快速地左右旋转，配合腰鼓、长笛、铙钹、竖琴和琵琶的伴奏声高举双手，齐刷刷地敲打着手鼓。他们在地毯上如同陀螺般旋转，最后以翻筋斗的姿态结束表演。一位唐代诗人形容舞者的动作像飞翔的鸟儿，但经过数小时的跳舞和不断从大酒桶中取酒饮用，舞者们已经摇摇晃晃地走不稳了，最终跌坐在地。

第二支舞蹈叫作"胡旋舞"，与第一支舞蹈相似，但它的动作更为轻盈，由女性表演。仅有一些敦煌莫高窟中的独舞者形象等有限的图像证据能够表明，它或许是在唐代从粟特地区引入中国的，当时有一些女子舞团被带入中国。

在中东和东地中海地区旅行的人仍然可以体验到这样的精彩舞蹈，通常是喝着酒完成的。在爱琴海的米科诺斯岛上的一个深夜，我和妻子曾经看到一场狂野的舞蹈表演。一个男人独自跳舞，跳跃和旋转着，手中高举着两只活龙虾。女性的舞蹈通常更加温柔和曼妙，像肚皮舞者那样充满异国情调。

　　唐朝时期，中国人被西方其他奢侈品和风俗吸引，包括葡萄酒和高品质的马匹。一名官员甚至建造了一个"啤酒洞"，这是一座巨大的泥砖建筑，内部摆放了许多酒碗，供他的朋友们解解酒瘾。唐朝最著名的统治者太宗通过进口突厥人的马匹来表达自己对邻邦的尊重，他最想得到的是来自费尔干纳的"天马"。在位于西安西北部的宏伟陵墓前，太宗把他最喜爱的六匹马雕刻在石碑上永久铭记，每匹马都逼真地雕刻出中亚骑马用的鞍和马镫。一个马夫正在小心翼翼地从其中一匹马胸前取下一根箭，这匹马的雕像现在陈列在宾大博物馆中。

波斯：葡萄酒的天堂

　　考虑到目前的政治和宗教因素，这着实有点意外，位于史前丝绸之路西部边缘的伊朗竟然出现了我们已经发表的最早的化学证据，证明存在不掺杂其他物质的葡萄酒。然而当公元前六千纪的哈吉费鲁兹葡萄酒刚出现，侨居美国的伊朗人认为这跟他们的历史和文化毫不违和。我接受了洛杉矶一家通宵电台节目的采访，该电台拥有近 50 万居住在该市"德兰矶"（Tehrangeles）区的伊朗移民听众。打电话给该节目的听众得知他们的母国可能是酿造葡萄酒的发源地时，欣喜若狂。我提醒，伊朗的一个巴克斯诗人（第三章）曾说过："寻找葡萄酒起源的人一定是疯了。"

伊朗最早的酿酒活动通常会追溯到传说中的国王贾姆希德（Jamshid）的晚年，他的存在本身在历史记载和考古记录中都难以查证。作为祆教的高级祭司，贾姆希德好像不仅发明了给丝绸染色和制造香水的技术，还发现了世界上最古老的葡萄酒，而《创世记》里说是诺亚发现的。贾姆希德格外喜欢葡萄，在他的宫殿里堆满了盛葡萄的大罐子。有一次一个罐子里的葡萄坏掉了，上面被贴了个"有毒"的标签，一位患有严重偏头痛的妃子就想吃掉这些葡萄一了百了。她后来陷入了深睡，醒来的时候头痛已经好了。贾姆希德知道了这件事，察觉到那些液体是一种强效的药水，于是下令多做一些。

就我们所知道的而言，古代伊朗酿酒的真实情况跟传说一样有意思。我们对一些特殊的陶器类型做过生物化学考古研究，发现驯化葡萄是沿着扎格罗斯山脉一路向南逐渐扩大栽培的。戈丁台地附近的孜罗巴湖（Zerabar Lake）的孢粉钻孔支持了这一解释，孢粉证据表明在公元前5000年之前，这个地区并不存在葡萄。到公元前四千纪晚期的时候，位于卡伦河平原埃兰人的早期都城之一苏萨，成为东部高地（如戈丁）向美索不达米亚平原城邦运输葡萄酒的中央市场或贸易港口。苏萨人也不傻，并没有卖掉他们所有的葡萄酒，留了一些自饮或供神，还有一些用于制作特殊的油和香水。

苏萨国王很可能发起并资助了第一次探索位于东南方向海拔1800米的设拉子山的行动。这个地区是诗人巴克斯的故乡，还有欧玛尔·海亚姆，更久远之前还是波斯国王的居所，他们在埃克巴坦那（Ecbatana）建造了宫殿，在波斯波利斯（Persepolis）建造了更宏伟的宫殿，通往大殿（Apada-na）的巨型楼梯上装饰着浮雕。

1974 年我和妻子到伊朗旅游，希望亲眼见到这些遗址。有人告诉我们可以在沙特阿拉伯河的某个位置坐轮渡越过国境线，这条位于巴士拉南面的河在伊朗和伊拉克之间，将底格里斯河和幼发拉底河与波斯湾连接起来。我们迅速穿越茂密的丛林，相对于巴士拉炎热的 8 月是一种令人愉快的解脱，结果却发现轮渡早就被取消了。我们又回到巴士拉，在那儿可以看见巨大的火焰塔，简直像祆教的火神庙，从幼发拉底河对岸几千米外的伊朗油田里直冲向天。尽管高原上凉爽的设拉子在召唤，但我们的旅程着实有些悲惨，中间还不时与伊拉克的秘密警察打交道。我们只能不情愿地搁置参观波斯波利斯的计划，改为第二天踏上穿越叙利亚沙漠的 15 小时旅程，前往安曼。

其他旅行者的描述和考古发现可以丰富我们对波斯阿契美尼德帝国的想象，代入古代的葡萄酒文化。公元前 539 年，居鲁士大帝在征服了米底王国和巴比伦城后建立了阿契美尼德帝国，他就来自设拉子。起初他只是当地一个小国的君主，它的都城位于安山（Anshan），今天叫作马里扬台地（Tepe Malyan），是设拉子西北长满橡树的山上的一个土丘考古遗址。20 世纪 70 年代宾大博物馆的威廉·萨姆讷（William Sumner）领队发掘，发现了多个时期的生活地层，最早可到公元前四千纪后期的班内什（Banesh）时期。当苏萨国王的军团和商队正沿着高原之路（the High Road，丝绸之路的史前前身）向戈丁台地进发的时候，在马里扬台地上生活的人很可能已经喝上葡萄酒了，发掘出土的葡萄籽暗示了这一点。驯化的二棱大麦和六棱大麦，以及单粒小麦和二粒小麦，为当地居民提供了原材料，让他们在享受葡萄酒的同时又有啤酒解渴。

基于现有证据，葡萄一开始并没有生长在设拉子的高地上，肯定是从更远的北方移植过来。因此，班内什时期的葡萄籽很可能是通过未经过滤的进口葡萄酒残渣来到遗址上的，也有可能是直接进口的新鲜葡萄或葡萄干。然而，大约500 年后［公元前三千纪中叶的卡夫塔里时期（Kaftari）］从一个垃圾灰坑里出土的东西表明，当时已经有驯化葡萄了，正好可以满足美索不达米亚平原地区人口增长的需要。那个灰坑里堆满了炭化和未炭化的葡萄籽，同出的还有葡萄藤的碎片。这么大量的葡萄籽在发掘中并不常见；它们一般来说是葡萄榨汁剩下的产物，压榨的葡萄汁用来酿酒。成熟的葡萄藤遗存更有说服力，表明这些葡萄是本地生长的。这些葡萄很可能是最早移植的葡萄的近亲，说不定哪天发现它们跟著名的设拉子葡萄有遗传关系。我们可以下结论，至迟在公元前 2500 年，或许在更早的时候，都城附近已经有成片的葡萄园，已经可以结葡萄和酿造葡萄酒了。

现在伊朗已经又允许外国团队进行考察，关于驯化欧亚葡萄向南通过扎格罗斯山移植到设拉子的问题，也开始出现新的证据。可惜马里扬台地的考古发掘并没有恢复。不远处，在靠近帕萨尔加德（Parsagadae）的地方，居鲁士被埋葬在一个巨大的陵墓之下，波拉西（Bolahi）峡谷的抢救性发掘已经开始，那里的遗址正受到新建的锡万德（Sivand）

大坝涨水的威胁。考古学家发现并发掘了好几个用来踩葡萄酿酒用的踩踏缸。这些设备大多数年代在萨珊时期（公元224~651年），但将来的发现可能会揭示关于该地区酿酒起源的更多信息，以及酿酒业在阿契美尼德王朝时期的巅峰盛况，当地至今仍然有不少葡萄园。

我们可以从滚筒印章上窥探到设拉子地区早期的酿酒历史，其中记录了近东地区许多日常和皇室生活的细节。卡夫塔里的一个印章上描绘了已知最早的一次"研讨会"（英文symposium，最初指的就是酒会）。画面中有一个长满葡萄串的凉亭，亭下的男女名流或众神戴着镶荷叶边的或编织的帽子，还穿着其他服饰。他们手拿小酒杯，里面装的肯定是葡萄酒。两千年后，就在居鲁士和阿契美尼德王朝崛起之前，几乎一模一样的场景又出现在尼尼微（今天的摩苏尔），亚述巴尼拔的宫殿里的一个浮雕上。国王斜倚在华丽的长榻上，这后来成为参加古典时期希腊酒会（symposion）和罗马酒会（convivium）的流行姿势，他的王后佯装正襟危坐在他前面的一个直背王座上。与卡夫塔里的印章一样，这两个人物形象也是在葡萄藤下手拿酒杯，背景中琴师正在弹竖琴。

在数千年的近东艺术品中，国王举起葡萄酒杯的图像反复出现。国王象征着君主统治的胜利，并向众神表达谢意。类似的图像后来还出现在公元1世纪的一条粟特长椅上，上面刻着一个大腹便便的男性首领和他的妻子，两人分别戴着圆顶和平顶的帽子，这在卡夫塔里的印章上也出现过。他们手拿酒杯享用着各种糕点，乐队为他们助兴，还有舞者在表演空翻。

在波斯帝国时期，饮用葡萄酒成为治理国家的重要手段。希腊历史学家希罗多德在公元前 5 世纪的著作中记载："波斯人通常在喝醉时讨论重要事务。第二天早上，他们清醒后，会由昨晚主持会议的人将决议呈给他们。如果获得批准，他们就会执行；否则，就会搁置。"希罗多德也提到了在其他地方有不同的做法，即先在清醒状态下讨论，然后在喝醉时做决定，看是否能得出相同的结论。塔西佗在公元 1 世纪也对粗犷的日耳曼"野蛮人"做过同样的观察。他评论说，酒精可以打破人们的禁忌，让那些平时谨慎的政客放松下来，营造出和谐美好的氛围，从而想出创新性的解决方案。当然，饮酒常常让人失控，因此需要在头脑更加清醒时重新考虑这个问题。

《列王纪》（*The Epic of Kings*，波斯语 *Shahnamed*）由著名波斯诗人菲尔多西（Ferdousi）创作于公元 10 世纪，回顾了长期以来决定战争与和平问题的传统。与希腊酒客或现代政客一样，"众王之王"和传说中的英雄们也在晚餐后讨论重要事务，而侍酒者则端着葡萄酒在集会中频频倒酒。

我们可以从波斯波利斯城堡文书（the Persepolis Fortification Tablets）中获得一些有关皇室及其随行人员饮用葡萄酒量的信息。这些文书在主平台的一座塔楼中被发现。数千条埃兰语文本记录了皇室成员在几十年里每天通常分到 5 升葡萄酒。高级官员、皇家卫队（万名不死士）和宫廷官员分得的葡萄酒逐级减少，但足够让他们开心。在军营里发掘出土了大量的大型陶罐、倒酒器和酒碗，证实了惊人的饮酒场景。

在一些特殊时刻，世界上最大帝国的统治者会举办更加盛大的酒会。《圣经》中的《以斯帖记》（1：7-10）讲述了在苏萨举办的为期一周的盛宴，国王亚哈随鲁（Ahasuerus，可能是波斯国王薛西斯一世）用各式各样的黄金器皿供应"海量的皇家葡萄酒"。妇女们也参加了由王后瓦实提（Vashti）主持的类似的酒宴。如此享乐持续了七天，直到王后忤逆了国王，邪恶的哈曼（Hamath）开始策划针对摩尔德开（Mordechai）和犹太人的阴谋。

帝国的伊朗工匠是近东地区技艺最高超的，包括铁匠、石匠、陶工和玻璃工匠。他们制造出华丽的酒器，让皇帝的餐桌在宴会和庆典上熠熠生辉。巨大的号角杯格外令人着迷，能容3~4升酒，人们必须一次喝完一整杯，中间不能放下。这些杯子的末端有华丽的立体装饰，通常是狮子、公羊、鸟和公牛，但也有更奇幻的狮身人面兽和狮鹫。例如在中国西安附近的粟特人墓中发现的玛瑙雕刻品（何家村唐代窖藏）就利用了石头的色彩变化来突出动物的不同特征。高大的罐子、鸟嘴壶和多面杯经常出现舞女、乐师和狩猎场景、英雄故事。其中一种鸟嘴壶被称为波波乐（bolboleh，源自一种鸣禽的波斯语名，bolbol），因为当酒流过狭窄的口时会发出鸟唱歌一样的声音。花卉和几何图案也很流行。何家村唐代窖藏中的八角金银杯每个面上都有一个不同的乐师，可能是粟特人用来为他们的中国观众展示胡腾舞或胡旋舞。

亚洲腹地的迷幻异世界

在伊朗境内沿着丝绸之路继续向东，往北绕过卡维尔盐漠（Dasht-e Kevir），我们可以想象自己踩着亚历山大大帝、马可·波罗和无数冒险家与强盗的足迹。这条路经过以梅尔夫绿洲为中心的马尔吉亚纳（Margiana）、背靠兴都库什山的巴克特里亚（Bactria）、撒马尔罕和粟特的费尔干纳河谷。所有这些地区都曾被纳入阿契美尼德王朝的版图，在亚历山大死后被委托给塞琉古一世。

数十年间，在中亚完全没有找到居鲁士和亚历山大之间这段时期的考古学证据。这个情况在 20 世纪 70 年代彻底改变，来自莫斯科考古学研究所的维克托·萨里亚尼迪（Viktor Sarianidi）极富人格魅力又坚持不懈，他开始在今天土库曼斯坦的马尔吉亚纳进行发掘。几十年的时间里，他在穆尔加布河（Murgab River）流域的三个地点开展了大规模的发掘工作，包括戈努尔·德佩（Gonur Depe）、托戈洛克 1 号地点（Togolok 1）和托戈洛克 21 号地点（Togolok 21），这里靠近梅尔夫，水源充足。他发现的证据让最顽固的怀疑论者也不得不相信，最晚在公元前 2000 年前后，这个看似偏远的地区已经出现大型聚落，有灌溉农业和宏伟的建筑。然而，萨里亚尼迪也有一些更加具有争议的理论，包括关于原始袄教崇拜的理论——是受到一种名为豪玛（haoma）的神圣饮料的刺激——引起了学界其他学者的激烈反对。

萨里亚尼迪认为他在这三个遗址发掘出了原始的袄教火神庙遗迹。火神庙是奉献给阿胡拉·马兹达（Ahura Mazda）的圣殿，"独一无二的造物主"，到了希罗多德的时代，它已成为宗教的重要组成部分，希罗多德描述其信徒登上土丘，在广阔的天空下点燃火焰向他们的神祈祷。由于萨里亚尼迪发现的火神庙遗迹比希罗多德的记载以及其他明确的火神庙考古遗迹早了 1500 多年，因此要求他的理论有更严格的证据，也是可以理解的。

我们可以简要概述一下萨里亚尼迪认定火神庙的主要证据。戈努尔南部是马尔吉亚纳地区迄今为止发现的最大的青铜时代早期聚落，他从一座精心设计的建筑中汇集了证据，该建筑分两个阶段建造，有多个露天庭院，墙壁上有明显的白色灰浆。庭院中的灰坑填满了白色灰烬，散落在各处的严重炭化的香炉，以及烧得十分严重的房间为了解这座建筑的功能提供了线索。白色灰烬在晚期的祆教净化仪式中是必不可少的。当然，该建筑物也可以解释为宫殿或别墅，这种更乏味的解释也不能排除：这类建筑的墙壁通常粉刷得很好，灰坑也可能只是普通的灰坑，也可能是烹饪炉灶的烧火残余，火盆也可能被用作灯具，烧焦的房间也可能是意外发生了火灾。但是，萨里亚尼迪还留了一手。在这座建筑粉刷过的一间"白房间"里，他发现了三个巨大的包裹灰浆的碗或罐底部，其中一个还有残留物。莫斯科的孢粉学家对该材料进行了植物考古学和扫描电子显微镜分析，结果显示残留物中充满了两种致幻的植物花粉——麻黄和大麻，以及大量的大麻花和种子，麻黄茎碎片和其他植物（包括艾蒿属），它是中国和欧洲南部酒中常用的添加剂。麻黄和大麻都被认为是祆教的豪玛的成分。

托戈洛克 1 号和 21 号地点靠近戈努尔南部，时间比戈努尔晚几百年，在中央庭院四周也有类似的抹白灰的多间房屋建筑。在托戈洛克 21 号地点，萨里亚尼迪还是把圆形的建筑认定为祭坛，覆盖了一层层的灰烬和木炭，还有那些严重烧毁的小房间，他认为这些都是火神庙的一部分。莫斯科孢粉学家分析了几个巨大陶罐中的残留物，这些陶罐都出自托戈洛克 21 号地点的一间抹白灰的建筑，就立在泥砖砌成的台子上。他们找到了更多的麻黄花粉、叶子和长达 1 厘米的茎，以及另一种会致幻的植物花粉——罂粟，它可以提炼出鸦片。在这个白色房间的地板上发现了一根骨管，上面雕刻有大眼睛的形状，并且里面还含有罂粟花粉。这个管子可能是用来喝豪玛或吸食致幻剂的，让人想起近东地区新石器时代对眼睛的痴迷，比如在耶利哥和安·加扎尔发现的抹泥头骨。

萨里亚尼迪认为，神圣饮料是在白灰房间中制作出来的，先将植物浸泡在大碗中，然后磨碎，再通过填充羊毛的漏斗将汁液过滤到大罐或其他小罐（安装在陶器支架上）中。饮料在罐子中发酵，然后倒入公共庭院中作为供品，并供应给仪式参与者。他进一步提出，出自托戈洛克 1 号地点圣殿的一个滚筒印章描绘了这个史前仪式。两个猴头人，也许戴着面具，手持一根杆子，舞者跳过杆子，乐师用大鼓敲打伴奏。前文我们提到过，在致幻剂的作用下，跳舞在邻近的粟特地区十分流行，并且在整个亚洲的萨满教中，人类戴着面具扮演动物角色的仪式自旧石器时代以来就很普遍。

萨里亚尼迪关于碗和罐子内残留物以及带刻画符号的骨管的解释，与他关于火神庙和原始祆教的理论并没有什么直接联系。除非我们完全否认莫斯科孢粉学家的发现，否则我们应该接受麻黄和大麻是存在的，包括茎、叶和种子。（然而，荷兰的植物考古学家对戈努尔南部样本重新分析后仅发现小米存在的证据）花粉可能从周围的区域被吹入口部狭窄的陶质容器中，但较大的植物碎片不太可能被吹入或被水冲入其中，最有可能的解释是它们作为添加剂被加到容器里的某种饮料中。此外，穆尔加布河河谷的三个大遗址里出土的许多容器中也发现了同样有致幻作用的添加剂，它们以不同的组合形式出现，时间跨越 500 多年，因此可以推断，这种饮料对生活在该地区的人非常重要。

考虑到这些因素，萨里亚尼迪关于容器和骨管残留物与后来袄教的豪玛有关的理论并不像一开始看起来的那么牵强。在这些水源充沛的绿洲里，人们在数千年的生活中完全可能发明出一种中亚风格的混合酒或格洛格酒。如此强劲的酒很可能也带有强烈的宗教色彩，并被纳入宗教仪式中。随后这种传统酒被袄教吸收，袄教也在阿契美尼德王朝时期成为国教。再早一些，在梅尔夫绿洲附近的宏伟建筑物建成的同时，这种酒可能已经被来自印欧地区的入侵者带到了印度。

伊朗的《阿维斯塔》（也被称为《波斯古经》）提到过豪玛（haoma，在语言学上等同于印度《梨俱吠陀》中的soma），《阿维斯塔》是袄教典籍，最初成书于公元前 6 世纪，最后的版本定稿于公元 4 世纪。豪玛的制作方法一直是个谜，许多学者提出了不同的观点，其中有人认为豪玛是用白色牛犊的尿液、人参、骆驼蓬或毒蝇伞制作而成，后者仍然是西伯利亚萨满教徒喜欢使用的致幻剂（见第七章）。近来还有一种说法，认为麦角菌是主要成分，这是一种生长在黑麦和其他谷物上的真菌。该真菌中的生物碱麦角胺与麦角酸二乙酰胺（LSD）十分相似。自中世纪以来有许多记录表明，当人们误食受感染的麦片做成的面包后会出现幻觉，产生灼烧感，并且疯狂地在街上奔跑，这就是所谓的"圣安东尼之火"（Saint Anthony's fire）①。

在土库曼斯坦的发掘之前，没有办法确定豪玛的主要成分。文献中的描述缺乏足够的细节来鉴别其成分，而蘑菇则很可能被《阿维斯塔》中的描述排除掉了，因为书中说到相关植物是"绿色、高大且具有香味的"，但这里面还有很多疑问。

《亚斯纳》（Yasna）是《阿维斯塔》中记载宗教仪轨的主要章节，其中提到，豪玛是由祭司将植物在石臼里捣碎，再用牛毛过滤，在水中溶解，然后加入其他未知成分制备而成。这种饮料传到印度后，又入乡随俗，加入了印度次大陆热带和温带地区的植物。

有关豪玛进入祆教思想最详细的描述可以在一份很晚的文本《阿尔达·威拉兹之书》（*Book of Arda Wiraz*）中找到，该书可追溯到公元 9 世纪，其中一些元素可能属于该千年纪元的早期阶段。在与亚历山大大帝的战争中，国家遭受耻辱的战败，故事的英雄主角阿尔达·威拉兹受到由祭司和信徒组成的大议会的委托，前往天堂，以确定他们是否在执行正确的宗教仪式。虔诚的阿尔达·威拉兹喝下三杯混有未知迷幻剂的酒后被传送到另一个世界。他遇见了一位美丽的女

---

①　圣安东尼生于 251 年，是一位基督教隐士，据说能用猪油治愈皮肤病。在他死后，许多人祈求他帮助治愈皮肤病，从而将"圣安东尼之火"作为描述（尤其是带有灼烧感的）皮肤病的术语使用。——译者注

人，穿过一座通往天堂的桥，并被引领进入至高神阿胡拉·马兹达（Ahura Mazda）的面前。在看到平静的被祝福的灵魂之后，阿尔达·威拉兹瞥见了那些不遵循信仰中心原则——善念、善言、善行——的人将会面临的命运。就像但丁进入炼狱和地狱的圆圈一样，阿尔达·威拉兹越过了眼泪之河〔相当于希腊神话中的斯提克斯河（River Styx）〕，看到了有罪之人在痛苦和绝望中遭受着永恒的惩罚，惩戒他们在人间所犯的罪孽。七天后，他从梦中醒来，阿胡拉·马兹达向他保证，袄教是唯一真正的信仰。

这个故事专门强调了豪玛是通过葡萄酒服用的。然而当这本书出世的时候，当地在伊斯兰教和佛教的影响下已经兴起了严格的禁酒运动。所以《阿尔达·威拉兹之书》通过保留这些细节，可能是在追寻更加古老的传统。从化学角度讲，用酒精服用豪玛有一个方便之处，那就是酒精可以溶解植物来源的生物碱。

当我最初考虑到葡萄酒是豪玛最有可能的载体时，我是这么假设的，马尔吉亚纳遗址位于葡萄酒文化影响范围内，而葡萄酒文化即使在中亚腹地的费尔干纳谷地，也得到了普遍的证实。然后，我收到了来自威尼斯利加布埃研究中心的加布里埃勒·罗西－奥斯米达（Gabriele Rossi-Osmida）的消息，他在戈努尔南部发现了三粒葡萄籽。罗西－奥斯米达在梅尔夫以北的阿吉奎（Adji Kui）绿洲还有新的发掘，发现了一些公元前 3000～前 2000 年的装着葡萄籽的盆，可能是酿酒设施。截至我写这本书的 2008 年初，罗西－奥斯米达正与一队植物考古学家在考古发掘现场，希望在这里和萨里亚尼迪发掘的同时期遗址进一步证实这种推论。

土库曼斯坦发掘的考古学和植物学证据为至少是在史前的中亚地区寻找豪玛提供了新的线索。如果我们接受萨里亚尼迪的假设，某种特殊饮料是在抹白灰的房间中制作的，并认同阿尔达·威拉兹故事中葡萄酒和致幻剂混合的说法，那么陶质容器和陶管中的麻黄、大麻和罂粟花粉的证据就变得合理了。当然，大麻和罂粟可以用于其他地方，如纺织、装饰，以及烹饪（例如用罂粟籽油烹饪），还可以做燃料。然而，这两种植物以及麻黄自古以来就被中亚和中国作为药物和麻醉剂广泛使用。

随着更多的考古和化学研究，我们最终应该能够重新制作出古代的豪玛、索马或中亚的格洛格酒，它们可能比现代版本更加浓烈。如果萨里亚尼迪的假设成立，我们可以设想在马尔吉亚纳绿洲地区出现了一个勇敢的新世界，类似于阿道司·赫胥黎（Aldous Huxley）在《美丽新世界》（*Brave New World*）中描述的乌托邦，居民们定期饮用索马（具有"基督教和酒精的所有优点，没有一丁点缺点"）。通过依次检查每种添加剂的精神活性效果，我们可以知道这种混合饮料到底有多强劲。

麻黄的主要活性生物碱——麻黄素，是去甲肾上腺素的化学类似物，能够刺激交感神经系统并引起轻微的欣快感，少量服用会产生类似苯丙胺的兴奋感，而大量服用会导致幻觉，甚至心脏停搏。现代用麻黄制成的草本摇头丸能证明其精神活性之强烈。大麻含有四氢大麻酚，与内源性神经递质花生四烯乙醇胺有关，能产生欣快感，并有时会激发想象力。罂粟壳内的乳汁在凝固后被称为鸦片，含有约 40 种能够改变心智的强效生物碱，包括可待因、吗啡、罂粟碱和鸦片酸等。这些叶子可以卷成烟叶抽食，其中的生物碱含量相对较低。

酒精本身就对人体的神经系统有作用，将这些植物生物碱与酒精混合在一起，会极大地增加产生幻觉的可能性，也许会导致昏迷。

北方的骑马游牧人

戈努尔南部、托戈洛克、阿吉奎的人是从哪里来的？他们对致幻饮料的钟爱又可能怎样影响了史前丝绸之路的东方人？

麻黄在中东可能很早很早就开始作为致幻剂使用了。拉尔夫·索莱基（Ralph Solecki）在扎格罗斯山脉北边，距离哈吉费鲁兹（见第三章）仅约 75 千米的沙尼达尔洞穴（Shanidar）发掘了一组耐人寻味的尼安德特人墓葬，墓葬的年代可以追溯到 80000 ~ 40000 年前。其中一具人骨［沙尼达尔 I 号，绰号南迪（Nandy）］是一名 40 ~ 50 岁的男性，他的身体有残疾，一只眼睛失明，索莱基说有迹象表明南迪是被同情他的人照顾的，要不然这个残疾人如何能够活到这么大年龄？此话一出震惊了考古界。

另一具人骨是一名 30 ~ 45 岁的男性（沙尼达尔 IV 号），他身上覆盖了一系列已知有药用价值的植物，即著名的

"花葬"①。除了麻黄，人们在他的遗体附近还发现了蓍草、风信子、蜀葵、千里光和矢车菊的花粉。蓍草马上让我联想到用到致幻植物的宗教仪式。在中世纪酿造的啤酒中，蓍草是格鲁特本草啤酒的一种苦味剂（其他的还包括香杨梅、野迷迭香和各种其他草药），但因为它的催情作用，在北欧被禁用了，后来被啤酒花取代。说到底，花葬中发现的所有花都具有某种药用价值，可以用作利尿剂、兴奋剂、收敛剂或消炎药。这个人有可能是接受了某种萨满仪式的送别，甚至他本人可能就是萨满或巫医。

有些学者表示不同意，他们认为，花粉可能是被风吹进洞穴的，或者是被动物带入的。然而，要是说有一阵大风能把一团混合各种花朵的花粉吹进洞穴的入口，似乎不太可能，完整的花药形状甚至表明还有整朵的花儿存在，风吹进来的概率就更小了。蝴蝶翅膀上的鳞片说明，这种昆虫是意外地被卷入了这堆花草之中。如果是动物，比如在洞穴里其他地方钻来钻去的啮齿动物，将这些奇特的材料聚集在一起，那么只能说它天赋异禀，善于选择药用植物。

我的宾大同事维克多·梅尔（Victor Mair）也引起了学术界的关注，他在新疆乌鲁木齐市的一座博物馆内一个几乎被遗忘的展厅中"发现"了保存极为完好的干尸。这些干尸

---

① 法国巴黎人类博物馆的阿莱特·勒罗伊–古汉（Arlette Leroi-Gourhan）利用花粉研究了墓葬内的填土，确认墓主人身上盖满了各种花朵，并于1975年11月28日在《科学》（Science）杂志上发表结果。三周后，索莱基在《科学》杂志也刊发文章，标题就是《沙尼达尔Ⅳ号，伊拉克北部一个尼安德特人的花葬》。——译者注

的年代早至公元前 1000 年前后，因此与后来的托戈洛克宫殿或庙宇是同时代的。干尸是从塔里木盆地东南部的且末县附近的墓葬中发掘出土的，这是丝绸之路南线的一个重要驿站，人群往来繁忙。男男女女穿着色彩鲜艳的平纹和编织羊毛衣服，戴着毡帽或纱线做成的圆顶和尖顶帽子，就像卡夫塔里印章和粟特长椅上描绘的一样。有一个男人下葬时随葬了 10 种不同的帽子。这种帽子成为弗里吉亚人的标志，弗里吉亚人是公元前一千纪初定居在安纳托利亚中部的东欧人，他们在那里喝着独具特色的格洛格酒（见第五章）。

维克多惊讶地发现，乌鲁木齐干尸的面部特征与现今任何蒙古人种截然不同，男性丰满的络腮胡子、挑起的鹰钩鼻子和高大的身材都是典型的高加索人特征。维克多继续组织了许多专家——包括遗传学家、语言学家和考古学家——来研究这些人的身份以及他们的起源地。

恰好在这时候又有一批干尸重见天日，他开启了新的研究，这些干尸的年代在公元前 2000 年前后，也就是戈努尔南部刚刚建立的时候，从他们身上获取到了更加神奇的细节证据。广义上的楼兰地区是丝绸之路两条支线在塔里木盆地东侧交会的地方，而来自楼兰的这些干尸，几乎每个人身上都有一捆麻黄秆。在现实生活中，这一小捆兴奋剂可以让他们在严酷的沙漠环境中保持清醒，就如可可、巧茶、烟叶和咖啡一样渗透进世界其他地方人们的日常生活，或许也有助于他们死后往生来世。

维克多还指出，从土库曼斯坦到中国黄河流域的一些关键遗址中发掘出的一系列陶俑与干尸非常相似，有着高加索人特征，他们戴着高尖顶帽子和羽毛头饰。其中一些陶俑可以追溯到公元前 4000 年。

一些融入汉语的早期印欧词语为了解这些人的身份和来历提供了额外的线索。维克多声称，古汉语单词 *mʸag（星号表示假象中的重构形式）来源于波斯语单词 maguš，指代祆教祭司。英语中的魔术（magic）和魔术师（magician）也源于它，这类人物通常被描绘成和中亚干尸与陶俑一样戴着高尖形帽子。设拉子有一群祆教祭司被称为麻葛，根据《圣经》传统，其中三个人可能是《新约》中从东方来到伯利恒马槽旁见到婴儿耶稣的人。

还有几个汉语词语也源于波斯语，比如战车和蜂蜜酒，而丝绸则是取自汉语。甚至敦煌这个战略枢纽的名称中也包含了波斯语中的火元素，支持了语言、技术和酒在中亚地区的双向传播。这一论点成为板上钉钉的事实，还要归功于一个现已灭绝的印欧语系分支——吐火罗语，这种语言曾在沿着塔里木盆地附近的丝绸之路北线上盛行，一直延伸到蒙古草原和西伯利亚大草原。

关于印欧语系渗透到中亚的另一个早期证据是马的驯养，而马驯化的证据是马开始为主人殉葬。最早的殉马可以追溯到公元前 4500～前 3500 年，出现在乌克兰中部地区，但在后期出现的频率逐渐增加。最晚在公元前 2000 年，殉马就已经向东在哈萨克斯坦出现，与此同时其他印欧语系人群正在向伊朗和印度南部迁移。在这个时期，辐条车轮也出现在中亚地区，这种车轮比实心木制车轮更容易被马拉动。

马的驯化让生活在草原上的人简直如虎添翼，草原并不适宜发展农业，而在马背上，他们可以更加高效地放牧牛羊。他们完全可以靠动物的副产品——奶制品、毛皮——生活，用牛马拉车运输他们的财产。

在草原上，要获得制作优质酒水的原材料（水果、谷物和蜂蜜）非常困难。然而，人类一直在不断创新，他们用马奶制作了一种饮料（土耳其语为 kımız，哈萨克语为 kou-miss），马奶的糖（乳糖）含量比山羊奶或牛奶高，因此产生的酒精含量也较高（最高可达 2.5%）。实际上，他们可能不会喝未经发酵的奶，因为许多中亚和东亚人缺乏消化乳糖所需的酶。

动物学研究表明，公元前二千纪和公元前一千纪，小马驹的死亡率很高，这表明牧民比较担心是否能生产足够的马奶酒来满足自己的需求。动物分泌乳汁是在生育后开始的，然后幼崽会与母亲分开，这样人类就可以收集大部分的奶。在今天的中亚地区，传统的挤奶时间通常在 5 月至 10 月，一匹典型的母马可以产生 1200 升的牛奶。当寒冷的冬天来临时，古人在恶劣的条件下艰难生活，他们可能会选择屠宰小马驹，尤其是在它们长到两岁半时，体重已经接近成年，而不会尝试消耗宝贵的资源去喂养它们。

在高海拔的阿尔泰山脉地区，人们在位于且末以北约 800 千米的巴泽雷克（Pazyryk）发现了一处罕见的被冻结在永久冻土层中的墓葬群，这为我们了解北部苔原地区的骑马游牧民族生活提供了一个窗口。一位俄罗斯考古学家谢尔盖·鲁登科（Sergei Rudenko）被邀请去发掘公元前 5 世纪巴泽雷克游牧民族的墓葬群（俄语中称为 kurgans），这些墓葬在古代的时候就遭遇过盗掘。与土耳其中部郭鲁帝奥恩（Gordion）稍早一些的土墩墓类似（见第五章），五个巴泽雷克土墩的墓室由精心修整和组装的原木构成，然后封土覆盖。鲁登科用热水解冻并发掘出一批保存在永冻层中的精美随葬品。这些随葬品包括精雕细琢的木质桌子和酒器、染色的羊毛、毡质挂毯和地毯、镶嵌金银的头饰和腰带、竖琴和鼓、皮袋、猛禽和鹿的皮影、一辆带有辐条轮的完整战车以及马匹，还有来自中国的刺绣丝绸和一面镜子。一些被埋在木质棺材中的墓主已经成为干尸，如同那位安葬在郭鲁帝奥恩迈达斯（Midas）墓冢里的皇室成员一样，一些墓主身上还有奇异的狮身鹫、带翅膀的豹子和猛禽的文身。

鲁登科报道了所有墓室中的另一个发现，它将草原游牧民族与土库曼斯坦绿洲和且末地区的定居人群联系在一起。在每个墓中都发现了一组六根的杆子——双人葬有两组——它们原本是组装圆锥形帐篷的框架，上面再覆盖皮革或毡子。一个高脚的大锅，里面装满了卵石和炭化的大麻籽，放在帐篷的中央。桦树皮缠绕在大锅的把手和杆子周围，来帮助散热。

帐篷和装满大麻的大锅的用处是什么？希罗多德在他的《历史》（4.75.1-2）中给出了答案。他描述了草原民族斯基泰人的一个奇特风俗，这些人居住在更远的西部地区。他们钻进用毡子制成的帐篷里，不是洗澡，而是往热石头上扔大麻，然后沉浸在让人神魂颠倒的烟雾中，直到他们开始"像狼一般嚎叫"，堪称致幻版斯堪的纳维亚桑拿。

在享受完这种大汗淋漓之后，人们可能需要补充一些液体。每个墓室中都发现了高大的窄口罐子（图12），但它们装的是马奶酒、葡萄酒、水或是奶版伏特加（那时候很可能还不知道蒸馏法），是不是像鲁登科所推测的那样，还不确定。斯基泰人在他们领土的西部通过与希腊人的接触知道了葡萄酒，甚至可能在更早的时候，在跟南边的高加索地区和伊朗人接触时就已经了解葡萄酒。随着领土向东扩展到土库曼斯坦和亚洲腹地的绿洲地区，他们还将接触那里的其他印欧人，以及生活在塔里木盆地边缘富饶山谷和绿洲地带的人，在这些地方生长着漫山遍野的驯化葡萄。根据古典时期作家的描述，他们偶尔还会喝啤酒。

图 12　西伯利亚草原游牧民族酒具

说明：为巴泽雷克（俄罗斯）土墩墓的随葬品，约公元前400年的，可以用角柄杯从大罐中舀酒解渴，罐子上粘贴着公鸡皮影作装饰。

资料来源：S. I. Rudenko, *Frozen Tombs of Siberia: The Pazyryk Burials of Iron Age Horsemen*, trans. by M. W. Thompson（Berkeley: University of California Press, 1970）。

今天的中国新疆维吾尔自治区包括塔里木盆地和天山地区，以生产鲜食葡萄闻名。最近，这里种植了法国葡萄品种，只要合理灌溉，这些品种就能在沙漠气候中茁壮成长。我品尝了新天酒庄（Suntime Winery）2002 年橡木陈酿的赤霞珠葡萄酒，在西部大开发的背景下，该酒庄成为一个成长迅速的国有企业。一位法国酒商正在将中国的葡萄酒大批进口到欧洲，他帮我联系到人，很快一瓶葡萄酒就通过敦豪（DHL）快递从亚洲腹地送到了我的家门口。然而，面对这种廉价的葡萄酒，我竟然要支付 100 美元的关税。我坚定地拒绝了，尤其是这瓶葡萄酒品质平平，但他们最终还是免掉了运费。

更早定居该地区的人群拥有繁荣的近东葡萄酒文化，他们一定认识到了这个地区种植葡萄的潜力，并将欧亚葡萄移植到了这里。公元 2~4 世纪，这里确实如此：许多"鬼城"点缀在丝绸之路的南线，城边环绕着被遗弃的葡萄园。如今，它们大部分被塔克拉玛干沙漠的流沙掩埋，为曾经蓬勃发展的产业做着无声的证词。公元前 2000 年，马和其他家畜促成的游牧生活方式扩展到东欧和里海大草原，酿酒业也可能早已出现。鲁登科指出，巴泽雷克墓地的死者可能属于月氏人，就是他们国王的头骨被制成酒杯，令他们饱受羞辱。尽管游牧民族在迁徙过程中无法管护葡萄园并酿酒，但他们会与定居人群接触并获取葡萄酒。他们可以获得某些原材料，可能曾经用在古代的豪玛中。因此在巴泽雷克，最受欢迎的酒似乎是把大麻带来的兴奋与酒精产生的眩晕结合在一起。

虽然原始印欧语系（Proto-Indo-European，PIE）历史语

言学并非一门精确的科学，但它为我们追溯平原民族的族裔起源及其饮酒习惯提供了另一个视角。在一项重要研究中，托马斯·甘克雷利泽（Thomas Gamkrelidze）和弗亚切斯拉夫·伊万诺夫（Vjačeslav Ivanov）认为，许多古代和现代语言中普遍存在"葡萄酒"（原始印欧语＊woi-no 或＊wei-no）这个词（包括拉丁语 vinum、古爱尔兰语 fín、俄语 vino、早期希伯来语 yayin、赫梯语＊wijana、埃及语＊wnš 等），使其成为印欧人群活动的指示词。宾夕法尼亚大学的研究人员单独用计算机生成的研究证实了这些推测，但该研究仍存在激烈争议。甘克雷利泽和伊万诺夫将原始印欧语的发源地大致确定在横贯高加索和土耳其东部的地区，公元前 7000 年前后，欧亚葡萄可能在那里首次完成驯化。他们估测，最早说原始印欧语的人群在公元前 5000 年前后开始迁徙，但这个估测可能误差比较大。在他们的设想中，迁徙的人群既包括游牧群体，也有定居群体，这些人向伊朗和亚洲腹地的绿洲进发，有的向南到达巴勒斯坦和埃及，向西到达欧洲。

　　古人的 DNA 研究更能明确这些迁徙过程，但相关研究仍然非常有限。[①] 迄今在中亚和中国开展的少量研究证实了考

---

① 近年来的古 DNA 研究表明早期新疆人群的构成十分独特且复杂，并不是作者说得这么简单。有兴趣的读者可以参阅吉林大学崔银秋等 2021 年发表于《自然》杂志上的文章《青铜时代塔里木盆地干尸的基因组起源》（The Genomic Origins of the Bronze Age Tarim Basin Mummies）和中国科学院古脊椎动物与古人类研究所付巧妹等 2022 年发表于《科学》杂志上的文章《青铜时代和铁器时代人群迁移奠定的新疆人口史》（Bronze and Iron Age Population Movements Underlie Xinjiang Population History）。——译者注

古学和语言学的猜想，即公元前 500 年之前受到过原始印欧人的强烈影响，随后势头调转，涌入更多来自东亚的人群。

永恒的中亚之谜

关于发酵酒及致幻添加剂在史前丝绸之路上的往来传播，我们仍然知之甚少。在土库曼斯坦、塔里木盆地以及巴泽雷克的考古发现就像黑暗中的亮光，让我们得以窥探最早的酒是如何在大约同一时间出现在新石器时代的，例如贾湖酒和近东地区山地的树脂葡萄酒。然而，我们的认知中仍然存在很大的空间和时间空白。我们提到的戈努尔和托戈洛克最早只能到公元前 2000 年。斯特拉波和张骞都称赞过费尔干纳河谷茂盛的葡萄园和陈年的葡萄酒，但在考古上，它仍然是个谜。对于未来的考古新发现，只有两种可能：要么是在旧石器时代人们就掌握了如何酿酒的知识，然后地处亚洲两端的新石器时代人大约同时开始独立地酿酒；要么是在"革命性"的新石器时代，重要的观念和方法在史前丝绸之路单向或双向传播。我更倾向于后一种假设。

我们需要一些精进的考古学家来揭示中亚地区在新石器时代早期到底发生了什么事情。在从伊朗至印度次大陆的陆路交通线上，最重要的新石器时代遗址怕是要数巴基斯坦俾路支省的梅尔加勒（Mehrgarh），那里可能会有一些新的发现。这个公元前 7000~前 5500 年的村庄经过精心的规划，有泥砖建筑，出土的植物考古证据表明当地有驯化的一粒小麦和二粒小麦，这些小麦肯定是从近东地区引入的。这里还发现了枣树（也就是中国大枣）和椰枣的种子。显然，梅尔加勒居民可以接触到各种可用于酿酒的天然产物。当陶器首次在公元前 4000 年前后出现，适于饮酒的高脚杯成为最主要的器型。随后，驯化的欧亚葡萄出现在考古材料中，公元前 2500 年时遗址内出现了大片的葡萄藤，说明肯定已经开始人工栽培。在不进行化学检测的情况下，我们无法断定当时有啤酒或葡萄酒，但是现有的考古证据已经足够表明遗址上存在过酒。

我们需要在整个中亚地区，包括通往印度和俄罗斯的支线上发现发掘更多像梅尔加勒这样的新石器时代遗址，并进行透彻的研究，这样我们才能了解中国和近东地区新石器时代早期的发酵酒是独立起源的，还是源于史前丝绸之路的思想碰撞。

第五章　欧洲沼泽、浑酒、墓葬和酒席

对我来说，单是"欧洲"这个词就在我脑中浮现出许多酒：来自法国的具有红宝石色泽的波尔多葡萄酒、挑逗味蕾的香槟和只应天上有的勃艮第；来自德国和意大利的雷司令和内比奥罗葡萄酒；来自比利时的美味的兰比克啤酒、修道院三料啤酒和红色艾尔。还有很多没提到名字，这些酒都可以追溯到中世纪时期。

我们得感谢中世纪修道院的修士们，因为我们喝到的大多数欧洲酒都来源于他们。他们在专注于精神生活和为来世做准备的同时，还探索、挑选和培育了植物（包括啤酒花），调制新酒，并大规模酿造啤酒和葡萄酒。在勃艮第，西斯特尔教派的修士们亲自品尝了金丘（Côte d'Or）的土壤，自 12 世纪开始进行了长达数百年反复的探索，确定了哪些葡萄品种最适合在特定地块（风土，法语 terroir）种植。他们最终选择了霞多丽和黑皮诺葡萄品种。在更北边，属于西斯特尔派分支的特拉普派修士们则专门研究啤酒。他们最著名的修道院和酿酒厂——智美（Chimay）啤酒厂，至今仍在生产一种口感极为复杂且富有香气的艾尔啤酒，可以存放五年甚至更久。我第一次喝智美啤酒是在费城的修士咖啡馆（Monk's Café），老板汤姆·皮特斯（Tom Peters）给我端上一杯陈年智美啤酒，我着实感到惊讶。这真的是啤酒吗？它拥有上等葡萄酒才具备的复杂香气和口感，让感官体验达到极致。

意大利和法国独特的味美思（vermouth）葡萄酒，大类上属于混合发酵酒，有着深厚的历史渊源。它们的独家配方有一步是浸泡不同的树皮和树根、橙皮、花卉提取物、香草和香料，然后将其融入葡萄酒中。味美思一词源于德语单词"Wermut"，意为苦艾。这种草本植物含有世界上最苦的天然化合物 α-侧柏酮，它还具有精神活性作用。

这些化合物就像助消化剂和苦味酒中的成分，效果持久，这是 1995 年我在哥本哈根机场的一次小意外后了解到的。我给招待我的约翰·斯特兰奇（John Strange）带了一份礼物——菲奈特-布兰卡（Fernet-Branca），这是一种由大约 40 种香草、各种植物和树脂等制成的意大利苦酒，其中包括藏红花、大黄、没药和小豆蔻。约翰每天早餐前都要喝一杯，但是我连一小勺也咽不下去。我把酒瓶小心翼翼地放在一个铝制手提箱里。在机场，手提箱从行李车上滑落，砰的一声摔在地上，接着一股刺鼻的棕色液体开始渗出。我们迅速取出破碎的菲奈特-布兰卡酒瓶，试图清理干净。过了海关，约翰来迎接我们，并表示同情。他把我们送到住处后，我们把手提箱里的东西（包括我的讲义）挂起来晾干。多年以后，纸张边缘的棕色污渍仍依稀可见，我仍能闻到苦酒的气味。几千年后，未来的考古化学家可能会对这种酒大为兴奋。

"点石成金"的混合发酵酒

尽管中世纪是欧洲酿酒发展的黄金时代，但酿酒本身的历史更为久远。达达尼尔海峡和博斯普鲁斯海峡连接了黑海和地中海，是欧洲和亚洲的分界线。几千年来，两个地区间的思想和技术交流不断。通常情况下，亚洲对欧洲的贡献更多，最起码可以追溯到新石器时代，那时欧洲人开始接受亚洲的驯化植物和动物。然而，有时这个过程也会倒过来，例如北欧草原上的民族骑马进入南方的土地。发酵酒与这些现象息息相关，因为酒是大多数宗教、葬仪和社交习俗中不可或缺的一部分。

在土耳其中部安纳托利亚高原上，距离首都安卡拉不远的郭鲁帝奥恩遗址，为我们提供了一个了解早期欧洲酒的窗口。公元前1200年前后是欧洲从青铜时代过渡到铁器时代的动荡时期，弗里吉亚人从东欧穿越到亚洲。强大的赫梯帝国消失之后留下了权力真空，让他们有机可乘，帝国的遗民迁移到了土耳其东南部和叙利亚。弗里吉亚人在郭鲁帝奥恩建立了自己的都城。

宾大博物馆在郭鲁帝奥恩遗址已经发掘了50多个年头。该遗址有一个著名的故事，亚历山大大帝用剑打开了神秘的郭鲁帝奥恩之结，成功实现了预言，谁能解开这个结就能统治亚洲。传说这个结牢固地拴在一辆牛车上，最初这辆牛车载着一无所有的迈达斯和他的父亲戈尔地亚斯（Gordius）来到这座城市，从而开启了弗里吉亚人统治的黄金盛世。

在《古代葡萄酒》一书中，我描述了令人惊叹的王室墓葬，被称为"迈达斯之冢"，年代为公元前 750 ~ 前 700 年。墓室位于一个巨型土墩的中心，土墩由土壤和石头堆砌而成，高达 50 米，在今天的地面上依然显眼，和过去一样。墓室由桧柏和加工过的松木板构成双层木墙，是世界上最古老的完整木结构墓穴。墓葬在地下水位之上，并在大量封土的保护下，成为一个密封严实的时间胶囊。

当考古学家在 1957 年打通墙壁进入墓室时，他们看到了一幅令人惊叹的景象，就像霍华德·卡特（Howard Carter）第一眼见到图坦卡蒙墓一样。他们看到了一具 60 ~ 65 岁的男性尸体躺在一堆厚厚的蓝紫色——皇家御用色——纺织品上。后面是迄今为止发现的最大规模的铁器时代酒具，共有 157 件青铜器，包括酒缸、酒罐和酒碗，这些器皿都是在一场告别墓主的丧宴上使用的。

从当时的亚述铭文可以看出，迈达斯国王不仅是一个传奇人物，而且确实统治过弗里吉亚（Phrygia）。他或他的父亲或祖父，都叫戈尔地亚斯，被葬在这个墓中。虽然没有墓志铭明白地告诉我们"迈达斯长眠于此"，但墓中陪葬品的丰富，包括一些有史以来最精美的镶嵌纹饰的古代家具，让我们确信这是一处皇室墓葬。弗里吉亚国王的驾崩意味着接下来要有盛大的宴饮活动，以纪念他生前受人爱戴、治国有道。随后，尸身下葬，剩下的饭食和酒也一同被放入墓中以飨万年，至少是接下来直到今天的 2700 年。

如果这就是传说中可以点石成金的迈达斯的墓葬，那么黄金在哪里呢？奥维德（Ovid）《变形记》（*Metamorphoses*）中记载了这个神话，点石成金或许可以让国王拥有无尽的财富，但同时也让国王被活活饿死。当他把手指伸进美味的汤里，或者想品尝一口葡萄酒时，食物都变成了难以消化的黄金。也许是黑暗时代一位来自希腊的逍遥客，看到了墓中精致的狮头和公羊头青铜桶（也叫 situlae）之后，编造了这个神话。这些青铜器上的绿锈被清理干净后闪着金光。这些容器用来将酒从三个大缸（每个容量约 150 升）转移到小缸中，再从小缸舀入碗中，每个碗能盛 1~2 升，一缸就能舀上百碗。

对我来说，真正的黄金是这些容器里装的东西。对青铜桶和碗内深黄色残渣进行化学分析检测后，我们发现了一种罕见的发酵酒，它融合了葡萄酒、大麦啤酒和蜂蜜酒。我们的研究团队使用红外光谱法、气相色谱－质谱法（GC-MS）和其他技术，确定了存在草酸钙或啤酒石（大麦啤酒的标志性化合物）、酒石酸和酒石酸盐（中东地区葡萄酒的典型成分），还有蜂蜜或发酵后的蜂蜜酒，因为我们发现了典型的蜂蜡化合物，这种化合物是没法从蜂蜜中完全过滤掉的。

我们发现了一款真正独特的酒，可以叫它"弗里吉亚浑酒"。你要是一想到喝这种混合酒就发怵，完全可以理解，毕竟我也犹豫过。混合葡萄酒和啤酒的想法让我脑洞大开，2000 年 3 月宾大博物馆举行了一场"举杯烤肉"的庆祝活动，纪念啤酒权威人士迈克尔·杰克逊，活动之后我向一些富有创意的小啤酒商发起了挑战。他们的任务是，利用我们

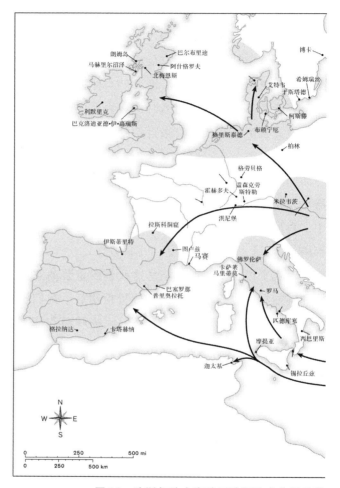

图 13　欧洲与地中海地区造酒技术传播路线

　　说明：从三万年前开始，发酵酒的工艺传统逐渐渗透进入这片大陆和地球上最大的内陆海沿岸。从新石器时代（约公元前 8500 年开始）一直到公元前 4000 年，来自中东的驯化植物逐渐传入欧洲。从黎凡特地区出发的腓尼基人，和希腊人一道将他们的葡萄酒文化带到地中海西部。通过可靠的文物和生物考古学证据（包括驯化谷物），最早的接触年代和途径的路线逐渐显现出来。

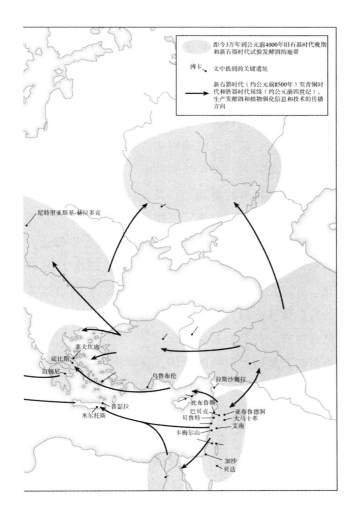

在化学分析中确定的成分进行试验，证明或证伪这种酒的可行性。在随后的几个月里，他们尝试排列组合了许多不同的成分和酿造方法，不是每次都能成功。他们把成品送到我家门口，而我的任务就是品尝并评估这些酒。

我们的化学分析无法解决一个关键问题，我们没有检测到任何苦味剂的成分，但为了抵消蜂蜜、葡萄里的糖和大麦麦芽的甜味，肯定是需要一种苦味剂的吧。啤酒花被排除在外，因为当时土耳其没有啤酒花，它是中世纪才在北欧首次作为啤酒添加剂使用的。我们决定使用藏红花，一种土耳其本土香料，收集的是番红花的雌蕊，它的颜色和价格都让人联想到迈达斯的点石成金术。5000 朵花才能生产出大约 30 克的藏红花，这让它成为世界上最昂贵的香料。它具有迷人的香气和独特的微苦味道，甚至具有镇痛效果。而且，它产生的金黄色还带有一种皇家紫的光晕。

凭借着对新石器时代酿酒的热情，角鲨头精酿啤酒厂的萨姆·卡拉焦恩在小型酿酒商的挑战中脱颖而出。他的作品"迈达斯点石成金酒"与"贾湖酒庄"酒（见第二章）有相似之处，都是混合发酵酒，但"点石成金酒"具有不同的香气和口感，而且略甜一些。在"点石成金酒"中，贾湖酒中的大米被原产中东的大麦取代。由于缺乏确凿证据，我们并不知道公元前 8 世纪安纳托利亚使用的是哪个葡萄品种，我们使用了麝香葡萄，通过 DNA 分析证实它确实与中东最早的栽培葡萄有亲缘关系。结合美味的野花蜜和藏红花，这款酒呈现出一种金黄的色调，是真正配得上国王饮用的酒。

当"点石成金酒"在 2001 年初面世时，我们不确定它是否能在竞争激烈的啤酒市场中生存下来。角鲨头在当时还在努力挣扎，以免像许多小型啤酒厂一样倒下。"点石成金酒"的酒标上饰有"国王"的金色指纹，上市时最初是用750毫升的瓶子加软木塞，品质参差不齐，这从瓶顶里长短不一的空气间隙以及常常歪歪扭扭的软木塞就可以看出来。尽管瓶中酒美味可口，但萨姆以前从未用过软木塞封啤酒瓶，他需要更好的设备。在他的一名瓶塞工被机器弄断了一根手指之后（显然证明了这酒没什么让人变成金手指的效果），他改变了包装形式，采用了四瓶装的350毫升小瓶，瓶盖与大多数啤酒相同。如今，"点石成金酒"成了角鲨头酒厂赢得各种奖项最多的酒，在重大比赛中获得三枚金牌和五枚银牌，并收获了一群狂热粉丝。迈达斯本人也不过如此。

横贯大陆的传统

虽然弗里吉亚浑酒在混酿酒里是个后来者，但它反映出酿酒传统如何在欧洲和亚洲之间循环往复，并追溯到更早的欧洲传统工艺。在制作出"点石成金酒"之前，萨姆·卡拉焦恩在2000年举办的庆祝迈克尔·杰克逊的晚宴上制作了一款布拉格特甜酒，不知不觉地已经触及欧洲深厚的酿酒传统，尽管如今已被大多数人遗忘。中世纪的布拉格特混合了蜂蜜、麦芽，通常还有一种水果。萨姆的版本里添加了李子，是一款浓郁但又不甜腻的酒。只需将李子替换为葡萄，他就拥有了"点石成金酒"的基本配方。

弗里吉亚浑酒很可能代表了弗里吉亚"故乡"的传统发

酵酒，人们在向安纳托利亚迁徙的途中就带着这些酒。一般认为这支印欧人起源于乌克兰西部的草原地带，向西南方向逐渐穿越匈牙利和罗马尼亚的喀尔巴阡盆地，进入巴尔干半岛或希腊北部。要说弗里吉亚人原本来自草原地带，还体现在一种风俗习惯上，他们戴着与众不同的尖顶帽，通常是毡帽，与亚洲腹地且末墓葬中出土的帽子几乎一样。在迈达斯墓里，放置国王遗体的蓝紫色纺织品也是以毡为材料制作的，而毡在游牧民族中是一种很常见的材料。这种材料是将湿润的羊毛压成紧实的卷，然后驮在马背上几天，通过热量和摩擦将纤维拧在一起。

在弗里吉亚人带着他们的浑酒到来之前，安纳托利亚早就已经通过西亚向欧洲传播文化和技术——包括最新驯化的植物和动物、冶金技术，当然还有酒——从公元前六千纪的新石器时代就开始了。包括碗、壶和小杯或小盅的一整套酒具在公元前四千纪中叶的巴登文化（Baden Culture，以维也纳附近的一个遗址命名）中就已经成熟，这类酒具在匈牙利的喀尔巴阡盆地和多瑙河沿岸的许多墓葬中都有出土。有人认为碗和壶里装的是不同的酒，然后将它们在杯中混合后饮用。如果是这样的话，这套酒具可能是我们能见到的最早的酒具雏形，后来在整个欧洲开始流行。

巴登文化的酒也有它阴暗的一面。在斯洛伐克西面的尼特里亚斯基-赫拉多克（Nitriansky Hrádok）遗址，年代约为公元前四千纪晚期，10 个人被埋在所谓的死亡坑中，每个人都面朝同一个方向跪拜，双手放在脸前，仿佛在祈祷或朝拜。在这个令人毛骨悚然的殉葬坑下面，发现了一个杯子和一个双耳罐，可能说明了他们如何迎来了死亡。如同给中国和美索不达米亚"文明世界"统治者陪葬的奴仆、妇女和马匹一样，这个殉葬队可能是喝了一种掺有毒草的酒。

公元前四千纪至公元前三千纪，巴登饮酒文化从欧洲中部传播到大陆的其他地区。德国和丹麦遗址出土了抛光和带华丽纹饰的漏斗杯，修长的颈部凸显了容器内装的酒的重要性。钟状杯因形状像倒置的钟而得名，在横跨捷克、西班牙、诺曼底和英国的弧形地带的遗址中频繁出现。我们更熟悉这种文化的巨阵或大型环形建筑，例如巨石阵，它们在欧洲的景观寥若晨星，但是该文化的另一个标志物——杯子却几乎到处都是，容量最大的有 5 升。在一个墓葬中，通常会放置十多个杯子和一个酒壶。即使没有确凿的化学或其他证据，对这些陪葬品最显而易见的解释依然是生者对逝者的临别祭奠和祝福。

欧洲的饮酒文化一旦形成，就极难改变，在亚洲和近东地区是这样，我们接下来还会反反复复看到，世界其他地方也是如此。但是还有个问题，弗里吉亚酒是如何反映了整个欧洲的酿酒传统，而它又对安纳托利亚本土习俗产生了什么影响？

来自遥远北方的答案

让人意想不到的是，希腊北部的欧洲最早的发酵酒证据竟然来自远在 4000 千米之外的苏格兰本土和岛屿。尽管苏格兰享受着墨西哥暖流还有冰期之后的阵阵回温，但还是很冷。这种条件就决定了富含糖的资源可以转化成酒。但不管怎么说，新石器时代的苏格兰酒与今天苏格兰国酒一点儿关系没有。苏格兰威士忌（源自盖尔语 uisge beatha，意为"生命之水"）是在中世纪早期才引入的，多亏了蒸馏技术才让它有了那么高的酒精度。

苏格兰被认为是欧洲最早的发酵酒产地，这要归功于苏格兰科学家的开创性成果，特别是孢粉学家。是他们最早意识到孢粉的另外一个优势，可以仔细研究酒杯和其他酒器内残留物的花粉和其他植物遗存。如果在欧洲更南部的遗址采用相同的技术和化学分析，我们很可能会发现一大批与苏格兰酒相媲美的酒类宝藏。

在爱丁堡北部法夫（Fife）地区的阿什格罗夫（Ashgrove）墓地，以及更北一点儿的斯特拉萨兰（Strathallan）地区北梅恩斯（North Mains）的圈阵和土墩遗址，都出土了完整的酒杯，苏格兰的孢粉学家分析了这些酒杯内部的深色残留物。这些遗址可以追溯到公元前 1750～前 1500 年。他们还分析过年代更早，即公元前四千纪中叶的大酒缸，这些缸的容量能到达 100 升，也出自爱丁堡北部一个叫泰塞德（Tayside）的遗址，在苏格兰最北端的奥克尼（Orkneys）群岛主岛上的海滨聚落巴恩豪斯（Barnhouse）也有发现。在泰塞德和巴恩豪斯遗址附近发现了盖子，在奥克尼群岛主岛上著名的新石器时代遗址斯卡拉布雷（Skara Brea）也发现了盖子。如果这些是大缸的盖子，那么盖上盖子形成的无氧条件就会促进高含糖量液体的发酵。

在西海岸，研究人员分析了器物内壁上类似的残留物，这些器物出自艾伦岛（Arran Island）马赫里尔沼泽（Machrie Moor）的圈阵遗址以及内赫布里底群岛（Inner He brides）中部沿海的朗姆岛（Rhum）遗址。前者的年代同样可以追溯到公元前1750~前1500年，而朗姆岛遗址带沟槽的陶器让人联想到泰塞德和奥克尼群岛的大缸，年代为公元前三千纪的晚期。

苏格兰残留物的孢粉学分析结果非常一致。所有样品中都检测到了蜂蜜的存在，这些蜂蜜主要来自小叶椴树和蕨叶蚊子草或帚石楠的花。北梅恩斯的酒杯中和朗姆、泰塞德以及奥克尼群岛的大缸里也含有谷物花粉。没有关于检测到果实残留物的报道，但是因为果实上携带的花粉本来就比花朵里的花蜜要少，所以不能完全排除果实的存在。蕨叶蚊子草的花粉可能直接来自植物本身，而不是蜂蜜。早在16世纪，草药学家和植物学家就描述了如何将蕨叶蚊子草或"medewurte"（德语名字，翻译过来的意思是"一种用于蜂蜜酒的良草或根茎"）的叶子和花添加到葡萄酒、啤酒和蜜酒中，赋予这种草药独特的风味和香气。据报道，泰塞德大缸里的残留物还含有天仙子和颠茄的花粉，这两种植物都具有致幻作用，但需要后续研究证实这一发现。

尽管一些花粉证据有待解释，但我们有理由认为这些杯子和大缸原本装的就是酒——蜂蜜酒、甜艾尔酒或者添加了草药的更复杂的"北欧浑酒"。阿什格罗夫墓地酒杯中的蜂蜜显然经过稀释，蜂蜜酒了出来，溅在墓主男子上半身盖的苔藓和树叶上。当蜂蜜被稀释时，其中的天然酵母就会被激活，很容易发酵出蜂蜜酒。根据这一假设以及朗姆岛的证据，威廉·格兰特父子公司［William Grant and Sons，拥有斯佩塞（Speyside）地区格兰菲迪（Glenfiddich）蒸馏酒厂，地处当今生产苏格兰威士忌的核心地带］制作了一种帚石楠蜂蜜酒。这款酒只复刻过一次，酒精含量为8%，品尝过的人都说"相当好喝"。

受到北梅恩斯遗址残留物的启发，酿酒爱好者格雷厄姆·迪内利（Graham Dineley）和他的妻子梅林（Merryn）复刻了另一种酒。他们的"斯特拉萨兰酒"是用大麦芽制作的，添加了蕨叶蚊子草增香。他们在实验中使用了掺和粪便烧成的陶器，使这款酒多了一丝辛辣的味道，有些尝过的人表示很喜欢。

要确定这些酒的具体原料和比例，还需要进行更多的化学和植物学研究。那时候北方人可能已经有了从谷物、水果以及蜂蜜中发酵糖的方法。在考古发掘中发现的云莓和越橘也很可能是酒的原料，直到今天它们还可以做成香甜的利口酒。

更烈的酒？

要说新石器时代的欧洲人喜欢致幻剂，现在还顶多是个假设，急需板上钉钉的实质性证据。英国考古学家安德鲁·谢拉特（Andrew Sherratt）和理查德·拉奇利（Richard Rudgley）说过，北欧浑酒通常会掺入罂粟籽荚乳液中的鸦片，大麻植物中的大麻，天仙子和要命的颠茄。这种假说很吸人眼球，因为比大型圈阵遗址更早的时候，就有巨石通道和多墓室的墓葬，它们以石柱和大凹坑为中心，在上面雕刻着引起内视现象的形状和图案，如螺旋、方格和嵌套的几何图形，人在看到这些图案的时候容易产生幻觉。大卫·路易斯-威廉姆斯（David Lewis-Williams）等人将新石器时代的墓葬艺术品解释为对旧石器时代史前洞穴神秘绘画的复刻，在这些洞穴里可能发生过一些奇奇怪怪的仪式（见第一章）。在威尔士安格尔西岛（Anglesey）的巴克洛迪亚德·伊·高瑞斯（Barclodiad y Gawres）墓葬遗址，中央墓室里有一种奇怪的混合物，其中包含了一只青蛙、两种蟾蜍、一条蛇、一条鱼、一只鼩鼱和一只兔子的遗骸，这些遗骸被倾倒在火堆上，有人刻意用石头、土和贝壳覆盖在上面。这难道是新石器时代的一种魔酒吗？就像莎士比亚的《麦克白》（Macbeth）中女巫们在大锅里搅拌的魔药，里面有蝾螈的眼睛、蜂蛇的舌头和其他的珍馐百味。

我们不能轻易地否定这个假设，因为我们已经看到在公元前 2000 年前后的土库曼斯坦，鸦片和大麻可能被用于制备一种特殊的仪式用酒，而这种酒的历史相当久远。早期的巴登饮酒文化一直与欧亚草原的西部保持联系，很可能将这些药物的妙用（和风险）带入欧洲。从后来的文献记录中我们还知道，埃及、希腊和罗马早就已经用鸦片缓解疼痛。

从新石器时代开始，整个欧洲中部和南部的遗址中都普遍发现了罂粟籽。到了铁器时代，罂粟籽已经出现在英国和波兰。尽管罂粟籽本身没有致幻作用，而是一种易燃的油料和调料，但它暗示了罂粟籽荚的存在，籽荚可以用来提取药物，只不过罂粟籽荚很容易降解消失。位于西班牙南部格拉纳达的蝙蝠洞（Cueva de los Murciélagos），年代约为公元前4200 年，在其中发现细茎针茅编制的袋子，里面装着完整的罂粟籽荚，让人想起了缝在楼兰干尸裹尸布上的麻黄（见第四章）。

从新石器时代开始，整个欧洲的遗址都发现过大麻属的种子。大麻的植株部分产出的纤维有多种用途，种子还能榨油；欧洲人也可能很容易地学会如何用富含致幻碱的叶子或花泡酒。同样，所谓的支架、多足火盆和遍布欧洲大陆遗址的"烟管"也是抽大麻烟的方便工具，或者用来直接吸入药物，就跟古代斯基泰人在帐篷里所做的那样（见第四章）。在这种文物中发现了烧过的大麻种子，可能是燃烧叶子和花儿后留下的残渣。如果欧洲人早就接受大麻这种药物，那么很久之后接受啤酒花作为啤酒的重要添加剂也算是水到渠成的事情，毕竟啤酒花也是大麻属的。

然而，要证明以前人喝过这种致幻药酒，还是缺少直接的证据。巴塞罗那大学的研究人员通过应用各种技术——植物考古学、化学和植硅体（植物中具有特征性的硅酸盐结晶，可通过显微镜鉴别）——已经取得了一些突破，他们确定了大麦和小麦啤酒中添加了北艾，有的还加入蜂蜜或橡子粉。各种酒具中都发现了这些残留物，包括容量有 80～120 升的大缸、罐子和像小酒盅这样的饮酒器。这些酒具出自巴塞罗那周围的几个遗址［堪萨杜尼（Can Sadurní）、海诺（Genó）、骷髅洞（Cova del Calvari）和娄马特赫里亚（Loma de la Tejería）等洞穴遗址］以及西班牙中部［安布罗纳谷（Valle de Ambrona）和南高原（La Meseta Sur）］，年代跨越公元前 5000 年前后至公元初。

巴塞罗那的研究人员何塞·路易斯·玛雅（Jose Luis Maya）、胡安·卡洛斯·马塔马拉（Joan Carles Matamala）和乔迪·胡安−特雷塞拉斯（Jordi Juan-Tresserras）在西班牙生力啤酒厂（San Miguel）的帮助下，复刻了 5100 年前的海诺酒。他们使用的小麦产自西班牙北部阿斯图里亚斯的最后一块小麦田，用比利牛斯的纯净泉水发酵小麦和大麦，容器使用的是手工制造的陶器，与带有残留物的古代罐子一模一样，用天然的迷迭香、百里香和薄荷增强风味并充当防腐剂。酿出来的第一批酒厚重、色深，几乎呈糊状，酒精含量达 8%，很快就被喝完了，完全没有变质的机会——那可是整整 400 瓶酒。后来 2004 年在巴塞罗那举办的首届国际史前和古代啤酒大会上，他们又采用不那么严苛的方法制作了一批酒。大会的闭幕仪式像酒神节一样声势浩大，我有幸品尝到这款酒；不幸的是，酒稍微有点变质，完全没有新鲜的口感。

如果说刚才提到的致幻酒的确凿证据还明显不足，那么两位爱尔兰考古学家比利·奎因（Billy Quinn）和德克兰·摩尔（Declan Moore）最近的设想就更是脑洞大开了。他们认为散布在爱尔兰各地的数千个奇特的马蹄形遗迹（盖尔语 fulacht fiadh，直译表示"野坑"）是用来酿造爱尔兰最早的啤酒的。他们设想，从新石器时代一直到大约公元前 500 年，"野坑"中心的长槽填满了麦芽和水，然后用烧得发红的石头加热或研磨这个混合物，将淀粉分解成糖。然而并不凑巧，这些遗址上发现的谷物很少，而且没有鉴定出麦芽或捣碎的麦子，反而更常见的是动物骨头，一些考古学家认为这是用这些烧红的石头煮肉的迹象（可能是早期的腌牛肉？）。

在巴塞罗那拉姆布拉大道（Rambla boulevard）的一家酒吧里，奎因和摩尔正向我解释他们的这些想法，我们当时都在参加啤酒大会，有天早上，他们还在从前一天晚上的宿醉中慢慢恢复，突然想到了这些。如果在新石器时代可以用热石头烹饪其他食物，为什么不能用同样的方式酿造啤酒呢？这种传统在现代世界中仍然存在，奥地利和巴伐利亚［在马克托贝道夫（Marktoberdorf）］的小型酿酒厂还在用热石头酿造啤酒，就叫石头啤酒（Steinbier）。新大陆也有自己的啤酒，在 1998 年之前，巴尔的摩的硫黄酿酒公司（Brimstone Brewing）有自己的特制石头啤酒，酒厂用叉车将加热的火成岩放入麦芽汁中，瞬间腾出壮观的蒸汽云。就这样石头在麦芽汁煮沸器中静置了二十分钟后取出，并放在冷冻库中；在二次发酵时再次加入石头，给啤酒带来一股焦糖的余味。遗憾的是，后来酒厂被出售，新厂长决定放弃这种耗费劳力的酿酒方法；还好，田纳西州和阿肯色州的博斯克斯（Boscos）酒吧酿制的火焰石啤酒（Flaming Stone Beer）让这种传统在美国保持下去。

尽管在野坑中并没有发现使用过的谷物，但奎因和摩尔并没有因此而放弃，仍然认为这个遗迹可以证实他们的想法。他们准备了一个与古代设施尺寸大致相同的木槽，将其装满水和大麦，然后把加热的石头扔进去，直到出现甜味的麦芽汁。一捧谁也不认识的草药漂浮在液体上，作为啤酒花的替代品。随后他们将液体转移到塑料瓶中并加入酵母，在三天内就得到了一种"新石器时代"酒。虽然与吉尼斯（Guinness）啤酒相去甚远，但志愿者们一致认为它的味道像传统的爱尔兰淡啤酒。

考古学家一直认为，新石器时代的英国并未参与到欧洲大陆的谷物生产革命中，正是因为谷物革命才出现了规模更大和永久性的聚落。史前的英国人似乎满足于继续他们的游牧生活方式，只是时不时地建造一个巨石墓或巨石阵。在有了航空照片后，考古学家不得不重新审视这个观点。从苏格兰东海岸的阿伯丁（Aberdeen）往内陆出发，在距离阿什格罗夫和北梅恩斯酒具出土地点约 150 千米，有个叫巴尔布里迪（Balbridie）的地方，这个地方首先是在航空照片上发现的，后来发掘出一座大型建筑。这座巴尔布里迪木制建筑的年代为公元前 3900 年至前 3500 年，内部划分多个隔间，出土了大量的大麦、二粒小麦和面包小麦以及亚麻籽。

在过去的十年里，英格兰［在德比郡的利斯莫尔菲尔兹（Lismore Fields）和肯特的白马石（White Horse Stone）］、苏格兰［在珀斯郡的卡兰德（Callander）］和爱尔兰［在利默里克（Limberick）的坦卡德斯敦（Tankardstown）］都发现了许多这样的新石器时代"粮仓"。有的建筑中包括火塘和开阔的地面空间，它们可能是酿造啤酒的催芽设施和储藏室。对于这些建筑的功能——从巫术崇拜设施到简单的住宅区，各种理论五花八门——还没有最终的定论。

糖在哪里？

与南方的邻居们比，北欧人获取单糖的选择就少得多。最容易想到的蜂蜜，需要在秋天的时候从野外的森林里采集。在西班牙东部发现了精彩的中石器时代和新石器时代岩画，其中描绘了蜂蜜猎人为了获取这种珍贵物品，攀爬近乎垂直的悬崖峭壁。

德国北部的格里斯泰德（Gristede）曾经发现过一个原木蜂巢，更加靠近奥尔登堡（Oldenburg）的泥炭沼泽里也发现过两个山毛榉树的蜂巢，这些蜂巢的年代为公元1世纪，由此可以看出在欧洲，养蜂可能直到相对较晚的时候才出现。在波兰的奥得河（Oder River）中也发现了一个树干蜂巢，年代大约同时。然而，人们很可能在新石器时代早期就已经开始使用一种编织的篮子作为养蜂筐，上面有一个口子用于蜜蜂进出，这在西欧森林覆盖较少的地区尤为常见。在瑞士新石器时代的湖泊遗址中，已经发现过类似的保存较好的篮子，西班牙和德国西南部的遗址中也有发现。

源自近东地区的各种谷物可以催芽，将其中的淀粉转化为糖。苹果、樱桃、越橘、蔓越莓以及生长更靠北的云莓等，都是额外的糖分来源，尽管它们的含糖量有限。苹果还有一个优点，它的果皮上有酵母，可以开启发酵。

在瑞典南部新石器时代遗址的陶片上，发现了被烧焦的野葡萄的印痕，这就说明野葡萄是在当地生长并被收获的，这时候处于公元前2000年前后一个比较暖和的时期。在丹麦的一个遗址中，发现了大约同时期的葡萄花粉，更令人想不到的是，在英格兰南部多塞特郡一个有圩堤的封闭遗址中，还发现了一粒驯化葡萄的种子，但它很可能是从别的地方混进来的。尽管北欧的浑酒里可能时不时地混进一些野生葡萄，但是迄今为止，尚未在北欧的早期陶器中发现葡萄的残留物或花粉。

饮酒狂欢，起舞作乐

尽管北欧缺乏糖，但是从新石器时代往后的 1000 多年里，北欧人对酒的渴望不断膨胀。最确凿的青铜时代北欧酒出自一名 18~20 岁女性的墓葬，在公元前 1500~前 1300 年的某个时间，她被放进一个橡木棺材，安葬在丹麦艾特韦（Egtved）的墓冢里。墓葬地处日德兰半岛中部，一层富含铁的黏土层封住了整座墓，因此有机质的材料都得以保存，包括女孩的衣服、裹尸的牛皮，还有一块布，里面装有一个被焚烧过的儿童遗骸。对于研究发酵酒的历史学家来说，最令人感兴趣的是棺材里放在这位年轻女性脚下的桦树皮容器（图 14）——现在展览在位于哥本哈根的丹麦国家博物馆中。植物学家（而不是那个有名的传教士）比利·格兰姆（Bille Gram）检测了容器里的残留物，发现了越橘和蔓越莓、小麦粒、香杨梅的丝状物及来自椴树、蕨叶蚊子草和白三叶草的花粉。他得出的结论是，艾特韦的这位年轻女性显然属于上层阶级，并且陪葬了一种特制的混合发酵酒——包含了蜂蜜酒、啤酒和水果。香杨梅（也被称为甜梅或 pors）

可能赋予这种酒一种特殊的风味；它仍然是斯堪的纳维亚烈酒阿夸维特的常用添加剂。

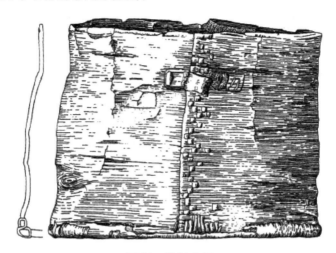

图 14　桦树皮桶

说明：高 13cm，里面装着北欧浑酒——一种混合了蜂蜜酒、大麦啤酒、发酵越橘、蔓越莓的酒，放在橡木棺材里一位"舞女"的脚下。

艾特韦女孩穿着性感的短款上衣和开衩裙，一缕绳子垂在胯上。她腰间的羊毛腰带格外凸显身线，腰带扣是一个大青铜牌，上面是一个交错的螺旋，众所周知是个容易让人产生内视现象的图案。她还戴着扁宽的青铜手镯、青铜手链和戒指。丹麦其他地方的遗址出土过一些青雕像，穿着打扮类似，有的手放臀部呈跳舞的姿态，有的背部后弯像耍杂技，有的展示双乳，有的递碗似献酒。在欧洲，酒后跳舞似乎和在亚洲一样喜闻乐见。斯堪的纳维亚的石雕也有穿着单薄或裸体舞者的形象，他们中间也有螺旋的图案，人物有的后空翻，有的列队群舞，简直是古代版的吉格舞。艾特韦女孩可能并非上层贵族，她很可能是一个有名的舞女，生前曾给他人递酒，自己也饮酒以激发跳舞的灵感，死后则与酒同葬。

　　在同时期的不远处，日德兰岛的莫斯岛（Mors）南多普（Nandrup）及西兰岛（Zealand）的布赖宁厄（Bregninge），男性勇士墓葬有封土。苏格兰阿什格罗夫的男子墓中随葬精美的青铜匕首，匕首的握把是角制的，握把的顶上还镶着鲸牙。这些丹麦男性墓也一样，随葬了制作精良的长剑和青铜匕首。在每个丹麦墓葬里都有一个罐子放置在墓主的身旁或脚边。罐子里有黑色的残留物，其中包含大量的椴树花粉，还有三叶草和蕨叶蚊子草的花粉，说明里面装着一种香味复杂的浓稠蜂蜜酒。我的实验室最近使用气相色谱–质谱法证实了这个发现：典型的蜂蜡烃类和酸类化合物代表着蜂蜜的存在。南多普的罐子曾经至少装过半罐液体，因为贴着罐边可以看到一层硬壳，或者叫液位线——液体蒸发后留在液体表面的固体物质，这条线就在容器的正中间靠上的地方。我们从这些墓葬和许多类似的墓葬中的发现可以得出结论，青铜时代的欧洲男性能够捍卫自己的利益，人人都能喝上酒。

　　如果古典时期的作家值得信任，最晚到铁器时代，大碗喝酒已经成为欧洲阿尔卑斯山以北地区的常态。例如，公元前1世纪早期的历史学家狄奥多罗斯·锡库卢斯（Diodorus Siculus）写道，高卢人（泛指居住在欧洲的凯尔特人）喝的啤酒是"蜂巢的刷锅水，可能是蜜酒"，他们还进口葡萄酒［《历史图书馆》（Library of History）5.26.2–3］。据说高卢人在公元前390年焚烧罗马城，他们在醉酒昏睡时遭到突袭，从而被逐出罗马城。稍有教养的罗马人都会厌恶凯尔特人的酒；只有野蛮人和山民才喝那种酒，他们就那么干喝，也不稀释，用吸管，或者干脆用他们的胡子直接当过滤器（5.28.3）。尤其是啤酒，在公元前1世纪晚期，被哈利卡纳苏斯的狄奥尼索斯（13.11.1）指名道姓地说凯尔特人的啤酒臭得要死，那就是大麦在水里烂掉的结果。即使这是真的，谁能怪罪那些酿酒的人呢？毕竟他们的糖源有限，我们也不应对他们的顾客过分挑剔，毕竟他们还得艰难度过一个阴暗寒冷的冬天。北方人会抓住一切机会酿造并享用混合发酵酒：就这么说吧，酒越多越好。

沉入沼泽

除了墓葬，盛发酵酒的容器也会出现在别的地方。欧洲大陆的北部平原和毗邻的丹麦岛屿上布满沼泽，这些地方原本是湖泊或河流，逐渐长满苔藓和其他沼泽植物，随着时间的推移，这些植物就变成了泥炭。泥炭是很好的燃料来源，特别是在第二次世界大战期间被大量开采。就在挖泥炭的时候，人们发现了很多新石器时代的文物。有人开玩笑说，泥炭的三分之一是可燃物，三分之一是灰烬，另外三分之一是文物。当地的博物馆鼓励采挖泥炭的人将文物上交，有时会给予一些微薄的报酬，其中藏品数量最大、覆盖面最全的当数位于哥本哈根的丹麦国家博物馆。从沼泽中发现了许多新石器时代的漏斗状酒杯，可能装过北欧浑酒，同出的还有斧头、武器、船只以及动物和人骨遗存。由于沼泽微生物消耗了所有可用的氧气，埋在泥炭沼泽中的有机质通常保存得很好。许多罐子的内部都有残留物，但都没做过分析。

为解释文物最终如何沉入沼泽，考古学家提出，家庭或部落可能在天然地标上——在这里当然就是开放的水体——进行祭祀，他们相信这些地方充满了神圣的力量。一块奇形怪状的巨石或一棵古老的、扭曲的橡树也可能成为宗教崇拜或想象的对象。我们认为非洲、太平洋和美洲某些地区的现代社会与早期北欧人处于大致相同的文化水平，通过对它们的比较研究我们可以推测，祭祀是为了安抚恶灵或获得善意鬼神的支持——它们也许是居住在附近的祖先的幽灵——以此来确保族群的安宁。人类的生活危机四伏，他们相信通过仪式向鬼神献祭食物和酒能防止意外灾祸，治愈疾病，帮助女性分娩，让大地充满生机。

要说沼泽中的所有文物都是古代沟通鬼神的魔法或祭祀仪式留下的证据，这一点不得不令人生疑。比如，一个在船上的尸体可能来自一场意外，也可能是葬礼的刻意为之，就像几个世纪之后维京人的船葬。还有一个人被发现脖子上套着绳子，他可能是人牲，但也可能是由于某种犯罪被处以死刑。然而，还是很难解释为什么会有如此多的罐子集中在一起，尤其是在那些已经朽烂或被故意沉入水中的木台子上，除非是某种特殊的仪式需要用到北欧的浑酒。在柏林附近的利希特费尔德（Lichterfelde），发现了近 100 个陶杯，被草和石头层层包裹，对残留物进行花粉分析发现，它们很可能装过蜂蜜和大麦啤酒的混合物，但是发掘者将结果解释为"献花"。

到了公元前一千纪晚期的时候，沉在沼泽里的酒具要比柏林-利希特费尔德地区在公元前 1000 年前后出土的花哨多了。在丹麦芬恩（Funen）岛的马利思敏德（Mariesminde Mose）沼泽，发现了 1 个大青铜桶和 11 个金杯。这些杯子的把手末端装饰着马头，每个酒具都装饰着让人眼花缭乱的同心圆和几何图案，这些是凯尔特新兴的艺术手法。在桶或杯子中并未发现古代残留物，所以我们无法确定它们装过什么酒。然而沼泽地已经出土过许多这样的桶，其中大部分是从希腊或罗马进口的酒坛或大酒缸。你或许可以想象一两个酒具被扔进小溪或湖泊，或者是不小心掉进去的。然而，这些由贵金属制成的大型贵重容器，有的甚至是整套的酒具就这么扔在里面，很难相信是个单纯的意外，这些发现需要一个更有说服力的解释。

当然可以把它们解释成祭司的贡品。蜂蜜酒一下子就让人联想到奥丁（Odin），他是北欧神话的至高神。传说他在一次辗转迁回的旅途中发现了蜂蜜酒。众神和被称为范斯（Vans）的族人一起向一个大罐子吐口水，创造出一个特别智慧的生命叫卡瓦希尔（Kvasir），后来他们的学徒被两个矮人杀害，然后将这个学徒的血液引流到装有蜂蜜的三个巨大容器中，结果变成了一种混合酒，谁喝了就能获得智慧和作诗的能力。北欧故事中血液与蜜酒的交融让人想起许多古代近东、埃及和希腊的神话，它们都将酒与血液联系到一起，古代美洲著名的巧克力饮料也被赋予了类似的含义（见第七章）。

在北欧神话故事中，经过各种阴谋设计，这种由血、口水和蜂蜜酒制成的饮料落入了巨人族的手中，众神最终又通过诡诈的方式将其收回。奥丁以普通种田人的身份混入了巨人族，请求只用给他喝一口这种特殊蜜酒当作报酬。当他发现这一招不管用时，他变成一条蛇溜进了存放这些酒罐的洞穴。他说服了巨人的一个女儿，只要他和她共度一个夜晚，她就要分给奥丁一点酒。最后他把三个大罐子里的酒都喝干了，然后变成一只鹰飞回了英灵殿（Valhalla），把酒吐到了准备好的罐子里。还有一个日耳曼神话说在"世界树"旁边有一口蜜酒井，这棵树连接着天堂和人间。奥丁跳入井中疯狂饮酒，最后淹死在里面，只为在濒死的瞬间获得智慧。

在现实世界中，沼泽里的陶罐可能属于当时社会的上层贵族，这种上层地位可能是社会的、宗教的或者是政治地位。在许多文化中，饮酒是一种对他人彰显权威的手段，那些喝起酒来最浮夸最浪费、能举办最大规模的酒席和宴会的人能获得最大的尊重。在美国西北部，这种重新分配酒、食物和其他礼物的宴席被称为"散财宴"（potlatch）；在人类学文献和现代美国人的称呼中，叫炫耀性消费。刚果的阿赞德人（Azande）有一句谚语："一个酋长必须会喝酒；他必须经常喝醉，喝到酩酊大醉。"公共仪式和宗教节日本来就是要引起人们对领导者财富的关注，他们要以慷慨的回馈换取普通民众的好感。在北欧，一场隆重的仪式或奢华的酒席散场之时，首领最后很可能是要把装满北欧浑酒的珍贵酒器献给水域和沼泽的神灵，是它们赐予了生命。我们也可以想象，在宴席或庆祝活动失控时，有些器皿就那么被扔进了深水里。

真正的豪饮

在欧洲最北部那些还能住人的地方——希腊人称作"靠近图勒的地方"（Proxima Thule），首领们希望能通过从阿尔卑斯山南侧进口酒具，提高他们在庶民和众神中的威望。古代工匠的看家本事都用在制作这些最精美的酒具上面，它们装点着现代博物馆的展览大厅。与希腊宴会或罗马酒会的主人一样，北方的这些首领在凸显自己这方面毫不逊色，他们喝的都是一种更为独特且更浓烈的北欧浑酒，比一般的酒用的蜂蜜更珍贵，或混合了进口葡萄酒。凯尔特首领们互相比赛，看谁能购买到最好的食物和酒，在自己的宴会和仪式上使用。这种比赛如此激烈，纳瓦罗（J. M. de Navarro）① 甚至说是"凯尔特人的酒瘾造就了凯尔特艺术"。

起初，野蛮的北方和文雅的南方在饮酒文化上是天差地别的。肉眼可见的财富和威望的象征就是精美的酒具和容器，它们从南向北流动的速度很快。而从浑酒转向葡萄酒，尤其是用水稀释的葡萄酒，代表着更加克制的饮酒方式，这个过程就慢得多，接纳新的信仰和习俗就更慢了。几个世纪以来葡萄酒贸易对北欧的渗透可以通过估算运往高卢的双耳瓶来追踪，其中装载的葡萄酒主要供本土消费。沿着利古里亚（Liguria）和法国里维埃拉海岸，已经发现了 50 多艘满载罗马葡萄酒的沉船。据法国葡萄酒历史学家和考古学家安

---

① 20 世纪初剑桥大学三一学院的考古学家。——译者注

德烈·切尔尼亚（André Tchernia）所说，单是铁器时代末期的一个世纪里，高卢就进口了多达 4000 万个双耳瓶，公元前 58 年随着朱利叶斯·恺撒（Julius Caesar）征服高卢，进口双耳瓶的数量在当年达到顶峰后戛然而止。按每瓶 25 升计算，每年就有 1000 万升。加上本地产的蜂蜜酒、大麦和小麦啤酒以及发酵果酒，即便有一定比例的库存被投入了沼泽地，每个"野蛮人"看起来都不缺酒。

葡萄酒渗透欧洲内陆地区花了几个世纪的时间。从马赛到图卢兹的法国南部地区，遗址上散布着成千上万罗马和伊特鲁里亚的双耳罐碎片，最早的能追溯到公元前 6 世纪。据说以前那里有钱的上层贵族会用一名奴隶来交换一罐酒。相比之下，在欧洲更靠北的地方——在所谓的西部哈尔斯塔特区（Western Hallstatt Zone），即德国、瑞士和法国交会的地区——双耳罐的遗存并不多见，传统蜂蜜酒、啤酒和北欧浑酒显然仍是主流。位于斯图加特附近的霍赫多夫（Hochdorf）有一个陪葬品丰富的墓葬，凸显了南北方生活方式的差异。

霍赫多夫墓的年代约为公元前 525 年，墓室由双层木墙构成，中间填充有石头，顶部覆盖四层木头，封土高达 10 米。在欧洲和亚洲的多数时期，用封土标记和保护墓葬非常普遍。然而，墓室的双层建造方法，与迈达斯墓十分相似。1977 年霍赫多夫墓被打开，墓主和他的陪葬品重见天日，考古学家惊讶地发现，巴伐利亚巴登-符腾堡地区的这个墓穴与安纳托利亚中部弗里吉亚人都城里的墓穴竟然如此相似。

在霍赫多夫墓中，一名 40 岁的男性平躺在一张青铜长榻上，榻上装饰着舞剑的场景和一辆马车。一个真实的四轮马车就停在对面，上面摆放着为九人准备的青铜餐具，可能是他生前的亲密伙伴。墓室的地板上铺着地毯，墙壁上挂着精美的纺织品。尖顶的桦皮帽和尖头的皮鞋，鞋面上有金饰的图案，这些都与早期的弗里吉亚风格相似。然而，这两个墓穴最明显的相似之处还是酒具。一个容量为 500 升的大缸放在死者的脚边。这缸是希腊本土的设计风格，有三个厚重的环形把手和三只匍匐的狮子附着在肩部。缸内的液面线显示，它被放入墓穴的时候里面装了四分之三的液体。根据伍德巴德（Udelgard Körber-Grohne）对黑色残留物的孢粉学分析，这个大缸里的 350 升液体主要是蜂蜜酒，也可能全部都是。这种蜂蜜包含了 60 种不同植物的花粉，从野生百里香到农田和牧场的植物，还包括像椴树和柳树等树木。缸里还有一个金碗，边缘有一圈铆钉一样的图案。墓室的南墙上挂着八个号角杯，杯身有错金银的青铜装饰，外加一个铁质号角形杯，长度超过 1 米，容量为 5.5 升。这些文物，以及大缸内的残留物都毋庸置疑地表明，这里曾为逝者举行一场大型葬礼丧宴，而饮酒在这个过程中扮演了重要角色。

在公元前 6 世纪和公元前 5 世纪，中欧地区非常流行巨大的酒缸。在勃艮第一个叫维（Vix）的地方，发现了迄今为止最大的希腊混酒器，它高 1.6 米，容量达 1200 升，就放在一个凯尔特女性墓葬里，它的年代大约跟霍赫多夫墓同时期。我有幸近距离观察过这件令人震惊的文物，它有着巨大的卷曲形把手，把手下方有勇猛的狮子形象，口沿周围装饰着勇士和战车游行的画面。这位女士也和霍赫多夫墓的墓主一样，有一辆自己的四轮马车。她身上还戴着一个大到离谱的金项链，项链的两端装饰着复杂的金丝网和两匹小飞马。

欧洲最大的封土堆位于斯图加特南部的霍米歇尔（Ho-hmichele），靠近洪尼堡（Heuneburg）山顶的城堡，可以俯瞰多瑙河。在由橡木构建的主墓室内埋葬着一男一女，陪葬品有珠宝和武器，还有一个青铜大缸放置在一辆马车上。在缸里发现了用于舀酒的青铜勺——据孢粉分析，酒里有蜂蜜。

在法兰克福东北部的格劳贝格（Glauberg）也发现了一个封土堆，下面埋了两个墓葬，它们的年代比霍米歇尔的墓葬大概晚 100 年，展示了不同身份的男性在死后如何被区别对待。第一个男性墓室是木构建筑，他躺在里面，浑身戴着精美的金饰，手持一支长柄铁剑。一个半米高、容量 4 升的青铜罐格外引人注目，它用布裹着，外围还缠着一圈蓝色的缎带。从容器内的大量残留物中取出的花粉再次表明，在下葬时，罐子里装满了蜂蜜酒。第二个男性是火葬墓，葬具简陋。他没有戴任何金首饰，除了他的武器外，唯一的陪葬品就是一个罐子，比第一个墓里的大两倍不止。然而，这罐子里装的蜂蜜很少，说明是一种混合酒，价格比纯蜂蜜酒便宜，可能符合他明显较低的社会地位。

公元前 6 世纪的西哈尔斯塔特，公元前 5 世纪早期欧洲中部的拉坦诺地区（La Tène），都出土了很多大酒缸，它们展示出一个文化是如何接纳和适应另一个社会的特有事物。那时候葡萄酒在欧洲中部仍然是稀缺品，这些大酒缸的用法也并不像南方地区那样把葡萄酒和水混在里面。虽然这些酒器是由希腊和伊特鲁里亚的工匠制造的，而且是专门为北方的出口市场定制的最大尺寸，但是它们非常适合在节日和宴会上制备和盛放北欧浑酒。它们看上去就让人很有面子，因此成为首领和贵族最中意的陪葬品。

孢粉分析在发现谷物和水果方面有着天然的不足，所以我们无法确定霍赫多夫酒，还有那些出自苏格兰和丹麦的古酒，是否只用蜂蜜酿造。纯蜂蜜发酵出来的酒精度确实更高，而且可以通过添加花和草药增强风味。因此，在某些时期和北欧的特定地区（例如，中世纪维京人生活的斯堪的纳维亚；见下文），蜂蜜酒可能比浑酒的等级更高。

就算霍赫多夫的酒是纯蜂蜜酒，我们也知道有一些当地人在酿造和饮用大麦、小麦啤酒。在附近一个防御性聚落里有 8 条 6 米长的大沟，植物考古学家汉斯－彼得·斯蒂卡（Hans-Peter Stika）在里面发现了厚厚的黑麦芽层，上面还盖着木炭。（霍赫多夫墓中的贵族男性很可能是当地聚落的首领）斯蒂卡提出，这些沟是给大麦催芽的，然后在沟的一头点火烘干烤熟，得到一种烟熏味的麦芽。这种沟只在霍赫多夫发现，显然是为大规模生产而设计的，一次可能生产1000 升啤酒。未发现酿酒用的发酵缸，他认为当时用的是木质容器，往里扔烧红的石头加热（如同在爱尔兰马蹄坑里的酿酒方法），不过现在那些木头已经降解掉了。与麦芽相关的植物考古遗存还包括艾草和胡萝卜，可以给麦芽增香。麦芽中乳酸菌含量很高，说明酿出来的酒可能是酸的，就像比利时的红色或棕色艾尔。

为了测试制备和烘烤麦芽所需的温度和时间，斯图加特皇家酿酒厂（Stuttgarter Hofbräu）制作了一批实验性的"凯尔特啤酒"，这种啤酒在当地的一个复古节日上供应，受到了热烈好评。一看到那个古代酒厂我们就知道当时遗址上是有大麦和小麦啤酒的，而且很可能添加到了霍赫多夫酒里。或许这个富含蜂蜜的酒里还添加过果汁、草药或香料。

在丹麦南部日德兰的哈德斯列夫（Haderslev）地区的泥炭沼泽中发现了两个公元 1 世纪的号角杯，正是这个发现，让我们意识到要分析北欧浑酒的完整配料表有多么不容易。20 世纪上半叶约翰内斯·格鲁斯（Johannes Grüss）对这两个杯子进行过植物考古学分析，结果表明其中一个号角杯里主要是发芽的二粒小麦，另一个号角杯里主要是蜂蜜里的花粉，当然现在他的分析结果备受质疑。格鲁斯认为他的发现直接表明，一个号角杯里装的是小麦啤酒，另一个装的是蜂蜜酒。但是，为什么两个几乎相同的号角杯，发现的位置也如此接近，会装有完全不同的酒呢？更有可能的情况是，两个号角杯最初装的都是啤酒和蜂蜜酒的混合酒，由于在发现时对文物的清洗和修复工作，结果产生误差，格鲁斯的分析并不能完全反映酒杯内一开始装的东西。

对维京时代晚期（约公元 800 ～ 1100 年）器物——尤其要提到波罗的海哥特兰岛上墓葬内出土的大量青铜碗——内残留物的植物考古学分析表明，混合发酵酒在那个时候的斯堪的纳维亚依然很受欢迎。直到 17 世纪，瑞典皇家宫廷内仍在饮用蜂蜜酒、麦芽和果汁混合的慕斯卡（mølska）酒。

重新追踪维京人的踪迹

我对北欧浑酒和葡萄酒在北欧社会中的作用产生兴趣，源于三次旅居在瑞典和丹麦的经历。当时有一个斯堪的纳维亚的考古队正在约旦发掘一个青铜－铁器时代的遗址，我作为陶器专家，受邀研究发掘出的材料，当时这批材料已经被运回斯堪的纳维亚。我先是在乌普萨拉大学，后来到哥本哈根大学做访问教授，突然意识到这是学习北欧文化的绝好机会，尤其是关于北欧的发酵酒。在乌普萨拉和哥本哈根学习的间隙，我还作为富布赖特学者，1994 年春季在斯德哥尔摩大学考古研究实验室待了三个月时间。我有幸结识了许多学者、考古学家和科学家，他们的工作都或多或少与古代发酵酒这个令人着迷的领域有关。一次会议、一件文物、一项研究成果都足以体现我在那里的经历。

在一个周末，我和妻子乘船到哥特兰岛，从斯德哥尔摩出发需要四五个小时。我们在那里见到了当地的考古学家和哥特兰史学家艾瑞克·尼伦（Erik Nylén）。艾瑞克先是带我们看了我们要住的房间，那是一间中世纪时期的复原建筑，在首都维斯比（Visby）的老城墙上摇摇欲坠。随后他带着我们在岛上快速地转了一圈，整座岛大概有 65 千米长、30 千米宽。我们中途还停下来去参观维京战船的复制工作，这是由当地农民完成的，这艘船将来还要沿着维京人的冒险之旅，溯河而上到德国和波兰去，穿过欧洲中部的高山，一路到康斯坦丁堡（今天的伊斯坦布尔）。艾瑞克说，这趟旅程除了要耗费巨大的劳力，还有个关键问题，那就是每天都要准备好足够的酒，管它是啤酒还是什么酒，只要能让船员们开心。在当时那个年代，尤其是在一些东欧国家，卖酒的商店营业时间都很短，所以每天必须得早早出发买酒。我们一路上一边参观哥特兰的考古遗址，一边喝着当地的哥特兰酒（Gotlandsdryka），这是一种加了柏树提取物的增香大麦啤酒，今天在哥特兰南边，人们依然会在吃饭时喝这种酒。酿酒的时候通常还会加入本地就能获取的糖，例如蜂蜜。

第二天我们在博物馆待了一天，仔细检查古代的残留物样品，看哪些可以做分析工作。我们最终选中了一种黑色的残留物，就藏在一个长柄漏勺的勺眼儿里。这个漏勺是有一整套好的，包括一个进口的罗马桶（stitula），一个长柄勺，几个"盏"或酒杯，年代为公元1世纪前后。它们都是由艾瑞克在一个窖藏坑里发掘出来的，这个坑就在岛的南边一个叫哈沃（Havor）的聚落，藏在地板下面。窖藏里面还发掘出了一个镶嵌金丝和金珠的项链、两个青铜铃铛。

回到斯德哥尔摩，我来到科技考古实验室，准备分析哈沃漏勺里的黑色残留物。这个实验室外号"绿别墅"，就在校园的中心位置，主任叫比吉特·阿雷尼乌斯（Birgit Arrhenius）。帮忙的有一位博士研究生，叫斯文·伊萨克森（Sven Isaksson），那时候他刚发表了博士学位论文，题目叫《中世纪早期的食物与等级》（Food and Rank in Early Medieval Times）。斯文利用气相色谱分离出脂质，发现残留物中包括脂肪酸和类似蜂蜡降解的产物。

我把一小部分哈沃漏勺里的残留物带回我在费城的实验

室做进一步分析。通过红外光谱发现，残留物的特征与现代的蜂蜡一致，而且还发现了疑似酒石酸和酒石酸盐，它们是葡萄和葡萄酒的标志化合物。最新的气相色谱-质谱联用分析用到了更加灵敏的仪器，结果显示残留物的主要成分中还有桦树的树脂（三萜类物质羽扇豆醇和白桦脂醇，以及特殊的长链二羧酸）。

我们在年代更早的酒器里也发现过桦树树脂，比如公元前 800 年前后出自丹麦柯斯滕（Kostræde）遗址的漏勺（样品里的蜂蜡也说明了里面有蜂蜜酒）。最晚在新石器时代人们就已经开始利用桦树树脂，用法也多种多样，比如用树脂将武器和柄黏在一起，还可以做密封剂。在瑞士的湖泊遗址和芬兰的一个遗址上，我们还发现了整块的树脂上有人的牙印，说明当时的人拿它当口香糖嚼。桦树树脂中有一些镇痛杀菌的有效成分，嚼它可能是为了缓解疼痛，或者防止蛀牙。桦树的木头里还有一种糖醇类化合物——木糖醇，芬兰人今天还在嚼用它做的口香糖，既有甜味，又能防止龋齿。在意大利阿尔卑斯山上发现的著名冰冻木乃伊，大家都亲切地称之为"冰人奥茨"，他随身携带了一件制作精良的铜斧，用的就是桦树树脂，把它黏在紫杉木做的把上。奥茨还随身带着白桦茸（也叫桦褐孔菌），它有抗菌作用，这些到处游走的山民可能用它来治疗疮口。

虽然桦树树脂不如枫浆那么甜，但它春天的时候流得到处都是，而且人们很可能早就认识到它的药用价值，尝起来也不错，说不定还能用来酿酒。今天俄罗斯的大众饮品格瓦斯（kvass），延续的就是这种欧洲的古老传统，里面有发酵的燕麦、小麦或大麦面包，浸在水里发酵的话能产生微弱的酒精（1%~1.5%），有时候还会往酒里放桦树糖浆和各种水果。

我们最终的分析结果说明哈沃酒桶里盛的是一种北欧浑酒，里面用到的主要水果原料是葡萄。酒被舀出来之后，通过漏勺过滤出残存的植物物质和虫子，然后再倒到杯子里喝。我从瑞典还带回来别的样品，比如上面提到的，哥特兰岛上墓葬出土的维京时代的青铜碗，后来也都检测出相似的证据，瑞典历史博物馆的古斯塔夫·托齐格（Gustaf Trotzig）对这些碗也做过详细的研究。一些镀锡的宗教礼拜用具和带凸起横纹的罐子是从德国中部莱茵河左岸地区带过来的，我们分析里面的古代有机质发现，葡萄酒一直是北欧重要的进口商品。这些器物最终的发现地点在斯德哥尔摩南边的入海口附近，也就是公元 9 世纪出现的所谓"瑞典第一城"博卡（Birka）。

葡萄酒在瑞典的其他地方也渐渐变得越来越重要，即便那时候仅仅是拿它来兑蜂蜜酒或啤酒，勾兑出传统的北欧浑酒。尤林格（Juellinge）位于波罗的海，丹麦的洛兰岛（Lolland）上，尤林格正印证了这个趋势，这种趋势从罗马时代开始，逐渐扩展至整个丹麦、瑞典南部［斯堪的亚（Scandia）］、哥特兰岛，以及挪威和芬兰的部分地区。在尤林格发现的墓葬陪葬品丰富，其中包括像哈沃那样的进口酒桶，还有号角杯、长柄勺、漏勺和银酒杯等，现在这些文物都在位于哥本哈根的丹麦国家博物馆展出。每个墓葬在墓主头顶一侧总是留有足够的空间来放置成套的酒具和其他物品。比利·格兰姆分析了尤林格出土器物的残留物，他认为这些器皿曾经装过大麦啤酒和某种果酒。他没有提到蜂蜜酒。但是，我们实验室在得到丹麦国家博物馆的许可后，从一个公元 2 世纪的酒桶中采集了黑色的残留物，分析后发现了典型的蜂蜡化合物，但是不确定这种浑酒里是否还加入了葡萄。

罗马的葡萄酒用具后来成了斯堪的纳维亚墓葬的固定陪葬品。比如在斯堪的亚的希姆瑞丝（Simris）发现的一座女性墓葬，她手中拿了一个葡萄酒滤勺，剩下的酒具摆在头部的位置，头朝北。这种葬式在欧洲早有先例，最早可追溯到公元前 1200 年中欧的骨灰瓮文化（Urnfield culture），那时候的墓葬里就流行陪葬青铜酒桶、带把杯和漏勺。有的时候大酒缸还会装上轮子，比如在斯堪的亚的于斯塔德（Ystad）、波希米亚（Bohemia）的米拉韦茨（Milavec）、丹麦西兰岛的斯卡勒鲁普（Skallerup）出土的那些酒缸。后来这片大陆引入的罗马酒具让随葬的传统升华，最终风靡近乎整个欧洲大陆。

迈达斯回魂

让我们把时钟再调回到公元前 6 世纪，霍赫多夫墓中还有些细节，无法跟迈达斯墓冢直接对应比较。比如霍赫多夫墓里的男性，浑身珠光宝气，还佩带凯尔特武士的武器，有带花纹的金臂钏、戴脖子上的金项链，金刀鞘里有一把铁剑；而迈达斯墓里的男人穿的华服上只别了一个青铜胸针，佩戴青铜带扣，而且没有佩带武器，他墓葬中的陪葬品甚至连金子都没有。霍赫多夫的大酒缸里几乎装满了酒，而迈达斯的酒缸里空荡荡的。但是，跟上面提到的细节相比，这还重要吗？也许没那么重要了。也许霍赫多夫的酒准备得更多，多到参加葬礼的一小队人喝完之后，还剩下很多，给我们的墓主带到来世享用。在郭鲁帝奥恩，来的人更多，酒倒了 100 多碗，难怪把酒缸都倒空了。

即便如此，霍赫多夫墓和迈达斯墓之间的相似性还是个很有意思的问题，也许是因为弗里吉亚人的起源地在中欧而不是希腊北部、巴尔干半岛或者东欧。也许他们当年顺着多瑙河一路来到黑海，穿越博斯普鲁斯海峡来到了土耳其。最早一批弗里吉亚人也许带着他们的混合发酵酒传统来到了安纳托利亚。如果说这一假说还有点道理，加上发酵酒本身在文化上就有保守的特性，那么铁器时代早期的弗里吉亚人也许来到了安纳托利亚人烟稀少的地方，他们用了当地盛产的葡萄作为自己新酒的主要原料。而且他们早就熟悉了蜂蜜和大麦，所以在弗里吉亚浑酒里面继续用到了它们。

随着公元前一千纪近东地区种植的葡萄园越来越多，酒的质量也逐渐提升，特定地区的葡萄酒品类就成了文明生活的象征，让更加"野蛮"的啤酒和蜂蜜酒成为异类。渐渐地，人们只有在一些神秘的宗教仪式上才能喝到浑酒。有的时候，葡萄汁和蜂蜜还是会一起发酵［罗马时期的农业作家科鲁迈拉（Columella）是这么记载的］，发酵出来的东西叫慕萨（mulsum），还有一种是将未成熟的葡萄和蜂蜜一起发酵的青葡萄蜜酒，叫欧姆法可梅利提斯（omphacomelitis）。

我们从老普林尼的记载中得知（《自然史》14.113），蜂蜜酒至少到公元 1 世纪前后在弗里吉亚人中依然保持着特殊地位。弗里吉亚人还因为他们的啤酒传出恶名，他们有时候一边用扭曲变态的姿势性交，一边直接用吸管从大罐子里喝啤酒，几个世纪之前的美索不达米亚地区也有类似的图像遗存。公元 7 世纪的希腊抒情诗人阿奇洛科斯（Archilochos）用尖酸刻薄的文字写道："［他与她进行性交或口交］……正如色雷斯人或弗里吉亚人用芦苇吸管喝大麦啤酒，而她则弯腰努力工作。"［全文参见韦斯特（West）第 42 号残篇，阿特纳奥斯（Athenaeus）《晚餐上的学者》（*The Scholars at Dinner*）第 10 卷 447b］话虽如此，这种品位在罗马时期仅仅是个特例，而不是常态。

北部的凯尔特人最终接受了葡萄酒，也接受了葡萄这种水果。起初，葡萄酒是用双耳罐一点一点地从马赛［古称马萨利亚（Massalia）］运过来。随着凯尔特人在仓储和运输酒方面的技术进步——有了大木桶，可以装进牛车、货船，运往内地，这股涓涓细流很快就变成了滔天洪"酒"。在公元前 1 世纪，朱利叶斯·恺撒征服高卢之后，地中海以及更远地区的驯化葡萄开始被种植在罗纳河上游，以及德国的摩泽尔和莱茵河沿岸。

第六章　在葡萄酒般深沉的地中海上航行

1971 年，我和妻子正从德国向南前往以色列的一个基布兹（kibbutz）①，途经意大利时，第一次瞥见了湛蓝的地中海，那也是我在中东的第一次考古之旅。我们曾在摩泽尔河边采摘葡萄。10 月初气温骤降，我们需要到更暖和的地方去。当我们从海边悬崖上看向地中海时，也可以俯瞰摩纳哥，顿时我的后脊梁上感到一股寒意，不是因为冷，而是兴奋。我们感到非常幸福，就像那个夏天在摩泽尔的葡萄园一样，我们期待着离开西方文化，进入神秘的东方世界。

我们在前往黎凡特的路上感受到了地中海的善变。从意

① "在以色列农村，有一种特殊类型的村社组织——基布兹。基布兹是 20 世纪初犹太锡安主义运动的产物，是政社企合一、生产与生活资料集体所有、统一经营核算的综合性村社组织，社区居民与集体经济组织成员同一，具有成员共有、共治和共享的组织特征。……基布兹的创建者深受社会主义思想的影响，拥有共同的愿景，要建设一个人人平等，各尽所能、各取所需的社会。"摘自刘铁柱、苑鹏《以色列集体村社制度基布兹的"私有化"改革及其启示》，《农业现代化研究》2021 年第 1 期。——译者注

大利的巴里（Bari）乘坐一夜的轮渡穿越亚得里亚海到达南斯拉夫的杜布罗夫尼克（Dubrovnik），我们浑身都被颠散架了。那次航行后，我们又换乘希腊的轮渡，穿越荷马口中"酒红色"的爱琴海，在甲板上度过了几天宁静如画的生活。我们最终到达了贝鲁特（Beirut），那时贝鲁特被视为中东的巴黎，以其宽阔的林荫大道和奢华的生活方式而闻名。

我们当时没法从陆路进入以色列，因为正如往常一样，边境是关闭的。所以我们绕道贝鲁特港，找到一艘能带我们去塞浦路斯的船。一艘丹麦的小货船瞧我们可怜，让我俩以大副和帮厨的身份登上了船。我们在地中海上享受了整整一周，船上有喝不完的乐堡啤酒（Tuborg beer），跟船员们一起吃了圣诞节晚餐，当我们抵达塞浦路斯的法马古斯塔港（Famagusta）时，把船当成旅馆，白天去参观附近的萨拉米斯（Salamis），那是地中海上最大的古代城市之一。如此便是大海的魔力。

史前的海上居民

从太空看，地中海像一颗闪烁的珠宝或一个迷人的女子坐落在非洲和欧洲之间。大约 2500 万年前，这片水域——古特提斯海（Tethys Sea）的残余——开始形成。盆地深陷，海洋和河流的水涌进涌出，逐渐成为地球上最大的"内陆"海。

对于人类早期的祖先来说，他们沿着大裂谷一路向北穿越埃塞俄比亚，或者沿着尼罗河穿过苏丹和埃及，面前的地中海成了一个难以克服的障碍。到达尼罗河三角洲的时候，他们只会看到一片无边无际的海，目力所及没有陆地。从这里不管是到塞浦路斯还是土耳其南部，都超过 500 千米。如果没有船，这里可能就是他们的尽头。即使是候鸟也需要慎重，在冒险飞越地中海之前，它们会在海岸上待好几天觅食，以储备足够的能量。

地中海最长南北向直线距离约为 1600 千米。相比之下，作为地中海与全球大洋的唯一天然连接点，直布罗陀海峡只有 14 千米——即便如此，哪怕对于一个优秀的游泳健将来说，仍然是一个困难的任务。还有一种可能性是沿岛屿迁徙，最可能的路线是从突尼斯到西西里，再到地图上意大利的脚趾头。如果要东西向穿越地中海，大约有 3900 千米，难度就更大了。早期人类学会制造船只之后，他们可能就开始沿海岛上的陆路一点点迁徙，或沿着海岸线推进。

然而，在造船术这一伟大发明出现之前，早期人类和现代人还有另一个选择。他们可以穿越非洲和亚洲之间的陆地桥——西奈半岛，完全绕过地中海。这条路线后来被埃及人称为荷鲁斯之路（the Ways of Horus），被罗马人称为海上大道（Via Maris），从现代埃及边界到加沙大约需要 15 天的时间。对于那些开辟道路的人来说，这一旅程一定显得无比漫长，因为他们不知道在哪里可以找到绿洲来补充水。驴被驯化以后，沿途的村落也多了起来，旅程就变得没那么凶险了。

早期人类在经历了西奈难关之后苦尽甘来，迎接他们的是沿海茂密的植被和内陆郁郁葱葱的约旦河谷。他们很可能早在公元前 9500 年就在那里停留，采摘无花果和其他水果、谷物和蜂蜜。公元前七千纪的时候，用这些原料发酵的酒可能已经作为供品，献给耶利哥和安·加扎尔遗址上那些代表祖先和神灵的抹泥人像。

早期人类和现代人也会被吸引到卡梅尔山（Mount Car-mel）北面的地中海海岸，今天这个区域是以色列北部、黎巴嫩和叙利亚南部的接壤地带。在过去的 50 万年中，这个地区先是凉爽多雨（那时候冰川在北欧和中欧正在大幅扩张），后来变得温暖，大象、犀牛和河马等在这片土地上栖息。茂密的森林里可能已经长满了野生葡萄，其他水果和坚果也唾手可得。

近期的黎巴嫩内战及其后续的动荡使考古调查的步伐放慢，但在 20 世纪初的时候，史前考古学家已经发现有两条山脉（黎巴嫩山脉和前黎巴嫩山脉）里到处都是幽深的洞穴遗址，其中一条平行于海岸线并延伸至以色列的卡梅尔山，还有一条是近 3000 米高的赫尔蒙山（Mount Hermon）。以色列卡梅尔山的塔邦（Tabun）洞，黎巴嫩南部的阿德伦（·Adlun）洞，离海边更远的克萨拉基尔（Ksar Akil）洞，以及在前黎巴嫩山脉的东侧、可以俯瞰大叙利亚沙漠的亚布鲁德（Yabrud）洞，已经构成了一个连续不断的旧石器时代的时间线和文化序列。人类的祖先在数千年里一直利用这些洞穴和其他类似的洞穴遗址，保护自己免受恶劣天气和猛兽的侵害，在里面埋葬死者，甚至可能用到发酵酒来庆祝喜事和举行宗教仪式。然而，尽管我们已经发现了精细的石质工具和武器，地层也划分得越来越细，但保存下来的有机质线索实在有限，想知道当时人类的饮食却做不到。在卡梅尔山的一个洞穴中，一具男性骨骼的臂弯处发现了一块猪的下颚骨，这说明他们对猪肉有特别的偏好。

从洞穴里的堆积厚度就能看出当时人的活动强度，有的地方有20多米厚，在地中海沿岸的高台地上，到处都是散落的手斧和其他石器，在干湿交替的气候下海面抬升，就能到达这些台地的位置，在冰川发育时海面又会下降。例如，在今天首都贝鲁特附近有一个漂亮的滨海区叫拉斯贝鲁特（Ras Beirut），大量的石器出现在比今天地中海海面高出45米的阶地上。人类就在当时他们的海岸线上活动，心里好奇海的那边是什么。

地中海地区最早的航海术可能至少可以追溯到公元前12000年，当时有一群人生活在地中海沿岸和山前地带，考古学家称之为"那吐夫人"，因为第一次发现这些人是在耶路撒冷的西北边，就用当地的地名命名了。（我们现在知道，早期现代人一定有某种原始的造船技术，可能是用原木和芦苇做成筏子，在4万年前从东南亚渡海抵达澳大利亚）那吐夫人没有依赖狩猎沿岸大量的野生动物（黇鹿、熊和野牛）或采集野生谷物、水果和坚果等，而且越来越倾向于资源管理来保障他们的定居生活，例如通过可以驯化和加工的谷物，还有可以驯养的动物。他们还发明了带尖刺的鱼叉和鱼钩，表明他们开始探索丰富的海洋资源。他们的墓葬中撒满了红色的赭石，墓主人的头骨上装饰着成百上千的角贝和其他海洋贝类，证明他们与海洋有亲密的精神联系，这种联系在新石器时代更加明显，那时候他们会给去世的人头骨上抹泥、塑像，用玛瑙贝和双壳的贝类模拟人的眼睛（见第三章）。

那吐夫人能如此高效地利用地中海的丰富资源，唯一的办法是通过坐船。他们有非常出色的用骨头、鹿角、木头和石头等材料制作艺术品的能力，这些艺术品既反映了惊人的现实主义，又具有高度的抽象性，常常充满了强烈的情欲色彩。这说明他们有建造更大建筑的技术，如在加利利海北部的艾南（Einan）发现的一群圆形小屋，里面有储物坑和火塘。这个遗址的发掘不仅证明了新石器时代之前人类就有定居的生活方式，还发现世界上最早的巨石墓葬结构：一个直径5米的坑内抹上了石灰，死者被安放在其中，坑的顶部用石板封住。在石板上面靠近火塘的地方，放置了一个头骨，这个头骨上有一个令人毛骨悚然的细节：头骨上附着的脊椎骨有切割痕迹，说明这个人可能是被斩首的。这个头骨和火塘上面堆了更多的石板，坑的周围用石头建成了一个直径7米的石圈。

如果那吐夫人有能力用石头和石灰建造这么大的建筑，那他们完全有可能做一些造船试验。那吐夫发掘出土过木质构件和艺术品，尽管数量稀少，但说明他们对木头这种可塑性强的材料有很全面的认识，而且完全有技术进行改造，况且在他们家门口就有大量的木材。黎巴嫩山上曾经漫山都是黎巴嫩雪松，高四五十米，此外还有松树、杉树、柏树、橡树和红脂乳香树等。

我们知道那吐夫人有复杂的带齿的锯、刀具和一些燧石工具，可以用来切割木头和做造型。他们还发现了树脂的妙用，可以当作黏合剂和密封剂，因为已经发现了大量的树脂用于黏合小石器和手柄，这样可以用来切割谷物。他们还得钻研造船术的其他复杂细节，比如弯曲木头、连接构件、给长木板做防水等。也许有一天，我们会在那吐夫的某个海边遗址发现一艘船。后来的新石器时代文化也同样展现出与海洋的亲密关系，尤其是在比布鲁斯（Byblos）遗址（见下文），那里的陶器纹饰是趁着陶土还潮湿的时候，用贝壳的边缘印上去的，而且他们会从遥远的红海进口玛瑙贝。

扬帆天海之间

关于航海最早的确凿证据来自公元前三千纪的埃及。我在宾大读研究生的时候，戴维·奥康纳（David O'Connor）给我们上埃及学的课。戴维在宗教之都阿拜多斯附近的沙漠发现了令人震惊的 14 艘"船葬"，阿拜多斯在尼罗河边，往北 650 千米就是地中海的入海口。这些船是占地广袤的陵墓的一部分，它们周边还有 11 米的高墙，都属于埃及第一王朝晚期（约公元前 2800 年）的某位初代法老。每艘船都有 1 吨重、25 米长，但它们还是被拖到了那个地方，埋藏这些船的坑都是用泥砖垒砌出船的形状，然后用白到反光的白灰封住。

阿拜多斯的船是用大小不一的木板精心拼接起来的，用的可能是柽柳，在相对的位置打孔穿绳绷住。船舱有一些弧度，吃水很浅，大约有 60 厘米——在尼罗河上航行足够用了，但是要穿越凶猛的地中海还不大行。船体的外面也抹了东西，并涂成了浅黄色。

　　一支庞大的舰队停在沙漠里，在埃及强烈的阳光下闪耀着白色和黄色的光，这两种视觉效果加起来一定让人瞠目结舌。这些"太阳神舟"可以为国王体面地送行，让他可以和太阳神"拉"（Ra）一起穿越天际；就像被献祭的随从、动物、食物和酒，以及陵墓中的其他必需品一样，陪葬这些都是为了满足法老在来世的所有需求。

　　在之后的一千年里，埃及法老和一些高官显贵通常都会陪葬一艘船或一整支船队。公元前2500年前后，吉萨胡夫大金字塔旁边埋藏了五艘船，其中一艘最壮观，长达43.6米，几乎是阿拜多斯船的两倍，比弗朗西斯·德雷克爵士（Sir Francis Drake）在16世纪环球航行的金鹿号（the Golden Hind）还要长9米。胡夫的这艘往生船主要用雪松打造，采用所谓的"先制壳"技术，即通过榫卯结构将船身的每条木板连接并固定在龙骨上。尽管吃水仍然很浅，但船头和船尾都高高翘起，可能更多的是为了浮夸的政治和宗教表演，而不是为了真的在开放水域上航行。

　　胡夫壮观的陪葬船使用雪松建造，暗示了我们应该在哪里寻找最早的造船证据。在古代世界，黎巴嫩以其雪松森林而闻名，而沿海遗址中与这种树关系最密切的就是贝鲁特北面40千米的比布鲁斯了。比布鲁斯是黎巴嫩经历最多考古发掘的遗址之一，从新石器时代早期到青铜器时代末期都有详细的人类活动记录。写了那本极具争议的书《耶稣的生活》（La vie de Jésus）的法国学者恩斯特·雷南（Ernst Renan），从1860年开始就在这里探索。在1925年至1975年，先是皮埃尔·蒙提特（Pierre Montet），后有毛里斯·杜南德（Maurice Dunand），在他们前赴后继的主持下，才有了更科学的考古发掘。

比布鲁斯的名字在埃及语（Kpn）和腓尼基语（Gebal）中可能表示"山城"，它对于热血的航海家来说特别有吸引力，因为比布鲁斯有优良的避风港，并且靠近满是雪松的山地。我们从公元前三千纪的埃及文献中了解到，伐木工人们在"神的土地"上用铜斧砍伐树木，然后很可能通过驳船将原木运到比布鲁斯。在那里，雪松木材被用来加工制作成著名的"比布鲁斯船"（埃及语 kbnwt），有了这些船，就可以将大量的木材运往埃及。在最早的记录之一——古王国时期的帕勒莫石年鉴中，斯内夫鲁（Snefru，第四王朝的第一位国王）宣称他把 40 艘满载雪松和其他松树的船带到埃及，并又建造了 44 艘船，其中一些船长达 100 肘（55 米）。这下胡夫的船又显得稍小一些，它的造船木板都编了号，以便在埃及组装。

遗憾的是，在比布鲁斯从未发现过与造船直接相关的考古证据。即使是庙宇和宫殿的柱子，虽然我们明知很可能是由雪松制成的，但它们在潮湿的沿海气候中早已降解掉了，只留下了大型的石基。然而，我们可以确定的是，埃及人在公元前 3000 年来过这里。这个城邦的主女神巴拉特-盖巴尔（Baalat-Gebal）的形象出现在一个滚筒印章上，她身穿一件长款的埃及窄裙，头饰由牛角和牛角之间的太阳盘组成，这表明她是埃及女神哈索尔（Hathor）在外国土地上的化身。许多石质花瓶的碎片也带有古王国法老的王名框，他们声称为了雪松和其他木材，曾前往比布鲁斯。

古代世界对黎巴嫩雪松的需求如此之大，几乎导致了这种树的灭绝。今天，它只生长在的黎波里（Tripoli）北边的卡迪沙（Qadisha）河谷一个很小的范围内，黎巴嫩的山区里也有几个小的种群。埃及没有足够高大的树木来制造远洋船只或者建造宏伟的建筑。依据《圣经》故事，所罗门不得不从黎巴嫩进口木材，顺便把木匠也带进来，以在耶路撒冷建造第一座寺庙。

为了保障对雪松和其他贵重商品的控制，埃及要确保对比布鲁斯和黎巴嫩的优先权，这一点在其神话故事中也有体现。例如，关于奥西里斯（Osiris）复活的神话，其中有一个版本讲的是阿拜多斯神被他的兄弟赛斯（Seth）杀害，他的尸体被放在一口棺材中，这口棺材漂洋过海到达了比布鲁斯。它搁浅在一棵雪松树附近，随后这棵树开始环绕着它生长。当比布鲁斯的某个国王砍下这棵树，用它制造宫殿的柱子时，奥西里斯的妹妹兼妻子伊西斯（Isis）现身，要求将他毫发无损地送回埃及。奥西里斯复活的另一个象征是葡萄藤，也是黎凡特的一种植物，它为埃及提供了一种最重要的发酵酒。每年当夏天快结束的时候，尼罗河洪水泛滥，土地重新获得肥力，在纪念奥西里斯（"洪水泛滥期间的酒神"）的瓦吉节（Wagi）到处都是葡萄酒，象征便成了现实。

海那边的葡萄酒

至于葡萄酒是如何抵达阿拜多斯的，生物分子学的考古分析为我们还原了真相，而真相与古代神话可以说毫无关系。故事还要从德国考古研究院驻开罗的考古学家说起，他们当时正在沙漠里发掘"葬房"，地点距离后来的船葬并不远。这座墓属于公元前3150年前后的蝎子王一世，陪葬品十分丰富，可以说为其来世做好了充分准备。其中有三个墓室完全就是酒窖（图15、图16），堆了大约700罐葡萄酒，总量约为4500升。其他的房间则塞满了啤酒罐、面包模子、石制器皿以及装满衣物的雪松木箱。在最大的墓室里有一个木质神龛，国王本人盛装躺在上面，身旁放着象牙权杖。

为了防止国王在来世找不到他需要的东西，他的送葬者早有先见之明，在骨头和象牙的标签上刻上标记，再用绳系到罐子或箱子上，还在容器的侧面用墨水写上铭文。这些标记是埃及最早的象形文字，其中植物和动物（包括豺狼、蝎子、鸟和公牛）的形象都刻画得异常精细，简直不可思议。这些标签可能表示生产这些食物和商品的埃及庄园的名字。

从这么早的年代我们可以推断，墓葬里的葡萄酒并不是原产于埃及。埃及的干旱气候并不适宜野生葡萄生长，那时候埃及早期君主刚刚开始积累权势，他们花了很长时间去搜罗周边的资源，并培养出对葡萄酒的偏爱。终于，国王们发现可以把驯化的葡萄移栽到尼罗河三角洲肥沃的冲积土壤中。在第一王朝和第二王朝期间（约公元前3000~前2700年），他们建立了一套王室专用的酿酒产业，保证葡萄酒的稳定供给。蝎子王一世早生了一两百年，他那时候还没有葡萄酒产业，但是为后来的发展奠定了基调。

图 15　蝎子王一世墓葬 10 号墓室的进口陶罐

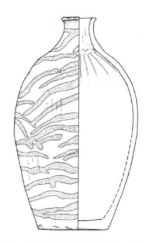

图 16　"虎纹"葡萄酒罐（线图）

说明：高 40. 8 厘米，黎凡特地区进口，随葬在蝎子王一世墓中。

我们的化学分析发现蝎子王一世墓葬里的葡萄酒添加了松树树脂，还可能有红脂乳香树的树脂。有的酒罐里发现了不少葡萄籽，这证实了我们的结果，有人可能会认为，这是当时酿酒粗心大意留下的，然而我们还发现了保存完整的树脂块，有的罐子里还有仔细切成片的无花果，这说明是当时的酿酒师刻意为之。新鲜的水果可以提高酒的甜度和口感，保证有足够的酵母可以启动和维持发酵过程。如果这些对饮酒的人来说吸引力还不够，那我们最新的分析还发现葡萄酒里其他可能的添加剂，包括香薄荷（香薄荷属）、柠檬香草（蜜蜂花属）、番泻叶（决明属）、香菜（芫荽属）、欧洲苦草（香科科属）、薄荷（薄荷属）、鼠尾草（鼠尾草属）或百里香（百里香属）。

陶罐的风格和上面的标签还提供了更多线索，如这些葡萄酒是哪里生产的，我们合理的前提假设是陶器产地和葡萄酒产地属于同一地区。纹饰包括红白相间的色块、画上去的细线条，还有夸张扭曲的虎纹，都与埃及本地的风格完全不同。只有一个时期和地区符合这种风格——青铜时代早期的第一阶段，在黎凡特的南部海岸、加沙地区附近的遗址，还有内陆的耶斯列（Jezreel）河谷和约旦河谷、外约旦地区的山区，最南可到死海。

散落在酒罐旁边小小的黏土封泥，证明了这些葡萄酒来自外地。封泥的背面都有罐子口和绳子的印记，这说明黏土还湿着的时候，就盖上罐口用绳子绑了起来，封盖很可能是皮革的。绳子和封盖都降解掉了，于是封泥掉在了地上。封泥的正面是滚筒印章的印记，这个印章刻得很细致，也很明显不是埃及的风格，是自由灵动的动物形象（如羚羊、鱼、鸟、蛇）加上几何图案。我们翻遍了考古学的文献，也找不到一模一样的滚筒印章设计，但是风格最接近的都指向了约旦河谷北部和死海的东岸地区。就像标记墓葬中其他陪葬品的骨头和象牙上的象形文字一样，这些封泥很可能是这700罐葡萄酒的标签，如果我们破译它们，甚至可能知道酒厂的具体位置。

中子活化分析（INAA）是现代分子考古学的另一种工具，可以让我们鉴定出蝎子王一世墓葬中酒罐的化学指纹，并追踪它们的来源。仅仅需要很少量的陶器样品，也就是零点几克，在核反应堆中用高能中子束轰击。这样可以激活每种化学元素的放射性，尤其是稀土元素，它们在全世界的黏土矿层中都有特异性。当每种元素衰变回到各自的基态时，会放射出独特的伽马射线，由此可以分析出每种元素的含量，精度能达百万分之一。然后再利用十分强大的统计算法，将测得的结果与古代样品和现代的黏土样品进行对比。

在密苏里大学哥伦比亚校区的科研反应堆，我们一共测试了11个葡萄酒罐的样品，基本能覆盖蝎子王一世墓葬中所有的陶器种类。其中有3个样品的化学指纹与我们数据库中任何黏土样品或当地的古代陶器类型都匹配不上，但是剩下8个样品的黏土来源包括加沙地区、约旦河谷、西海岸的南部山区和东部的外约旦高原。我们的数据库中的样品超过5800个，但是跟它们都匹配不上，跟埃及的黏土和陶器差别更大。有点出乎意料的是，有几个蝎子王一世的陶罐与约旦"玫红城"佩特拉（Petra）的黏土矿层相匹配；佩特拉后来成为纳巴泰人（Nabataeans）的都城，也是阿拉伯骆驼商队的主要停靠驿站，而这条线路是丝绸之路的其中一段。

今天的约旦南部十分干旱，怎么看也不像能生长葡萄和酿葡萄酒的地方。然而通过近期的考古调查和发掘，一幅完全不同的景象慢慢呈现出来。佩特拉地区新石器时代早期的遗址有着近东地区面积最大、出现新鲜事物最多的聚落，如贝达（Beidha）和巴斯塔（Basta）遗址。尽管在这些遗址上尚未发现葡萄籽，但从更晚的年代中发现了数百个葡萄酒压榨机，说明这是一个生机勃勃的产业。最近，美国东方研究中心驻安曼的帕特里夏·比凯（Patricia Bikai）在贝达遗址的"高地"发现了一个狄奥尼索斯神庙。中央庭院的柱首上有栩栩如生的酒神和他的侍神像［包括潘神（Pan）、安佩洛斯（Ampelos）和伊西斯］，周围是躺卧餐厅（triclinium）风格的长椅，很可能是饮酒作乐的场所。2006年我在约旦的时候，和帕特里夏查看了美国东方研究中心驻安曼仓库里的陶器，我们的实验室后来分析了好几个出自神庙的罐子。毫无意外，它们曾经盛过加了树脂的葡萄酒。

蝎子王一世墓葬里的葡萄酒有没有可能来自佩特拉地区，还是说，中子活化分析匹配出来的结果仅仅反映出在外约旦高原的南部各地，黏土堆积在化学上呈现相似之处？最近在亚喀巴湾的胡查伊拉特加兹兰（Hujayrat al-Ghuzlan）发现了一个公元前四千纪的城镇遗址，仅在佩特拉往南100千米左右，而且很明显有跟埃及相互交流的证据，说明葡萄酒也完全可能来自这个地方。乘船从亚喀巴湾北端下到红海可以直接抵达埃及的贸易路线，穿过东部沙漠之后可以抵达底比斯和阿拜多斯［比如，可以沿线穿过 150 千米长的瓦迪哈马马特河（Wadi Hammamat）］。

然而，从地中海的某个港口中转运输蝎子王一世的葡萄酒更为可信。像比布鲁斯这样的地方可以获得建造船只所需的原材料，它们可能早就融入了与内陆地区和更靠南的沿海城镇的经济交流体系，比南部的外约旦高原与亚喀巴湾的联系还要早。无论哪种情形，主要的问题都在于如何将葡萄酒完好无损地从山区和约旦河谷运到海边。罐子可以绑在驴身体的两侧，当时的一些小雕像就刻画过这样的场景，陶罐也可能用水湿润，让其在炎热的黎凡特可以通过蒸发降温。通过中子活化分析确定的酿酒区域，其中离得最近的港口是艾什克伦（Ashkelon）和加沙，我们现在知道，艾什克伦在公元前四千纪晚期的时候有人类活动，而加沙被现代城市覆盖，所以还不清楚。

从艾什克伦或加沙乘船到尼罗河东部的支流培琉喜阿河（Pelusiac），应该是运送葡萄酒到埃及最快捷、最安全的方式。虽然这个时期也有穿越西奈半岛的陆路，但一直用驴运输既会破坏葡萄酒的品质，又会使动物遭受痛苦。从现有的证据来看，黎凡特的商人们也控制着尼罗河三角洲港口区的葡萄酒卸货工作，例如培琉喜阿河的港口明沙特·阿布·奥马（Minshat Abu Omar）。

我们的中子活化分析证实了黎凡特南部地区与埃及之间有航运联系的推断。我们测试了在葡萄酒罐附近发现的黏土封泥，很明显是外地风格，我们发现它是由尼罗河的淤泥制成的。换句话说，当葡萄酒到达尼罗河三角洲的港口时，陶罐的盖子肯定被替换了，然后用当地的黏土重新封住，最后印上黎凡特商人的章。经过陆地和海洋的艰难旅程，要是有残余发酵肯定已经完成了，发酵产生的气体通过多孔的盖子逸出。酒罐在埃及上岸后，准备沿河往上运到阿拜多斯，在埃及的护送下完成剩下的旅程，其中一些最终进到了蝎子王一世的陵墓。

法老必须享受最好的待遇，据《古王国金字塔文书》记载，"［国王］用餐要用上帝花园中的无花果和葡萄酒"。葡萄酒上悬挂无花果，就是要保证国王死后能在来世享用神圣的饮食。

这个墓葬与后来的"船葬"还有一些耐人寻味的相似之处。蝎子王一世的墓葬里有三个墓室都一层层地堆满了葡萄酒罐，这种堆放方式跟比布鲁斯船舱里放双耳罐的方式如出一辙（见下文）。1997 年，一艘美国海军潜艇在距离艾什克伦和加沙 61 千米的海面上，探测到两艘腓尼基人的沉船，两船相距 2000 米，深处 400 米的海底。两年后，以探索泰坦尼克号沉船而闻名的罗伯特·鲍拉德（Robert Ballard），使用一台远程操作的设备来测绘沉船的位置和在海底散落的货物碎片。结果发现，这些船满满当当地堆放着盛葡萄酒的双耳罐，年代约为公元前 8 世纪末期。

这两艘船都有名字，一个叫坦妮特（Tanit，腓尼基人的主神和海洋的保护神），一个叫艾莉莎（Elissa，传说中的推罗公主，她在今天的突尼斯建立了重要的腓尼基殖民地迦太基），当时它们正向西航行，可能正前往埃及或迦太基。一场突如其来的风暴，有时会从西奈半岛席卷而来，可能打了一个措手不及，导致船沉入了水中。这些船陷进了淤泥里，随着时间的推移，木质船体上部暴露出来，被蛀虫蚕食掉了，于是露出了船体内部叠放了两层的双耳罐。在坦妮特的船舱中，可以看到有 385 个双耳罐；在艾莉莎号上，能看到的有 396 个双耳罐。到今天为止这个遗址仅仅留下过影像资料，还没有经历发掘；可能在我们看不见的下面，还藏着更多层双耳罐。

海床上散落的双耳罐大致显示出了每艘船的尺寸，估计是从船首到船尾长 14 米，龙骨宽度 5~6 米。其尺寸跟后来古典时期的沉船一致，比如公元前 300 年在塞浦路斯海岸触礁的凯里尼亚号（Kyrenia）。满载时这种大小的船重约 25 吨。装满酒的双耳罐重约 25 千克，所以仅坦妮特和艾莉莎上肉眼可见的双耳罐就至少重 9 吨。这相当于大约 15000 升的葡萄酒。但是腓尼基的船有时会运载更多，比如公元前 475 年的一份埃及海关记录中记载，一艘大船装载了 1460 个装满的双耳罐（40 吨），除此之外还有千吨的雪松木、铜和空的双耳罐。

我们实验室对一个腓尼基双耳罐内部的松脂涂层分析后发现，其中吸收了酒石酸及酒石酸盐类，它们都来自葡萄酒，因此我们知道，坦妮特和艾莉莎上至少有一个双耳罐装过葡萄酒。从这两艘沉船上又取回了 22 个双耳罐，全部有松脂涂层，这表明全部或者大部分双耳罐装的是葡萄酒，公元前 475 年停靠在埃及的那艘船上的双耳罐也一样。

两艘船上的双耳罐呈独特的香肠或鱼雷形状。哈佛大学的劳伦斯·诗塔格（Lawrence Stager）在 1999 年参与了鲍拉德的勘探，他跟他的学生们仔细研究了这些双耳罐的样式和陶器本身，结果表明这些双耳罐最有可能是在黎巴嫩海岸的一个腓尼基城邦制造的。他们还从沉船里找到了其他文物，清晰地指明了船员的文化归属。例如，有一个漂亮的红色溜肩瓶，通体磨光，顶部是外敞的蘑菇状瓶口，模仿金银器的造型，这是腓尼基人的独特标志；在黎巴嫩本土和整个地中海腓尼基人的殖民地和港口遗址都能找到它。这个分酒器是腓尼基"酒具套装"的一部分，拿它倒酒时要用非常浮夸的动作。

　　船尾是船上厨房所在的位置，通过研究在里面找到的文物，也能找到船和船员明显的腓尼基人特征。在坦妮特和艾莉莎的厨房里有 6 个做饭的锅，可能用来烹饪美味的鱼汤，这些锅是地中海东部地区常见的类型。船尾也是向海神祈祷的地方，公元前 14 世纪埃及墓葬中壁画里的迦南船也是这么画的。通常会看到一个祈祷者手拿一个小瓶，倒出用于献祭的液体——最可能是葡萄酒，而另一只手拿着香炉，烟气渺渺。在艾莉莎船尾发现过这样的香炉，与画中的相似，明显是腓尼基风格。腓尼基水手在危机四伏的航行中祈求的神祇主要是母亲神坦妮特，她象征着月亮和航行，也有人会祈求她的侍神雷谢夫（Reshef）和巴尔（Baal），他们能控制风和天气。

迦南和腓尼基的高级葡萄酒

　　在公元前一千纪，从腓尼基的港口运出了海量的葡萄酒，这些港口包括推罗（Tyre）、西顿（Sidon）、贝鲁特

（Berytus，即今天的 Beirut）和比布鲁斯等，而与坦妮特和艾莉莎一同沉没的 3 万多升葡萄酒只不过是沧海一粟。大多数船会安全到达目的地，沿途会装卸琳琅满目的商品。《圣经》中的先知以西结在公元前 6 世纪斥责推罗并预言其灾难（《以西结书》27 章），他将这个繁荣的城邦比作一艘巨大的海船，这艘船是用最好的木材制成的——黎巴嫩山脉的圆柏和雪松、外约旦的橡木和塞浦路斯的柏木。这艘象征性的船堆满了来自阿拉伯的香料、金子和骆驼，来自以色列的小麦和橄榄油，来自他施的锡和银，来自安纳托利亚的马和奴隶等等——一份看似无尽的商品清单，来自遥远世界的各个角落。

1984 年，得克萨斯州农工大学海洋考古学研究所的乔治·巴斯（George Bass）宣布发现了地中海迄今为止最早的沉船遗址，这个消息震惊了考古界，而这艘船充满了以西结所描述的国际范儿。这艘船是在土耳其南部靠近乌鲁布伦的荒凉海岸水下 45 米的地方，被潜水捕捞海绵的人发现的，后来证实这艘船是一艘迦南商船。它和坦妮特和艾莉莎的大小差不多，全部由黎巴嫩的雪松木打造，船板和龙骨之间用榫卯结构连接（与早期的胡夫船一样）。大约在公元前 14 世纪，它可能正向埃及航行，逆时针沿着塞浦路斯周围地中海东部的洋流，直到一场突如其来的暴风雨将它拍在了礁石上。

从船上惊人的珍贵货物来看，这艘比布鲁斯船很可能是受王室派遣，货物中有乌木（黑檀木）和犀牛角、用牛皮包裹成一包一包有 10 吨重的塞浦路斯铜锭、精致的金质和玻

图 17　公元前 14 世纪底比斯市长墓中的壁画

说明：描绘了一艘迦南船抵达港口的场景。船长举着一个香炉和一杯酒，这杯酒可能是从他面前的双耳瓶中取出的。

资料来源：N. de G. Davies and R. O. Faulkner, "A Syrian Trading Venture to Egypt," *Journal of Egyptian Archaeology* 33，1947，pl. 8。

璃质饮酒器、迦南产的金项链坠子、成堆的螺厣（贝类的硬足板，可以封住贝壳的口部）、半吨重的红脂乳香树脂、带铰链的双层蜂蜡刻字板"书"（英文中的 book 词源就是比布鲁斯）——这份货物清单还很长。船上有迦南风格的油灯和一整套黎凡特风格的动物形状的石坠，表明这艘船上的船员、官员和商人是从地中海东部海岸的某个城邦出发的。

要说乌鲁布伦沉船上少点什么，那就是葡萄酒了。在沉船的货舱里有将近 150 个双耳罐，有些罐里三分之一都是大小不一的红脂乳香树脂块，还有些罐里装着玻璃珠和橄榄。剩下还有 70 多个双耳罐是空的，它们很可能装的是给法老的迦南高级葡萄酒，或者是水手自己喝的。

在以西结对推罗的预言性的痛斥中，他说道，来自大马士革附近的赫尔本（Helbon）和来自安纳托利亚东南海岸的伊扎拉（Izalla）的美酒，都被装在巨大的陶罐（pithoi）中经陆路运到大马士革，然后由推罗的商人转运。赫尔本的葡萄酒在亚述人中远近闻名，它产自一个名叫哈尔本（Halbun）的小村庄，哈尔本位于大马士革绿洲以西、前黎巴嫩山脉的高山上。500多年后，罗马作家斯特拉波声称，这种葡萄酒是供给波斯国王的。

腓尼基人和他们的青铜时代祖先迦南人，酿造出在古代世界最受好评的葡萄酒。（这里我使用"迦南"这个词，是采用其原始的、狭义的含义，即仅仅指代黎凡特北部沿海；后来其含义扩大，指的是现代以色列、巴勒斯坦和约旦等更靠南的地区）例如，在叙利亚公元前14~前13世纪的乌加利特（Ugarit）宫殿［现代的拉斯沙姆拉（Ras Shamra），靠近拉塔奇亚（Latakia）］，发掘出所谓的利法因（Rephaim）或拉皮乌玛（Rapi'uma）文本，其中写道：在迦南北部边地，"他们整天倒葡萄酒……只有君王们才配喝的新酒。葡萄酒，甜美且丰富，精选的葡萄酒……黎巴嫩的精选葡萄酒，由埃尔［El，万神殿的众神之首］培育的新酒"。后来的希腊作家，如锡拉丘兹（Syracuse）的忒奥克里托斯（Theocritus）和阿切斯特亚图（Archestratus），专门拎出比布鲁斯的葡萄酒，称其是"优质和芬芳的"，可与来自莱斯博斯（Lesbos）的最好的希腊葡萄酒媲美。《圣经》中先知何西亚称赞它的香气（14：7），如果我们相信他的话，似乎香气是它的强项。

酿造高级迦南和腓尼基葡萄酒的传统是何时何地开始的

呢？这些问题还有待深入的科学研究，但我个人推测在公元前六千纪前后，驯化的欧亚葡萄传入黎凡特北部地区，酿葡萄酒也随之开始。后来黎凡特的葡萄酒产业成了主要的经济推动力。在新石器时代就与比布鲁斯有交流的安纳托利亚，早在公元前 7000 年前后，甚至可能更早，就进入了同样的历史进程，所以它的葡萄酒文化渗透到社会的各个角落。加沙地区、约旦河谷和黎凡特南部山区至迟在公元前 3500 年前后开始种植驯化葡萄，耶利哥遗址以及该地区其他很多遗址甚至都出现了完整的葡萄干。葡萄酒产业在蝎子王一世的时候（约公元前 3150 年）已经相当成熟，光陪葬的葡萄酒就有 4500 升。把黎凡特北部地区葡萄酒产业起始的时间定在公元前六千纪，这样就有足够的时间让它逐渐成熟，并在随后三四千年的时间里向南传播到土耳其东部和黎凡特南部地区。

如果迦南人和腓尼基人只在港口附近的城镇种植葡萄，那么葡萄园的分布范围就会限制在山海之间的狭长地带。幸亏在黎巴嫩和前黎巴嫩山脉之间有一片广阔的肥沃河谷——贝卡（Beqaa）——深入内陆。今天，黎巴嫩最好的葡萄酒就产自贝卡，尽管处于宗教派别之争和以色列入侵的冲突之中。公元 150 年前后，罗马人也在这里［古称巴贝克（Baal-bek）］建了神庙——而且是整个帝国最大的宗教建筑群——献给巴克斯（葡萄酒神）、维纳斯（爱情和生育女神）和丘比特（众神之主），腓尼基人把丘比特当成风暴之神巴尔。巴克斯神庙是在安敦宁·毕尤（Antoninus Pius）的支持下建造起来的，而他本人来自北非的腓尼基殖民地迦太基，可以说冥冥之中自有安排。这座神庙里高达 19 米的科林斯柱依然保存完好，而且装饰繁复，包括交织的葡萄藤图案和描绘巴克斯诞生和生活的浮雕，令游客叹为观止。在古代，这个山谷很可能是这个国家葡萄酒的主要生产中心。

当代贝卡最知名酒庄包括卡萨拉酒庄（Château Ksara）、穆萨酒庄（Château Musar）和卡芙拉亚酒庄（Château Kefraya），从名字就可以看出，在被伊斯兰政权打压了 1000 多年之后，这个行业在 19 世纪和 20 世纪的复苏得益于法国人。今天这里葡萄酒的年产量达 600 万升，而波尔多和罗纳的葡萄品种占了大部分。一些黎巴嫩酿酒师声称，法国的赛美蓉（Semillon）与当地的贝布伦（Bybline）葡萄有亲缘关系，现在该品种被称为白苏维翁（Merweh），而现在广为人知的霞多丽（Chardonnay）葡萄，是由当年十字军士兵带回欧洲的奥贝蒂（Obedieh）葡萄。近期的 DNA 分析结果显示，霞多丽是法国本土的品诺葡萄与东欧的白高维斯（Gouais Blanc）杂交的结果，这证明上面的说法是有问题的，但是黎巴嫩的葡萄品种还是很有可能对白高维斯或赛美蓉葡萄的基因有贡献。如果我们要找到真正的贝布伦葡萄及其近亲品种，就要对现代黎巴嫩种植的大约 40 种号称本地的葡萄品种进行基因指纹识别。

我非常想开展这样的研究。我在 1974 年的时候第一次接触考古，专门研究宾夕法尼亚博物馆在萨雷普［Sarepta，今天叫萨拉凡德（Sarafand）］的最后一次考古发掘出土的陶器，因为后来黎巴嫩爆发了持续 14 年的内战。位于推罗和西顿之间的萨雷普是在本国被发掘出来的为数不多的腓尼基城邦之一。当我们在向下发掘古代生活与废弃交替堆叠的遗存时，我们头顶上正进行着现代版的古老国家和民族之间的斗争。以色列的幽灵喷气式战斗机几乎每天都会对仅 8 千米外的巴勒斯坦难民营进行扫射，它们低空飞过山头，投下炸弹，然后消失在湛蓝色的地中海与天空的交接处。有时敌对双方的飞机在空中盘旋激战，我们看到战败者消失在一团烟雾中。我们有一艘船随时待命以便逃往塞浦路斯，但幸运的是我们从来没用过它。

我们的考古队住在跨阿拉伯输油管道公司相对豪华的驻地里。每天晚餐之后，我们都要一丝不苟地完成"葡萄酒仪式"，那是发掘领队詹姆斯·布里特查德（James Pritchard）想出来的。他会首先坐到桌首的位置，左右两侧坐着未婚的女考古学家，剩下的已婚男性团队成员（由于在前一次考古发掘中的不愉快经历，领队不允许带妻子来）和耶稣会神父们则按照各自的地位依次在餐桌旁就座。我当时是一个卑微的研究生，坐在桌子尽头。领队（阿拉伯语叫 mudir）不举杯，我们就不准喝酒。他购买了成箱的卡萨拉酒庄葡萄酒，这样大家都能分到美酒。说到底，考古发掘是汗流浃背又尘土飞扬的工作，考古学家干了一天的活，也需要喝点酒精神一下。（近东考古还有一个传统是喝苏格兰威士忌，这个领队就管不着了，我们找个能俯瞰地中海的地方，一边喝酒，一边打桥牌）

当我在发掘公元前 13 世纪的地层时，突然出现了双耳罐的碎片，碎片的内侧有深紫色的东西，那是我突然对腓尼基人感兴趣的契机。如果是在别的遗址，这样的碎片可能是司空见惯不足为奇，那种染色可能是因为含锰矿物或奇怪的真菌。但当你在黎巴嫩的遗址发现这些碎片时，这可是腓尼基人的老家，你应该立刻想到骨螺紫的染料，它的价值超过了等重的黄金，它代表着祭司和国王的特权。甚至迦南和腓尼基的名字本身就是源于"红色"或"紫色"的词根，这凸显了染色纺织品在社会中的重要性。根据历史上反复提及的希腊传说，这种染料是由推罗最高神和国王梅尔卡特（Melqart）发现的，当时他和仙女提洛思（Tyros）在海滩上散步，他们的狗跑在前面咬开了一个螺壳，这种螺肯定曾经在岸边到处都是，狗回来的时候嘴巴滴着紫色的液体。梅尔卡特没有放过这个发现，马上用这种染料染了一件长袍，送给了他的伴侣。

我们实验室进行生物分子考古的第一次尝试是对梅尔卡特的传说进行科学测试。一系列分析结果明确地表明，萨雷普古双耳罐内的紫色就是真正的螺紫，化学名叫二溴靛蓝。在自然界中，地中海只有三种螺能生产这种化合物，它们属于骨螺属和岩螺属，世界其他地方有亲缘关系的螺也会生产。在萨雷普发现紫色陶片的同一个地区，发现了堆积的贝壳、特制的加工容器和加热设施，这是一个紫色染料工厂，于是我们发现了最早的生产皇家紫的证据，这是板上钉钉的事实；而且，正如传说所言，它位于腓尼基。地中海其他地方也发现了同样的贝壳堆，但是到目前为止还没有发现更早的染料工厂。（还有的说法是这些贝壳是食用动物后的废弃堆积，或者是用来制造陶器或石膏）

在黎巴嫩还需要继续的生物分子考古工作，是分析更多陶片找到葡萄酒的证据，因为在当时葡萄酒跟紫色染料一样也是奢侈品。我们需要布一张网，越大越好，把萨雷普和其他沿海、内陆的遗址出土的材料都囊括进来［比如说最近这些年在西顿的发掘，还有卡米德爱罗兹（Kamid el-Loz）遗址，这是贝卡河谷南部的一个青铜和铁器时代的城邦］，这样我们才能清楚葡萄酒产业的起始时间和分布范围。

迦南和腓尼基的葡萄酒文化

对于腓尼基人和迦南人，我们了解得太少，对他们的葡萄酒文化也一样了解得太少，这都是因为我们缺乏考古学和文献的材料。但我们还需要了解一点葡萄酒文化的魅力，才能体会这些吃苦耐劳的海洋人群是如何在公元前二千纪和公元前一千纪推动了整个地中海地区葡萄酒文化的发展。随后像浑酒和啤酒这样的土酿酒就逐渐被边缘化、改造和取代。

对于公元前二千纪的迦南社会，我们最可靠的信息来源就是乌加利特的大量文献，其中对迦南人的描述是，这些人跟他们的神灵和祖先一样，一心都扑在葡萄酒上。个别的地方可能会提到蜂蜜，但是啤酒确是从来没有出现过。这也可以理解，毕竟这个地方的葡萄长势喜人，投入产出比高，占地又比粮食种植少。即便是今天，黎巴嫩的沿海地区依然生长着野生欧亚葡萄，这是它们分布最靠南的地方。然而还有一个更重要的考虑因素，大家更喜欢葡萄酒，也可能单纯因为它的酒精度是啤酒的两倍。

巴尔神话（Baal Cycle）讲的是风暴神和其他迦南神历

经考验和探险的故事，里面有一个故事是巴尔在打败海神亚姆（Yamm）之后大摆宴席。他为了庆祝，两只手擎起一只大酒杯——"引人注目的大容器，勇士的酒杯"——可以装下"千罐葡萄酒"。他"在酒里混入了各种东西"，这里可能指的是各种树脂或草药添加剂。就像粟特的胡腾舞舞者（见第四章）酒后起舞一样，巴尔也在铙钹的伴奏下唱起歌来。故事接下来描绘了巴尔宫殿的建造，宫殿由最优质的黎巴嫩雪松建造，以金银装饰。为了庆祝，巴尔为众神准备了成罐的葡萄酒，而众神坐在椅子上，欣赏着装满美酒的高脚杯和金杯。有时神的聚会狂欢过了头，比如至高神埃尔，他喝醉了，摇摇晃晃地走回家，倒在自己的排泄物里。

迄今考古学发现的众神和国王的图像，远不如这些神话故事描述得生动。公元前 13 世纪乌加利特最知名的石碑之一出现了埃尔，他以标准的帝王姿态坐在椅子上，举杯祝酒。三个世纪后，尽管近东地区经历了外来入侵和经济崩溃的动荡时期，但公元前 10 世纪初期的比布鲁斯统治者阿希兰（Ahiram）或希兰（Hiram）一世，在他的石棺上也呈现了类似的姿态。他笔直地坐在王座上，两侧有小天使，一只手握着杯子，另一只手拿着莲花（古埃及常见的葡萄酒添加剂），在他的面前举行着盛宴。所罗门委托这位希兰王在耶路撒冷建造了第一座寺庙，像巴尔的宫殿一样用黎巴嫩的雪松建造，闪耀着金光，装饰着小天使雕像和紫色的垂幔。

在乌加利特文献中，Rapi'uma 最可能被理解为祖先——自新石器时代以来，祖先崇拜一直是黎凡特宗教的重要组成部分（见第三章）。迦南人和腓尼基人通过他们的马泽阿

（marzeah）① 保持了这种传统。每隔一段时间，人们会精心策划丧宴来纪念死者。社区最有地位和特权的成员，无论男女，都会聚集在马泽阿之家（闪米特语 bet marzeah）。在那里，一场盛宴会在马泽阿王子（rb marzeah）的监督下举行，他也负责领酒，这个角色以前在希腊就叫宴会主人（symposiarch）。所有参加宴会的人都要带来他们自己庄园的食物和葡萄酒。乌加利特的乡下是一片片葡萄园，很像今天的勃艮第；公元前 15 世纪的一块石碑上记载，一个小村庄就有 81 家葡萄园。

敬祖仪式要做到位，就得大吃大喝才行，这是巴力、埃尔和其他神定下的神圣标准。我们可以想象，席间的欢声笑语伴随着音乐、舞蹈以及迦南神话的故事会，偶尔还有像罗马酒神节上的那种交媾。从《圣经》中的预言警告和反对语中推断，腓尼基的比布鲁斯、西顿或推罗的马泽阿，与迦南所有的仪式性宴会一样，都充满了放纵。

葡萄酒文化对海的偏爱

迦南和腓尼基的水手乘着比布鲁斯船，运载着大宗的葡萄酒、紫色布匹和异国商品，同时他们还承载着一种新型的

---

① 马泽阿既是一种宗教，也是一种社会制度，主要特征就是摆宴席（尤其是喝葡萄酒）。马泽阿这个词也可以指主办宴席的宗教组织或公会，或者是举办神圣宴席的地点。马泽阿可以长达 7 天，主要宴请的是上流社会人士，男女皆可参加。参考菲利普·金（Philip King）1989 年的论文，题目为《马泽阿：文献和考古学证据》（The Marzeah：Textual and Archaeological Evidence）。——译者注

生活方式，这种生活方式逐渐渗透到他们接触过的社会、宗教和经济中。今天的新大陆在上演着同样的情形。无论在澳大利亚、南非、阿根廷，还是冰冷的北达科他州（美国最后一个有葡萄酒厂的州），过去四十年葡萄酒产业都发生了翻天覆地的变化。我在纽约伊萨卡生活的期间，能喝到的一般是甜得发腻的尼亚加拉酒（Niagara）或马尼舍维茨酒（Manischewitz），而且都是在特殊场合才能喝到。而现在对很多人来说，一顿饭如果少了葡萄酒或别的什么发酵酒，那就是不完整的，大量的媒体也开始宣传食物与葡萄酒搭配的艺术。

在古代，葡萄酒俘获人心最具戏剧性的例子出自埃及。我们已经看到，蝎子王一世在公元前 3150 年前后，人们还不怎么知道葡萄酒的时候，就已经开始大量进口葡萄酒，而且迫不及待地为自己的来世备下那么多酒（简直是终极版窖藏和陈化）。150 年后，第一王朝伊始，统一埃及的法老们有过之而无不及。他们不再满足于从国外进口高级的葡萄酒，又或许是为了满足自己的口味，开始在尼罗河三角洲创立第一个皇家葡萄酒厂。

很快，三角洲的大片土地都种上了驯化葡萄，这种巨变肯定是因为雇用了黎凡特北部或者南部的专家。这是法老们号召子民完成的伟大壮举，相当于是修建金字塔的正式彩排。要保证葡萄酒产业孵化成功，外国商人必须要供应葡萄藤，当然最方便的运输方式就是船运。我们早就发现后来的沉船船舱垫料的土壤里有葡萄藤，那是用来给盛葡萄酒的双耳罐做缓冲的（见下文）；乌鲁布伦号商船的船舱里也塞满了枝条和叶子，但是对此还没有鉴定结果。用土壤包裹葡萄根、枝条和芽，可以让它们保持湿润和鲜活。抵达三角洲之后，其他的迦南专家开始接手葡萄藤。农民和园艺专家必须规划出葡萄园，让葡萄藤往棚架上攀爬，挖灌溉水渠等等。建筑师和手艺人需要修建酿酒设施，尤其是葡萄压榨设备，还要制造特殊的容器用来加工和储藏葡萄酒。最主要的是，酿酒师需要监督整个操作流程。葡萄藤可能要花上七年的时间才能结果。葡萄还必须有人精心照料，葡萄酒的发酵和陈化也得仔细管理。迦南人在葡萄酒行业的创立之功在数千年后依然清晰可见，从很多闪米特酿酒师的名字上就能看出来（例如，埃及新王国时期盛放葡萄酒的双耳罐上会刻有这些酿酒师的名字）。

葡萄生长期间的日常劳作少不了当地居民，他们在一开始和后期肯定提供了大多数劳力。虽然缓慢，但是他们也一步步融入迦南的葡萄酒文化。除了直接喝酒之外，丰收之后的踩葡萄环节一定是整个酿酒流程中最接地气、最欢乐的体验。在埃及晚期的墓葬中有关于酿酒过程的彩色图像，上面有欢乐的踩葡萄者，他们唱着献给女蛇神的歌，紧紧抓着葡萄藤防止滑进葡萄汁里（彩图 4）。2003 年，我在前往葡萄牙杜罗河（Douro River）上游的路上有幸见过这种酿酒方式，那里也生产上好的波特酒。在德·范德·尼伯特（Dirk van der Niepoort）的巴萨多拉酒庄（Quinta do Passadouro）吃了一顿难以忘怀的晚餐——德国雷司令、勃艮第里奇堡和1955 年的巴萨多拉年份波特酒让这顿饭增色不少——饭后我们穿上泳裤，爬进葡萄酒压榨机，开始在过膝的葡萄皮和葡萄汁里翻搅。有人告诉我，质量最好的波特酒就是用这种耗费体力的方式制作的：似乎用脚踩是榨取葡萄汁的最佳方式，这样不会弄破葡萄籽渗入苦涩的丹宁，葡萄籽会浮在表面上。

埃及的新产业有一点令人吃惊，那就是从一开始就很复杂。当然，迦南专家在带着葡萄藤到尼罗河三角洲的时候，早就积累了数千年的传统经验。埃及象形文字里的葡萄、葡萄园或葡萄酒，也都表明葡萄种植技术的专业程度。作为全世界最早的表示驯化葡萄和葡萄酒的文字，象形文字用图像的方式描绘了一个精修的葡萄藤爬上垂直的网架，网架顶端分叉给葡萄藤支撑。整个植株的根扎在一个容器里，可能是为了方便浇灌。可以说，在埃及葡萄酒产业新兴之际，就展示出当代葡萄园的最佳管理方式，甚至还有滴灌系统。

迦南酿酒师也不得不打破常规。黎凡特地区的葡萄园通常都坐落在山地上，在冬天雨季的时候排水良好，这跟平坦的尼罗河冲积三角洲非常不一样。埃及的夏季酷热难耐，降水也少得多，农作物（尤其是对水条件敏感的葡萄）必须依赖灌溉。藤架系统可以最大限度保护葡萄不受强光的暴晒。利好的是，三角洲有肥沃的冲积土壤，每年雨季的时候从尼罗河上游冲刷下来，排水不错，而且没有盐碱。砂、黏土和各种矿物质组成了钙质土壤的团块，与波尔多的部分地区没什么两样。

黎凡特的酿酒师做梦也没想到，他们成功地把葡萄酒文化带到了埃及。直到公元 7 世纪阿拉伯人入侵，三角洲地区给埃及的庙宇和王宫供应着数百万瓶葡萄酒。象形文字精确记录了葡萄酒在三角洲的具体产地——相当于古代的葡萄园专属酒标，到公元前 2200 年第六王朝的时候，葡萄酒已经成了不可或缺的陪葬品。渐渐地，几乎每个重大的宗教节日都少不了葡萄酒作为祭祀品，人们放纵饮酒，通常持续数周，其中包括最重要的赫卜塞德节（heb-sed），该节日是为保佑法老福泽深厚，土地肥沃高产。

然而，就算葡萄酒深入渗透了埃及社会，啤酒也从未被取代，它才是普罗大众喝的酒。在祭祀品的名单上，啤酒也永远排在葡萄酒前面，它是许多埃及节日和神话的中心，例如哈索尔醉酒的故事（the Drunkenness of Hathor）①。像修建金字塔这样的大型公众项目，需要保证工人们每天能分到啤酒和面包。啤酒和葡萄酒一样，很可能是从近东地区传入的。尼罗河沿岸和绿洲地带到处都生长着大麦和小麦。这里也生长着从中非地区引入的小米，也可以做成酒（见第八章）。

与水果不同的是，用谷物发酵酿酒有一个好处，谷物可以长时间储存，在需要的时候再转化成啤酒。也许就是这个原因，还有人口增长的需求，导致其他的埃及本地酒，尤其是椰枣酒和蜂蜜酒在文献中几乎没有提及，在考古学遗存中

---

①　太阳神拉年事已高，有人趁此机会有所图谋，拉神知道后非常恼怒，决定把象征太阳威严和燃烧力量的"神眼"放置在哈索尔的体内，让她去消灭这些唯利是图的歹人。哈索尔得到"神眼"后，化身为暴虐的女战神塞赫美特开始对这些人进行杀戮，世间顿时血流成河。拉神看到死伤的人已经足够后，试图令其收手。为了能使塞赫美特停止对人类的残杀，拉神用石榴制成的酒水浇灌大地，嗜血的塞赫美特误以为鲜红的石榴酒是血，因此喝得酩酊大醉，从而停止了暴行，恢复成美丽的哈索尔女神。后来，饮用啤酒和红石榴汁也成了祭祀哈索尔女神活动中的一部分。——译者注

也尚未发现。

在克里特建立桥头堡

在埃及的葡萄酒酿造成功之后，比布鲁斯船上的迦南人越来越深入地探索地中海。他们无论走到哪里，都采用类似的策略：进口葡萄酒和其他奢侈品，通过赠送特制的葡萄酒套装来与统治者交朋友，然后等待被邀请帮助他们建立本地产业。除了提供葡萄酒酿造的专业知识，迦南人和后来的腓尼基人也可以指导他们的贸易伙伴生产紫色染料（地中海各地都有所需的软体动物）、造船（假设有木材可用）和制作其他工艺品（特别是金属加工和制陶）。一旦他们在外国站稳了脚跟，他们的葡萄酒文化也会逐渐渗透一些不那么具象的因素——或许是一种艺术风格或一个神话主题——可能会被接受或与本地习俗融合。

根据我们的生物分子考古证据，迦南人跳岛穿越地中海的第一站中就有克里特岛。这个大岛距离黎巴嫩的港口城邦近 1000 千米，位于爱琴海的入口，是希腊世界的门户。当代学者对古代作家常常矛盾和奇幻的故事持怀疑态度，这倒也可以理解，但在许多故事中都有一个反复出现的元素，那就是近东地区葡萄酒神在希腊的化身狄奥尼索斯（罗马人称之为巴克斯），他作为一个敢于冒险的海员从腓尼基航行到克里特。在公元前 6 世纪，大师级陶艺家埃克塞基亚斯（Exekias）制作的一只精美的基里克斯酒杯（kylix）上，描绘了酒神单手驾驶一艘小帆船，船桅上挂满了生机勃勃的葡萄藤。显然，当遭到海盗攻击时，狄奥尼索斯通过奇迹般地生长葡萄藤并用葡萄酒浇灌攻击者进行反击，把他们变成了欢快的海豚，围绕船只盘旋。有没有可能，这个故事是受到了一次真实航行的启发，一艘比布鲁斯船将驯化的葡萄藤带到了克里特岛？

许多希腊传说将克里特与腓尼基联系在一起。据说，腓尼基王的女儿或妹妹欧罗巴（Europa）被化身公牛的宙斯（闪米特人的埃尔或巴尔）迷恋，并被带到了克里特。仿佛预见到有一天，克里特和希腊的大部分地区都将种满葡萄，她经常被描绘成披着浓密的葡萄叶和葡萄串。在另一个故事中，狄奥尼索斯在爱琴海的纳克索斯岛（Naxos）上娶了米诺斯王的女儿阿里阿德涅（Ariadne），当时她被忒修斯（Theseus）抛弃，忒修斯杀死了半牛半人的米诺陶洛斯（Minotaur）。也许这个故事的背后反映了迦南船只深入希腊水域的其他航行，航线与乌鲁布伦船相同，沿着土耳其南部海岸进入爱琴海。或者是青铜时代的米诺安人〔他们的创世祖先与之同名，叫米诺斯（Minos）〕将近东的葡萄酒文化传播到了他们的邻邦吗？

狄奥尼索斯本人的形象就像迦南人的神，又像中亚和北欧酒脱的萨满教祭司，热爱享乐和活力四射。人们在冬春两季的狄奥尼索斯祭中，将饮酒、唱歌、跳舞和粗俗的玩笑推向了新的高度。就像今天的拉丁美洲狂欢节，人们身着盛装游行，玩各种游戏，比如试图在涂满油脂的酒囊上保持平衡。到了公元前 6 世纪，这种嬉戏最终引领了世界上最早的公共剧场的出现——位于雅典卫城脚下的狄奥尼索斯剧场。

然而，这种欢闹中也有阴暗的一面，那就是"巴克斯的狂暴"，在这种状态下，神和他的酒释放出无穷无尽的激情。欧里庇得斯（Euripides）在公元前 5 世纪的剧作《酒神的伴侣》（The Bacchae）中展示了崇拜狄奥尼索斯给希腊生活带来的严重冲突。狄奥尼索斯将自己变成公牛，引诱位于雅典西北部的博伊奥提亚奥尔科梅诺斯（Boeotian Orchomenos）的女人们，她们逃到山上，跳舞唱歌赞美葡萄酒神。她们拿一个孩子做祭祀，手撕动物，生吞活剥。在悲剧的结尾，底比斯的摄政王彭瑟斯（Pentheus of Thebes）伪装成狮子的形象出现，结果被女人们肢解，其中就包括他的妹妹和母亲。她们骄傲地将他的头带回给他的父亲和国王忒修斯，忒修斯在震惊和厌恶中连忙躲开。这场野蛮和暴力的狂欢对底比斯的君主来说太过分了。（根据希腊神话，他的祖先也可以追溯到西顿或推罗）

布里斯托尔大学的彼得·沃伦（Peter Warren）从古典文献中挖掘出一些令人心动的线索，并用更可信的材料来佐证。他在克里特岛崎岖的南海岸一个名叫米尔托斯-富尔努·克利菲（Myrtos-Phournou Koryphe）的小型农业聚落进行了考古挖掘，该聚落的年代为公元前三千纪晚期。尽管看上去似乎并不起眼，但这个遗址普通房屋的储藏室和厨房里却发现了许多大罐子（pithoi），每个罐子的容量约有 90 升。

在彼得·沃伦将样本寄给我们进行分析之前，我们已经大概猜到了这些罐子曾经装过葡萄酒。它们的外表面有奇怪的深红色斑点和滴痕，让人想起了埃及的蝎子王一号酒罐。和后者一样，米尔托斯的许多容器内部都有红色的残渣。有些甚至还有葡萄籽、葡萄梗和皮。罐子宽大的口部下方，环形把手下有横向的绳索状装饰，这又像埃及的罐子，表明原来的罐子可能被皮革或布料覆盖并用绳索固定。米尔托斯的罐子和一些近东地区的罐子还有一个奇特的相似之处，那就是在陶器烧制前在底部故意打一个小孔，用来澄清液体，比如戈丁台地遗址以及高加索和安纳托利亚的一些遗址（见第三章）出土的器物。

我们对米尔托斯的四个罐子分析后确认，里面装过树脂葡萄酒。的确，这是迄今为止发现的最早的来自希腊本土的树脂酒证据，希腊也是世界上唯一将这种古老的传统延续至今的国家。尽管树脂葡萄酒的口味不是一上来就能让人习惯（我发现在希腊旅行时很容易就能品尝到），但它本质上是一种用橡木陈化的变体。正如我们在第三章中已经提到的，当代的希腊酿酒商已经开始通过在本土品种葡萄中加入少量松树树脂，来使树脂葡萄酒的味道变得更加柔和。

彼得·沃伦在米尔托斯发掘出了很多圆形的酒槽和大罐子，前者通常被称为"浴缸"。在古埃及也有很多类似的发现，这些大多与产业化酿酒有关。浴缸装有排水口将葡萄汁排入大罐中，这样可以让工人轮流踩葡萄，当一个人累了，下一个人就可以跨进酒槽接着踩。大规模生产还有一个标志，那就是巨大的漏斗，这是近东酿酒商的必备工具；而陶器上的葡萄叶印痕则说明了葡萄园就在附近。

酿酒厂有一位守护神（"米尔托斯女神"），在考古发掘地的西南侧有一个小神龛，里面放着一尊用来祭拜她的塑像。塑像的人身朝前，胸部和三角区裸露，就像早期的新石器时代的雕像。她显然正在逐渐变成米诺安人敬畏的母亲神，她的乳房从紧身胸衣里突出，下面穿着褶皱的连衣裙。米尔托斯女神一只胳膊的臂弯里夹着壶，壶口是切出来的，在近东的葡萄酒文化中有许多类似的器皿。雕像被放在一个低矮的底座（或祭坛）上，她的脚下摆放着盛供品的容器。毫无疑问，她与这个遗址上的酿酒活动有着明显的关系，因为她神龛旁边的房间里，堆满了带嘴儿的壶、大罐子、踩葡萄的大缸和一个装有葡萄渣滓的带流碗。

就像埃及的皇家酿酒产业一样，米尔托斯的酿酒业似乎也是突然间兴起。有可能酿酒技术已经从希腊的其他地方传到了这个岛上，尤其是马其顿［在公元前 5000 年的迪基利·塔什（Dikili Tash）发现了压扁的葡萄皮］和爱琴海的一些岛屿［锡罗斯岛（Syros）、阿莫尔戈斯岛（Amorgos）和纳克索斯岛（Naxos）］，后者从公元前三千纪开始就有驯化葡萄，陶器上出现葡萄叶的印痕。然后在雅典南部海岸附近的阿吉奥斯·科斯马斯遗址（Aghios Kosmas）的 1 号房址发现了一个大罐子，里面有驯化葡萄的籽，这是一个值得关注的发现。这个大罐子底部有一个洞，就像米尔托斯的容器一样。这些初步证据表明，大陆在同一时间也已经有了酿酒业，也许与米尔托斯的规模相当。

米尔托斯酿酒业的发展动力是来自希腊的其他地方，还是由迦南人带到这个岛上的？总的来说，后者有更多的证据支持。从埃及和黎凡特出发的船只通常会经过米尔托斯，它的酿酒业充斥着明显的近东特征，说明受到该地区的影响。迦南人希望扩张他们的葡萄酒文化，他们在希腊看到了与当地克里特人合作的机会，推动他们的利益扩大化。

希腊酿酒业的发展要归功于迦南人以及他们的埃及贸易伙伴，这也体现在最早的希腊文字中，包括克里特象形文字和线形文字"甲种"，这些文字中后来都出现了代表葡萄、葡萄园和葡萄酒的符号。这些字符毫无疑问源自埃及的象形文字，表现为一株精心修剪的、长在横向棚架上的葡萄藤。

即使希腊人已经成为海上商人，并开始与腓尼基人争夺地中海的控制权，但是从根上说，他们仍然被地中海东部的葡萄酒文化深深影响。他们采用了腓尼基字母，这是英文字母的鼻祖。他们使用这种革命性的写作系统，不仅是为了登记商品或者记录他们的海上旅行，更是为了表达他们对葡萄酒的情感。最早的希腊古代铭文出现在一个公元前 8 世纪的酒壶（oinochoe）上，上面写着："所有舞者中，舞姿最灵动的人将赢得这个酒壶作为奖品。"同一世纪的晚期，在一个罗得岛酒杯（kotyle）上又发现了一条了不得的刻文，这个酒杯出自匹德库塞（Pithekoussai）一个年轻男孩的墓葬，匹德库塞是那不勒斯湾的伊斯基亚岛（Ischia）上的一个早期的希腊殖民地。这条刻文是用荷马史诗那种优雅的长短格六步韵律写成的："尼斯托的杯子用来喝酒再好不过，但任何用这个杯子喝酒的人都会很快被欲望冲昏头脑，渴望美丽的阿弗洛狄特（Aphrodite）。"这种狄奥尼索斯式的把酒、女人和舞蹈交织在一起的做法，好像从几百年前直接穿越而来。

还有一项论据，证明迦南人通过埃及将葡萄酒引入克里特岛，但是这项证据更具争议。如果说传播的方向是对的，那么我们可能应该看到大麦啤酒也被一同引入，因为大麦啤酒是埃及人最喜欢的酒。我们本来没有刻意想去证明这个想法，但我们对米尔托斯两个大酒罐分析之后，发现了草酸钙，也就是啤酒石，生产大麦啤酒的副产品。彼得·沃伦很愿意证明米尔托斯是有大麦啤酒的，因为他注意到，其中一个含有啤酒石的罐子出土的房间，还有大麦的麸壳和加工其他粮食作物的证据。然而，自从著名的米诺安遗址克诺索斯的发掘者亚瑟·埃文斯爵士（Sir Arthur Evans）声称米诺安人本来就会酿造并饮用啤酒，这一论据在希腊考古学家中就开始饱受争议。

希腊本土酒的最后一口气

奇怪的是，米尔托斯这两个可能装过啤酒的罐子也曾装过树脂葡萄酒。可能是这些容器被重复使用了，但更有可能的解释是，啤酒和葡萄酒已经开始混合在一起，被制成一种"希腊浑酒"。

公元前1600年前后的米诺安 IA 晚期，一股风潮席卷了整个希腊，而米尔托斯的浑酒很可能是这股潮流的先锋。从那时起［根据我们实验室和瓦萨学院的科特·白客（Curt Beck）的分析］，整个克里特岛和希腊大陆的众多遗址中都出现了大麦啤酒、葡萄酒和蜂蜜酒的混合酒。盛酒的容器也是新式的，即所谓的圆锥形杯，在被解释为宗教场所的环境中，发现了数量惊人的这种杯子。到了迈锡尼时期和米诺安晚期（约公元前1400~前1130年），在装饰精美的容器中也发现盛过这种不寻常的酒，如高颈的基里克斯杯（kylikes），所谓的啤酒杯，带耳壶和有壶嘴的超大号角杯（rhyta），这些可以做成牛头形状或用旋涡状的章鱼图案做装饰。这样的容器在希腊社会和宗教生活中占据中心地位。

这种希腊混合酒最初来自哪里仍然不确定。米尔托斯早期的啤酒和葡萄酒混合酒可能只是希腊发酵酒全景图中出现的一个小插曲，类似近东地区的葡萄啤或"啤酒–葡萄酒"（第三章）。这种酒更常见的配方还包括蜂蜜酒，这在欧洲发现很多，与弗里吉亚浑酒的配方一样。希腊学者普遍接受这样一种假设，在公元前二千纪，从欧洲移民到希腊的新民族打破了权力的平衡，把权力重心从克里特岛转移到迈锡尼大陆。如果这个假设正确，那么很可能是这些人带来了新的希腊浑酒，也就是变了模样的北欧浑酒。

在靠近迈锡尼城堡——通常被认为是《荷马史诗》中的阿伽门农王宫——的皇室墓地（墓圈 A 的 IV 号墓）中发现的公元前 16 世纪的所谓"涅斯托尔金杯"（Nestor's gold cup），让整个故事有了特别的转折。《伊利亚特》（11.628–43）里描述过如此精致的金杯，其宽展的把手顶部装饰着鸽子的形象，《伊利亚特》据信成书于公元前 700 年前后，反映了早期的传统。我们读到涅斯托尔的情妇赫卡梅德（Hecamede）照料过一个在特洛伊战争中受伤的士兵，用金杯给他盛过居刻翁（kykeon）。这种居刻翁是一种由普拉姆尼（Pramnian）葡萄酒和大麦粥混合的"浑酒"，可能还加了蜂蜜，上面再撒些羊奶酪碎。

居刻翁可以翻译成"混合物"，符合弗里吉亚、北欧和希腊浑酒的一般化学特性，它是葡萄酒、啤酒和蜂蜜酒的混合物。虽然我们尚未用化学方法鉴定出奶酪，但从希腊和意大利的武士墓葬中找到了奶酪刨丝器，侧面证实了《荷马史诗》里的配方。我们的实验室和瓦萨学院科特·白克的实验室都不能分析迈锡尼著名的涅斯托尔金杯的残留物，因为早已出于保护目的而被清理干净，但我们有幸检验了同一遗址出土的同一类型的陶质啤酒杯，它里面保存了希腊浑酒的痕迹。

居刻翁不仅仅是一种能产生酒精兴奋效果的奇特混合物。根据《奥德赛》（10.229-43）里的记载，当奥德修斯和他的同伴们在大海上迂回回到他们的家乡伊萨卡岛时，他们遇到了狡猾的女巫瑟曦（Circe）。她用加了强化药物（希腊语 pharmakon）的居刻翁诱惑奥德修斯的船员，将他们迷晕后变成了猪。或许这里面添加的迷药就来自普拉姆尼葡萄酒，有些学者认为这种葡萄酒是一种药酒。瑟曦更有可能使用某种香料或草药才得逞。有一种可能的草药是芸香草，这是一种致幻剂和兴奋剂，科特·白克在迈锡尼和普瑟拉（Pseira）的炊器里检测到了这种植物的化合物，普瑟拉是位于克里特岛北部一个小岛上的米诺安港口城址。藏红花也极有可能，因为它有镇痛的效果。一些欢快的米诺安壁画上有这样的场景，女人们穿过藏红花田采集藏红花。一尊女性雕像很明显表明当时存在罂粟和其衍生物鸦片——她的头上长着罂粟籽荚，这座雕像的年代为公元前 1400 年，当时宏伟的宫殿已经被毁。然而至今为止，还没有在居刻翁中找到明确的药物存在的生物分子考古证据。

在荷马之后的几个世纪里，希腊浑酒最终败给了腓尼基的葡萄酒文化，因为希腊人为了控制地中海的外国市场四处征战，把他们自己的啤酒和混合酒打发给了野蛮的欧洲腹地。居刻翁从未被彻底遗忘，因为它融入了厄琉息斯秘仪（Eleusinian Mysteries）① 中。我们对这种希腊和罗马时代的神秘宗教知之甚少，但这也许暗示着入教仪式中要饮用一种混合酒，这种酒可以赦免一个人的罪过，并带来奇幻异世界的乐趣。一些研究者推测，这里面可能还包含了一种致幻蘑菇或者感染麦角菌的黑麦和小麦；但还有待证实。

　　埃莱夫西纳（Eleusis）的德米特（Demeter）神庙的祭司们，或者雅典卫城附近的姊妹神庙的祭司们都敢于冒险，虽然我做不到他们那样，但我确实进行了一些复刻现代版居刻翁的试验。在塔基斯·米利亚拉基斯（Takis Miliarakis）的帮助下，我们采集了当地的草药，包括白藓牛至（味道像牛至）和藏红花，他是米诺斯酒厂的老板，酒厂就位于克里特岛赫拉克利翁（Herakleion）南部美丽的阿卡尼斯（Archanes）山区。这座岛上的山蜂蜜很出名，我们找到质量最好的，并且协商到了优质的克里特岛大麦麦芽。我们的计划是为 2004 年雅典夏季奥运会制作一种"公牛血"调和酒。这个名字暗指狄奥尼索斯和公牛祭祀在米诺安宗教中的密切关系。阿吉亚·特里亚达（Ayia Triada）的宫殿或别墅的石棺

---

①　"公元前 12 世纪至 4 世纪期间，在距雅典不远的厄琉息斯一带，厄琉息斯秘仪普遍流行。神话为秘仪表现的方式之一，它清晰地表现了参加秘仪的目的及意义。"引自奥尔德林克（Larry J. Alderink）《〈荷马德墨忒尔颂歌〉中的神话与宇宙论架构》，赵佳玲译，《跨文化研究》2018 年第 1 期。——译者注

墓里流行湿壁画，大约从公元前 1600 年至前 1400 年是最辉煌的时期，而我们有些灵感就来自这些壁画。它们描绘象征着狄奥尼索斯的公牛血被收集在一个壶中，而一个被认为是女祭司的人物在装饰着牛角的祭坛前拿着另一个有嘴的壶，里面装的可能就是希腊浑酒。我们认为血液应该在浑酒中有体现，毕竟其中的主要成分是深红色的葡萄酒。不幸的是，酿酒师们在品尝发酵酒样品后觉得很恶心，就把这个项目停掉了（他们从未给我寄过试喝样品）。要么他们缺少像角鲨头啤酒厂的萨姆·卡拉焦恩那样做试验的毅力，要么他们仍然对纯葡萄酒甚至树脂葡萄酒有某种偏执。

接触意大利

公元前 8 世纪的荷马时期见证了腓尼基人和希腊人的竞争达到高潮，他们开始争夺整个地中海地区人们的心灵、思想和味觉。许多岛屿——塞浦路斯、马耳他、西西里岛、撒丁岛和伊比沙岛——被这两个航海民族分割占领。

匹德库塞是伊斯基亚岛上的贸易殖民地，由来自埃维亚岛（Euboea）的移民建立，而埃维亚是离雅典不远的爱琴海上的一座岛，有证据表明，希腊和腓尼基的葡萄酒文化有很多重叠的部分，我们必须仔细分辨，才能理解它们对意大利和地中海西侧地区居民的影响。在匹德库塞发现了许多高等级的武士墓葬，在他们的家乡埃维亚岛的莱夫坎迪（Lefkandi）以及坎帕尼亚和伊特鲁里亚（Etruria）等地也都发现了类似的墓葬，它们出土的遗物也十分相似：近东风格的大金属缸，用于盛放葡萄酒的双耳罐、过滤器和长柄勺，还有奶酪刨丝器。

关于大金属缸的来源可能有争议，但我们知道，这些器物的最初设计灵感来自地中海东部地区。类似风格的大缸可以在亚述国王萨尔贡二世（Sargon II）的皇宫中装饰的亚述浮雕上看到，皇宫位于豪尔萨巴德（Khorsabad），年代约为公元前714年，这些大缸很可能是由腓尼基或叙利亚工匠为亚述人制作的。萨拉米斯的79号墓是塞浦路斯陪葬品最丰富的墓葬之一，出土了类似的大缸，缸口装饰有狮鹫、狮身人面像，还有一些别的头像或半身像。萨拉米斯还出土了一口特别漂亮的大缸，里面装满了镀锡的蘑菇口小壶，表明也有腓尼基人参与其中。

在萨尔贡的宫殿墙上展示的大部分大缸很可能只是用来盛葡萄酒的，因为我们知道亚述人有大片大片的葡萄园，并且他们的文献中经常提到葡萄酒。然而，我们对迈达斯墓（见第五章）残留物的分析表明，这些大缸里盛放的是弗里吉亚浑酒，而不是葡萄酒，亚述本土之外的地方可能也存在类似的情况。

有没有可能，意大利的武士墓里的大缸盛的也是浑酒而不是葡萄酒呢？是时候对这个假设进行生物分子考古学的分析了。这些墓里还出土了奶酪刨丝器，这是个很重要的信号，说明这些容器里盛的应该就是混合发酵酒。这些英勇的战士一辈子也不用上奶酪刨丝器，下辈子恐怕也用不着，除非是为了准备仪式性的希腊居刻翁酒，里面要用到奶酪。给武士殉葬的女性穿的衣物是用胸针别起来的，胸针上还挂有迷你的奶酪刨丝器吊坠。就像《荷马史诗》中的赫卡梅德和瑟曦，这些女性很可能为逝去的英雄准备居刻翁，延续了古代世界女性作为酿酒师的悠久传统。此外，匹德库塞的罗德岛酒杯上刻有希腊早期的铭文，意思是涅斯托尔杯里面盛的是一款加强版的居刻翁。

植物考古学和其他的考古学材料都支持一个假设，那就是西方世界早就知晓希腊风格的混合酒。例如，在托斯卡纳的穆洛（Murlo）发现过一个带庭院的建筑，年代早于公元前575年，建筑中发现了一个大缸，里面有一片蜂窝。在卡萨莱马里蒂莫（Casale Marittimo）发现的菲亚勒斯酒碗（没有把手①，是地中海东部地区的风格）和朝圣者酒壶，似乎盛过加了榛子和石榴的混合树脂酒，可能是用来发酵的。在维鲁基奥（Verucchio）公元前8～前7世纪的墓葬里发现的连体双锥形酒罐，同时检测出了葡萄花粉和谷物，这表明当时酿造的可不是单纯的葡萄酒。

我认为，伊特鲁里亚人就像欧洲其他地区的民族一样，在腓尼基人和希腊人抵达他们的海岸之前，已经有了制作混合发酵酒的传统。这些商人通过向他们展示酒缸、酒罐和其他的饮具，诱惑他们融入地中海东部的葡萄酒文化。起初，伊特鲁里亚人只是根据自己已有的习惯去使用这些容器，用来盛放本土的混合发酵酒，北方的凯尔特王子和他们的小圈子也是这么做的（第五章）。后来他们开始把这些容器改造

① 宽浅无足，外形略像中国的酒盏，但一般在中间有圆形凸起或装饰。——译者注

成自己的版本——带高底座的"混酒碗"和腓尼基风格的银质和镀金酒碗——最终还是被吸纳进地中海东部的葡萄酒文化中。当然，只有对一系列的本地和外来器型做大量的化学分析，时间段涵盖伊特鲁里亚人与这些商人接触之前、接触期间和接触之后的，才能证明我的假设是否正确。

伊特鲁里亚浑酒用的既可能是野生葡萄，也可能是驯化葡萄，因为在佛罗伦萨城门口的圣洛伦佐阿格雷夫（San Lorenzo a Greve），发现了一个青铜时代中期的地下房间，其中发现了不少葡萄籽。但是到公元前9世纪的铁器时代，我们才会看到葡萄酒生产的规模突飞猛进，那时候商人开始使用武力强行通商，葡萄酒产业在接下来的几个世纪里稳步发展，最终取代了伊特鲁里亚浑酒。迦南人把葡萄栽培技术教给了埃及人，后来又很可能教给了米诺安人，同样，腓尼基人可能向伊特鲁里亚人传授了他们的知识，并把葡萄从自己的家园移植到了伊特鲁里亚。此后，他们传授了闪米特字母，并且与希腊一样，最早的伊特鲁里亚和罗马铭文出现在葡萄酒的容器上。也许，地中海东部葡萄酒文化的其他方面也很快融入了当地文化。意大利葡萄酒就是从这些小小的开始，发展成今天庞大的产业。

我相信在与外国人的接触中，将伊特鲁里亚引入葡萄酒文化圈的主要是腓尼基人，至少在初期阶段是这样，因为那时候希腊人钟情的依然是居刻翁。伊特鲁里亚的双耳罐是以腓尼基的器型为模板制作的，器型相似通常意味着功能和装的东西也相似。双耳罐主要在伊特鲁里亚早期的沿海遗址中流行，只有对那些遗址进行更大规模的发掘，发现和调查更多携带葡萄酒罐相关陶器的地中海沉船，才能找到答案。最有可能将葡萄栽培技术引入伊特鲁里亚的腓尼基聚落是摩提亚（Motya），这是西西里岛西端的一个离岸岛屿，再就是第勒尼安海（Tyrrhenian Sea）的利帕里群岛。后来，摩提亚以高级的马尔萨拉（Marsala）葡萄酒闻名。

在马略卡岛（Majorca）的岸边不远处，发现了公元前4世纪的埃尔塞克（El Sec）沉船，在船舱里的众多货物中发现了裹着土壤的葡萄藤，这说明它们是用于移栽。这艘船还载着来自地中海和黑海的各种双耳罐，以及"雅典胖男孩"（Athenian Fat Boy）型的酒碗（skyphoi），还有用于制作混合发酵酒的酒缸和酒桶，这些发酵用具的风格在欧洲其他地方都有广泛记载。

然而，单就一艘船上的几块葡萄藤碎片可能不足以证明它们是专门用于移植的。最近在法国南部海岸发掘的大吕布（Grand Ribaud）沉船，年代约为公元前600年，也装载了大量葡萄藤，但对这些葡萄藤的解释是用来给船上七八百个双耳罐做缓冲的。也许埃尔塞克沉船上的葡萄藤也是缓冲材料，但是很奇怪，如果不是为了保持藤蔓的生命力并准备重新种植，出版的报告中描绘的葡萄藤为什么保存了这么多土壤。

现在已经在意大利和法国海岸发现了大量的铁器时代沉船。它们装载了大量与葡萄酒相关的容器，可以说腓尼基和希腊文化是通过它们的葡萄酒文化传播到了地中海西部地区。

无论伊特鲁利亚人是从腓尼基人还是安纳托利亚西部的

吕底亚人那里（希罗多德是那么说的）学会了酿酒，他们后来在公元前 600 年前后，成为面向法国南部的主要葡萄酒出口商。罗马人紧随其后。正如人们所说，剩下的都在历史里记载了：葡萄酒继续向北扩张，翻越阿尔卑斯山来到勃艮第和莫泽尔地区——取代了当地酒——一直到驯化葡萄能生长的最北部地区。再往北，北欧浑酒仍然占据主导地位。

在西部落脚

腓尼基人和希腊人在地中海西侧建立永久殖民地有很多好处，这样就可以更靠近他们的潜在客户。他们不再需要将葡萄酒从数千千米外的东部运过来，而是可以在外国土地上开辟葡萄园，并开始生产供当地消费的葡萄酒。

从奥伊诺特利亚（"生长修剪葡萄的地方"）的沿岸城市中可以看出，希腊人的这一策略还是很成功的，这个地区在今天意大利的卡拉布里亚（Calabria）。他们在这里的努力证明，他们对促进葡萄栽培和葡萄酒文化传播是非常认真的。其中一座城市叫西巴里斯（Sybaris），一度繁荣至极，以至于这座城的名字直接成为奢靡生活方式的代名词。

2005 年，我有机会见证希腊人和腓尼基人在意大利的努力取得的成就，当时我受意大利葡萄酒生产者协会（Associazione Nazionale Città del Vino）的邀请前往意大利。显然，我的书《古代葡萄酒》翻译出版之后，引起了热爱葡萄酒的意大利人的共鸣。我在托斯卡纳的一个伊特鲁里亚葡萄酒会议上发表演讲后，在保罗·本威努迪（Paolo Benvenuti）和安德里亚·齐费罗（Andrea Zifferero）的陪同下南下旅行。保罗是葡萄酒城协会（Città del Vino）的会长，安德里亚是锡耶纳大学的伊特鲁里亚时段的考古学家。我们探访了整个意大利的葡萄试验园。在维苏威火山脚下的庞贝，我们参观了马斯特巴迪洛酒庄（Mastroberardino）的项目。酿酒师正在这里种植他们认为是罗马时期的葡萄品种［例如图佛格莱科，沃尔佩阔达葡萄，也叫狐狸尾葡萄（Foxtail），以及维提斯阿皮亚那葡萄（Vitis Apiana）、非亚诺（Fianco）和麝香葡萄（Muscat）］，在古代开辟出的葡萄园遗址上使用罗马的棚架栽培方法。其中一种方法就是修剪枝条让葡萄在单个支撑物上生长，或者在更精巧的凉亭和棚架上生长，甚至攀爬到树上。最常见的罗马栽培方法就像今天一样，让葡萄藤垂直向上生长，以便葡萄获得流动的空气和阳光照射，让葡萄熟透的同时更便于护理和采收。这片试验园已经推出了一款高端葡萄酒，就以著名的神秘别墅（Villa dei Misteri）命名。

接着，我们前往古代的奥伊诺特里亚（Oenotria），考察了该协会在洛克里（Locri）的项目，这个项目致力于种植众多的（多达上千种）意大利品种并保护这种丰富的葡萄遗传或种质资源的多样性。关于现代品种和它们的古代根源，我们还有很多需要了解的地方，这既是隐喻，又有现实意义。例如，我做基因学研究的同行何塞·弗拉穆兹（José Vouillamoz）博士最近确定了托斯卡纳著名的品种桑娇维塞（Sangiovese）的直系祖本为绮丽叶骄罗（Ciliegiolo）和蒙特纳沃卡拉贝丝（Calabrese Montenuovo）。绮丽叶骄罗在托斯卡纳是一个众所周知的品种，但蒙特纳沃卡拉贝丝在坎帕尼亚和卡拉布里亚（被推测为其原产地）几乎已经绝迹。更早的葡萄藤祖本可能来自希腊，但这个理论尚未被证实。保护目前在该国生长的品种有助于确定它们的祖本，并有助于培育带有优良性状的新葡萄品种。

回到腓尼基人在西部扩张的大局上来，他们最大的殖民地是位于今北非海岸突尼斯的迦太基。根据文献记载，该城市建于公元前 9 世纪末，当时亚述人威胁到腓尼基的推罗城，推罗公主艾莉莎［也叫迪朵（Dido）］乘船逃离。考古学的证据大致支持这一时间线。迪朵和推罗贵族们在一个完美的战略要地落脚，它位于一个半岛的尽头，与摩提亚隔海相望。主要的聚落都位于一个高耸的海角上，下面有一个港口，南北两侧也都有大型的潟湖。周边有大片肥沃的土地，与他们的家乡非常相似，吸引了腓尼基人种植粮食作物，当然还有最重要的——驯化葡萄。

北非海岸相比地中海其他地区人口密度要低得多，因此腓尼基人面对当地的游牧民族柏柏尔人（Berbers），可以采取与以往不同的策略。腓尼基人不再保持低调并提供援助以建立产业促进贸易，而是成为真正的殖民者。在接下来的几个世纪里，随着迦太基的壮大并在海岸线上建立起小的聚落，迦太基成了古迦太基帝国的首都，并向罗马帝国提供物资。最近，罗伯特·鲍拉德及其同事揭开了帝国财富的冰山一角，他们利用潜艇和遥控车探索海洋深处，在海底 1 千米的地方发现了许多贸易商船，海床上还散布着一长串的双耳罐。这些发现都分布在一条直通航线上，从迦太基通过第勒尼安海的斯凯尔基沙洲（Skerki Bank）到达罗马的奥斯蒂亚（Ostia）港。虽然这些船只和货物沉没了，但还有更多的船只安全完成了旅程。

葡萄酒是古代迦太基的首选饮料。迦太基人马枸（Mago）在公元前 3～前 2 世纪撰写了一本有关葡萄栽培和其他农业形式的著作，后来被罗马时期的作家［瓦罗（Varro）、科鲁梅拉（Columella）和老普林尼］广泛引用。或许，他就是依据从殖民地建立时流传下来的腓尼基传统写的。然而迄今为止，在迦太基发掘出来的最早的驯化葡萄证据是公元前 4 世纪的葡萄籽。

尽管野生葡萄在突尼斯也有分布，但要让驯化葡萄藤在如此炎热的气候中生存，必须采取特殊措施才行。马枸建议增加土壤的透气性，用特殊的方式种植葡萄来弥补降水量的不足。他的葡萄干酒制作方法是在葡萄成熟的最佳时期采摘葡萄，剔除损坏的浆果，将葡萄放在芦苇棚下晒几天（夜间要专门盖上，以免被露水浸湿），用新鲜果汁重新浸泡果干，然后踩出汁液。第二批葡萄也以同样的方式处理，然后将两批葡萄汁混合发酵约一个月，最后过滤到容器中，用皮革封口。在口感和生产方法上，马枸的葡萄干酒与托斯卡纳甜美的圣酒（Vin Santo）或意大利北部瓦坡里切拉（Valpolicella）地区的阿玛罗尼葡萄酒（Amarone）类似。酿造阿玛罗尼葡萄酒时，收获的葡萄首先在谷仓里的架子上晾干，然后脚踩、压榨，连渣滓一起密封在罐中发酵一个月。过滤后，阿玛罗尼还要在密封罐中存放。近在眼前的还有美味的麝香葡萄酒（Muscat），产自一个叫潘泰莱里亚（Pantelleria）的海岛，距离迦太基不超过 100 千米。

迦太基的影响最终扩大到整个地中海，包括西班牙的太阳海岸（Costa del Sol），甚至远到直布罗陀的海格力斯之柱（the Pillars of Hercules）。迦太基人想要开采伊比利亚半岛内陆瓜达尔基维尔河（Guadalquivir River）丰富的锡矿、铅矿和银矿石。但他们又发现，富饶的沿海平原是定居和传播葡萄酒文化的理想地点。最近在卡塔赫纳（Cartagena）附近的马萨龙湾（the Bay of Mazarrón）发现了两艘公元前 7 世纪的沉船，证明了船运在古迦太基帝国扩张中的重要性。这两艘船由西班牙国家海洋考古博物馆发掘，船身只有标准比布鲁斯船长度的三分之一，但非常适用于沿海的短程航行。

在腓尼基人和迦太基人到来之前，西班牙南部海岸的本土居民喝的是一种香料味足的混合酒，其中原料有大麦、小麦、蜂蜜和橡子粉（见第五章）。无论是被迫还是自愿，他们很快就接受了葡萄酒文化，他们在西班牙种出第一批葡萄园，培育出优良品种，所以今天我们还能够品尝到古人的劳动果实。

2004 年我在巴塞罗那参加了关于古代啤酒的会议，巴塞罗那大学的同事罗莎·M. 拉梅拉-莱文德（Rosa M. Lamuela-Raventós）邀请我参加了一次非常特别的沿海和山区葡萄酒产区之旅。罗莎和她的学生玛丽亚·罗莎·瓜什（Maria Rosa Guasch）负责检测图坦卡蒙墓中一些双耳罐上的红色色素，她们使用液相色谱-串联质谱法研发出一种更精确的方法，用来鉴定古代样品中的酒石酸。现在我们知道，这位 19 岁的法老曾喝过红葡萄酒，但巴塞罗那研究组的一项后续研究表明，墓中的 26 个双耳罐，至少有 3 个装的是白葡萄酒。

罗莎的家族莱文德是一家历史悠久的卡瓦起泡酒①（在 Codorníu 品牌下销售）生产商，还拥有非起泡葡萄酒的酒庄。我花了几天的时间品尝葡萄酒，参观他们现代化的葡萄园和酿酒车间，晚上在城堡中享用厚切牛排和加泰罗尼亚特色美食，然后迎来此次旅行的高潮——参观普里奥拉托（Priorat），这是一个远离海岸、海拔很高的地区。莱文德家族的上帝之梯（Scala Dei）酒庄位于这里，酒庄的名字源于 12 世纪建造在陡峭岩壁上的加尔都西会修道院，这个名字让人联想到《创世记》28 中雅各布的通天梯故事。上帝之梯葡萄酒用的葡萄产量很低，是本土歌海娜葡萄与赤霞珠和西拉葡萄的混酿，味道十分浓郁。它的酒精含量为 14%，已经很高了，但普里奥拉托的其他葡萄酒更厉害，能达到 16%～17% 的酒精含量，接近未经强化的葡萄酒所能达到的极限。只是描述这些酒深邃的红色、层次分明的芳香和口感是不够的，必须要亲自品尝才能真正体会到它们的美妙之处。我后来在美国找到了几瓶 2000 年产的上帝之梯葡萄酒，它们藏在曼哈顿苏豪葡萄酒和烈酒店（Manhattan's Soho Wines and Spirits）最顶层的架子上。当我打开一瓶存放了 10 年以上的酒时，它立刻唤起了我的旅行记忆，也让我想到更遥远的腓

---

① 卡瓦作为西班牙最典型的起泡酒，虽然酿造工艺与香槟一样也是传统法，但价格却便宜许多，产量也很大，可以说是平价版香槟。多数卡瓦都是干型，白和桃红皆有，酸度适中，通常带有青苹果、柠檬、坚果、烟熏的风味，气泡细腻。参见 Erin《不是每一种起泡酒都能叫香槟》，https://tastespirit.com/p/31440.html。——译者注

尼基人的冒险征途。

腓尼基人的征程从未止步。他们越过直布罗陀海峡，来到大西洋。他们到过英格兰的康沃尔，据说他们在那里开采锡矿石。他们沿着非洲的西海岸航行，如果希罗多德说的是真的话，他们环行过整个非洲大陆。有些学者甚至认为他们到达了新大陆，证据是在巴西和北美东部发现了腓尼基铭文，但后者很可能是伪造的。迄今为止，在那里没有发现过他们葡萄酒文化的任何迹象；要寻找美洲人的来源以及他们酿造和享用过的发酵酒，我们得朝另外一个方向努力。

第七章　新世界的苦和甜，还有芳香

　　1977 年，当范德比尔特大学的考古学家托马斯·迪勒海（Thomas Dillehay）开始在智利的史前小聚落蒙特韦德（Monte Verde）挖掘时，他可能无法想象自己将要掀起的学术风云。他和同事们发现，这个位于太平洋内陆 55 千米处、曾经有约 30 人居住的遗址，竟然是美洲最早的人类聚落之一，年代大约为距今 13000 年。现有的基因证据显示，人类是通过在冰河时代末期形成的大陆桥（白令陆桥）从西伯利亚到达阿拉斯加的，如果是这样的话，他们怎么这么快就到了南美洲的边缘？这可是 15000 千米的距离啊！对许多学者来说，这一发现与传统观点相悖，肯定是不对的。

狩猎者、渔猎者，还是果食者？

　　长期以来，人们一直认为最早抵达美洲的人类是很有攻击性的和成功的猎人，他们使用精心制作的剥片石器做矛头，被称为克洛维斯尖状器（Clovis points）。他们凭借这些武器，击倒了皮毛厚实的猛犸象、剑齿虎和其他冰河时代的高大生物，这种狩猎方法导致了这些动物的集体灭绝。现在人们认为这种观点过于夸张，动物灭绝被归咎于其他因素，如气候突变、疾病以及来自亚洲的其他哺乳动物（如驼鹿和棕熊）的竞争。

"克洛维斯第一"的理论在其他方面也存在问题，其中一个不小的问题就是蒙特韦德的年代怎么那么早。现在已知最早的出土有克洛维斯尖状器的遗址测年可以到距今 11500 年左右，比蒙特韦德晚了 1500 年，而且遗址的位置在南美洲北部。此外，在白令海峡两侧的阿拉斯加或西伯利亚，也就是当时陆桥的起点和终点，至今都没有发现一个克洛维斯遗址。"克洛维斯第一"的理论还有另一个前提假设，即最早来新世界探险的人类在穿越覆盖北美洲的劳伦泰德冰盖（Laurentide）和科迪勒拉冰盖（Cordilleran）之间的无冰通道之后，是沿着内陆前进的。然而，最新的地质数据并不支持这一观点。现在普遍认为，我们的先人在穿越白令陆桥之后，是沿着海岸线向南前进的。①

当海平面下降了 120 米，冰河时期暴露出白令陆桥时，荒凉的苔原并没有保持太久。在几个世纪甚至几十年内，它

①　迄今为止，该问题仍然没有定论。2020 年牛津大学的学者在《自然》杂志发表文章，称末次冰盛期（距今 26500~19000 年）前后的美洲一直都有人类活动，只不过在距今 15000 年气候变好之后，人类活动更加明显。也有学者提出"海藻森林高速"假说，认为当时的人主要是沿着海岸线推进，而海藻森林可以提供足够的食物。——译者注

就变成了一片长满石楠的草地，被桦树林覆盖，动物们接踵而至，吸引人类迁徙和开发利用。但是，向南迁徙的路线被位于西北海岸和内陆的大冰盖阻挡，还需要一千年，内陆通道才能打开。即使在今天，内陆路线仍然很险峻，我妻子当年开车的时候就发现了，她开着我们的大众房车，从育空地区（Yukon Territory）的道森城（Dawson City）一路向北，到北冰洋的伊努维克（Inuvik），全程近 700 千米。她遇到过壮观的鸟群，偶尔还会看到灰熊，但是在气温稍暖的天气里，这片点缀着许多沼泽和冰碛堆的广袤苔原基本上无法通行，除非沿着垫高的碎石双车道"高速路"行驶。

早期人类可能并没有选择艰难地穿越广袤的冰川或遍布沼泽的苔原，而是选择了另一条路。沿着西北海岸的内海航道前进，他们可以从一个隐蔽的海湾到达下一个地点，这类似于我们认为的人类往返于中亚的绿洲或地中海的岛屿之间。大约在距今 17000~15000 年，沿海的冰块开始融化，河流入海口的地方形成了众多无冰的好地方，对渔民和采集果实的人来说简直是天堂。

今天，任何游览内海航道的人都可以亲眼见到其丰富的海洋和植物资源。穿梭在蜿蜒曲折的峡湾之间，两旁是长满密林的山脉，早期人类有吃不完的野生草莓、无患子、接骨木莓、熊果的果子（它的西班牙语名字的意思是"小苹果"），还有茅莓和美洲大树莓。只要在船边抛根线或结个网，或者手拿棍子蹚在浅水里，他们就可以捕捉到巨大的帝王鲑鱼或大比目鱼，也可以采集美味的蛤蜊和贻贝。

美国的考古学家可不如地中海地区的同行幸运，还没发现早期美洲人用于首次航行的船只证据。早在 40000 年前，智人已经跨越广阔的水域抵达澳大利亚，因此我们可以推测居住在西伯利亚的人拥有自己的水上交通工具，这种工具可以是原木筏、皮筏子或者芦苇船。挪威冒险家索尔·海尔达尔（Thor Heyerdahl）通过驾驶他的康提基号木筏子（Kon-Tiki，是印加太阳神的旧称）从秘鲁横渡太平洋到波利尼西亚，[①] 证明了冰河时代的航海根本上是可行的。

然而，尚未发现船只中途停靠的早期沿海聚落。随着冰川融化和海平面上升，这些遗址和船只必然沉入海底。要找到这些证据，就需要做一些像罗伯特·鲍拉德（见第六章）做的那样有创新性的水下考古工作。没有证据就会激发许多设想，同时也留下更多可以探索的空间。但是如果陆路被冰盖封锁，那么对于南美洲南部出现像蒙特韦德这样一个非常早的遗址，只有一个解释：冰期第一批人类定居者肯定是乘船走的水路。

不喝寻常酒的航海人

蒙特韦德不仅对"克洛维斯第一"理论造成了重大冲击，还带来了其他令人惊喜的发现。这个遗址位于毛林河（Maullín River）的一条支流上，在一片阴凉潮湿的桦树林里。随着溪流水位的上升，定居点最终被淹没，并埋藏在泥

---

① 由这个故事衍生出一部电影，于 2012 年上映，片名就叫 Kon-Tiki，中文名翻译为《孤筏重洋》。——译者注

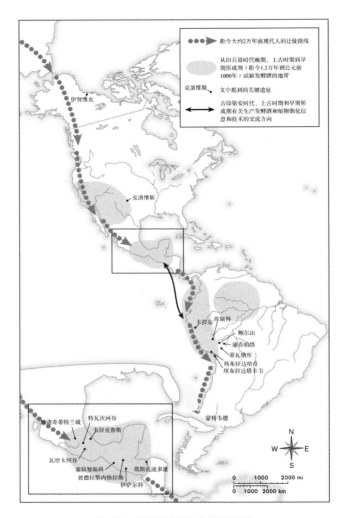

图 18 美洲造酒技术传播路线

说明：人类穿越白令陆桥大约在两万年前，许多可发酵的天然产物被发现并发展为之后数千年的饮料，包括蜂蜜、玉米、可可豆，可能还有许多其他水果（如秘鲁胡椒树）、根茎作物（如木薯）和草。这些饮料通常与"药用"草药、树脂混合在一起（包括辣椒、香草和血液）。

炭沼泽中。结果就是，在所有的旧石器时代遗址中，这里出土了一些保存最好的有机质材料。

考古发掘人员发现了两座建筑，用原木和木板做房基，用木桩固定，用芦苇绳把动物皮革绑在柱子上做墙壁。其中一座建筑可能是聚落中的居住区，长 20 米，内部用木板或动物毛皮分隔出单独的房间。每个房间都有一个小火坑，周围散落着食物残渣。除了乳齿象、古羊驼和淡水贝壳之外，食物残渣里还包括大量的种子、坚果、块茎（包括野生土豆）、蘑菇和浆果。第二座建筑类似，从地上凝固的动物脂肪来看，这个屋子是用来屠宰乳齿象和制作皮革的。

这群人利用的植物种类堪称药理学和营养学的宝库。遗址丰富的森林和沼泽资源提供了足够的物资供人们过冬。事实上，根据植物和动物遗存，考古发掘人员认为这些最早来到美洲的人全年都居住在这里，这一现象通常代表着新石器革命的开始，这比世界其他地方早了好几千年。

蒙特韦德人还跋涉到遗址以北 200 千米的高山森林，采集解醉茶的叶子和果实，这些植物具有明显的药用和致幻效果。他们把当地的一种灯芯草冒出的香甜嫩尖儿跟这种植物拌在一起做成咀嚼物，更有意思的是，他们还加入了来自智利海岸的至少七种海藻。内陆遗址出现海藻，表明这些人与海洋有着密切的联系，甚至很可能就是他们最初迁徙的路线。海藻当然是非常有营养的，它们能提供各种微量元素、一些蛋白质和维生素 A 和 B_{12}，此外还有助于提高身体免疫力，帮助钙和胆固醇的代谢。

还有一系列其他的咸水沼泽和沙丘植物被用作食物和药

材，尤其是一种蒿蓄属的植物，它具有镇痛、利尿和退烧的作用。这些植物中的盐分也填补了当地植物无法提供的营养缺口。

有一种植物——石松，来自 50 千米外的安第斯草原。无论是当地人自己采集的还是通过交换获得，石松都是在蒙特韦德发现的最常见的植物考古材料，共在 33 个地点发现了 17000 个孢子。石松孢子易燃，可以用作火种，也可以当作像滑石一样的爽肤粉，来缓解湿度高带来的不适，这种用法在当地的马普切人中仍然很常见。

对我来说，令人兴奋的是了解到蒙特韦德的饮食中包括许多可食用的浆果和丰富的香蒲（薦草属和蔍草属），它们非常适合发酵。即使在今天，马普切人至少使用了在该遗址发现的两种水果——酒果（一种落叶灌木，也称为 maqui）和小凤榴（一种带香味的常绿植物）——制作发酵酒（奇恰酒）。在美国西南地区的洞穴中发现了大约 10000 年前的咀嚼物，表明古印第安人和早期美洲人早就开始咀嚼甜香蒲的茎、叶子和根。蒙特韦德人也可能嚼食了野生马铃薯的块茎；直到今天，马普切人和维利切人还制作一种特别浓烈的马铃薯酒，虽然是用大麦芽糖化的马铃薯淀粉。人类唾液中的酶可以将淀粉分解为糖，所以通过咀嚼植物增加其甜度，可能是人类发现如何让物质发酵的最早方式之一。东亚人和太平洋岛民仍然在使用这种古老的方法制作米酒（第二章）。

那么早期的蒙特韦德人是如何酿酒的呢？是用水果，还是通过咀嚼并吐出香蒲或其他淀粉植物的甜汁呢？我们也可以合理地假设，他们会用某种容器收集浆果，因为大量的水果会在夏末秋初的时候迅速成熟，必须在变质之前将它们采摘下来。在潮湿的环境中，一旦将水果堆放在一个容器中，里面无处不在的微生物很快就会开启发酵。不巧的是，考古发掘人员尚未找到可能盛过酒的容器，更别说测试了。编织的芦苇可以用来制作绳子，也可能用来制作容器。木质容器也是很有可能的，毕竟遗址上还发现了保留下来的木质磨盘。这些磨盘上甚至还残留着研磨痕迹，是研磨富含淀粉的植物时留下的，比如灯芯草、香蒲和野生马铃薯，研磨可能是制作发酵酒的第一步。然而迄今为止，在遗址上还未发现这些植物遗存的咀嚼物。

蒙特韦德人显然对该地区的自然资源了如指掌。他们知道哪些植物和动物可以满足他们在食物、燃料、居住和药物方面的需求。在后代人形成错综复杂的神话和宗教之前，他们可能已经开始探索酒和致幻剂对人心智的影响。如此精密的信息肯定是经过几代人积累下来的，这再次说明，人类很可能没有在北极闲逛浪费时间，而是乘船迅速向南移动。蒙特韦德人进入内陆之后，可以享受到海洋、湿地、河流和山脉的丰富资源，感受到多样性。相比之下，秘鲁南部埃布拉达塔卡韦（Quebrada Tacahuay）和埃布拉达哈奇（Quebrada Jaquay）的人们大约在 11000～10000 年前居住在海岸的聚落，他们吃着丰盛的鳀鱼、鸬鹚、贝类和甲壳类动物，但除此之外几乎没有别的东西。

反复咀嚼

在过去的十年中，植物考古学、植硅体和孢粉研究、淀粉粒鉴定、稳定同位素和 DNA 分析揭示了关于第一批美洲驯化植物的大量新信息。现在，许多美国菜肴中的主食作物，或者叫基础作物，都可以追溯到距今 10000 年之后不久的时期。

来自墨西哥瓦哈卡（Oaxaca）吉拉纳基茨（Guilá Naquitz）洞穴和秘鲁安第斯山较低海拔村庄的发现表明，南瓜（*Cucurbita* sp.）是最早被驯化的植物。花生长期以来被认为是很晚才驯化的，但在安第斯山的遗址里发现了近似野生形状的样品，测年可以早到距今 8500 年；而且花生被认为起源于亚马孙流域，但这些样品距离"起源地"很远，表明花生栽培很早就开始了。藜麦种子的驯化历史悠久。厄瓜多尔两个遗址出土的驯化辣椒在年代上稍晚一些，大约距今 6000 年，与玉米、木薯、南瓜、豆类和棕榈根一起构成了一个更广泛的农业体系。秘鲁的遗址还出过棉花，年代也可以早到大约 6000 年前。蒙特韦德的有机质遗存还表明，人类可能在很早的时候就开始操控和栽培可可、土豆和其他许多植物，最终将它们驯化。因此，第一批前往美洲的移民在农业方面似乎和旧大陆的人一样，充满创造力。

从狩猎采集到对驯化植物的依赖程度加深，这种转变是一个全球性的现象，因此特别有趣。南美洲北部、安第斯山脉和亚马孙地区以及墨西哥南部是美洲新石器革命的先锋地带，而亚洲新石器革命的发轫地是东亚和近东地区。经济和气候决定论认为，这些"起源中心"的驯化动力来自冰期结束时的气候变暖趋势。大气中的二氧化碳浓度升高，植物迅速生长，人口也随之增长。然后，在大约 13000 年前发生了全球性的寒冷事件，即新仙女木事件（the Younger Dryas）[①]，迫使这些新壮大起来的人群不得不依靠身边仅有的资源生存。他们选择驯化那些碳水化合物含量高的植物，通过试错选择出易于收获、营养价值高和拥有其他优良特性的植物。

相比之下，旧石器时代和醉猴假说认为人类驯化植物的动机不仅仅是经济需要。他们"渴望饮酒"，因此急切地探索和开发周围的环境，寻找可以发酵成酒的富含糖分的资源。如果早期的美洲人来自东亚，而我们在东亚发现了最早的关于酿酒的化学证据，那么他们很可能已经掌握了一些酿酒知识。当他们穿越内海航道，在南美洲的海岸探索并开始进入内陆时，他们会密切关注那些可能含糖的资源。只要有浆果和蜂蜜，它们就会被酿成酒，而酒对社会生活和宗教都是至关重要的。然而在美洲的许多地方，人类生存的环境要么太干燥、太冷或太热，要么海拔太高，根本无法生长富含糖分的水果或野生蜜蜂。

然后就出现了可能是有史以来最匪夷所思的人类驯化试

[①]　新仙女木事件是发生在距今 12900~11600 年的一次气候快速变冷事件，它的名字由来，是在瑞典和丹麦的黏土层中发现了北极苔原蔷薇科植物仙女木的叶、果实和花粉化石，标志着一次寒冷气候事件，而这种寒冷事件在冰期后出现了不止一次，只有最后一次被称为新仙女木事件。——译者注

验——栽培玉米（玉蜀黍属）。酒精对人心智的影响使人类产生强烈的欲望，很可能正是这种欲望，让人愿意付出看似没有回报的努力。

一系列严谨的 DNA 研究确认了类蜀黍（磨擦草属）是玉米的野生祖本。这种山地草本植物生长在墨西哥西南部的巴尔萨斯河（Río Balsas）流域。我们很难想象是什么激发人们驯化它的动力。这种原始玉米的穗儿顶多有 3 厘米长，能长 5~12 颗谷粒，而且外皮特别坚硬。就算你设法剥出谷粒，它们的营养价值几乎为零。现代玉米一穗可以结 500 颗或更多又大又多汁的玉米粒，吃一粒等于整穗类蜀黍的营养。但早期美洲人这看似疯狂的背后，一定有他们的道理。

类蜀黍的驯化大概从公元前 6000 年前后开始，这个过程中它丧失了众多的细茎，而发展出单一的茎秆，谷粒数量增加了，穗子也变大了。同时，它成为少有的那几种驯化作物之一，需要完全依赖人类剥出谷粒并重新播种。如此付出是值得的。最后驯化出来的玉米很快传播到美洲其他地区，无论它到哪里，都被赋予了超自然的意义，尤其在那些把玉米变成"奇恰酒"的地方。"奇恰"是一个泛指所有美洲酒的西班牙词语，但通常指的是玉米啤酒。

从奇恰酒在秘鲁晚期的印加帝国中的核心地位，我们可以一窥这种酒在古代南美洲社会和宗教世界中的重要性。15世纪的西班牙编年史学家，包括瓜曼·波马（F. Guaman Poma de Ayala）、伯纳贝·科博（Bernabé Cobo）、吉罗拉莫·奔驰尼（Girolamo Banzoni）等人，用文字描述和插图记录了奇恰的制作方式和分配过程，以及如何在宴会上被大量喝掉，又是如何供奉给神灵和祖先，并按照严格的规定共享奇恰酒。例如，在印加帝国的首都库斯科（Cusco），国王将奇恰倒入一个金碗中，金碗镶嵌在印加宇宙的脐部，即中央广场上一个装饰性的石质底座，上面还有王座和柱子，奇恰顺着"太阳神的食道"逐级流淌，流向太阳神庙。观众看得目瞪口呆。在大多数节日中，普通人在主宴会后还会放纵饮酒数日，西班牙人对醉酒的情况感到震惊。人牲必须首先用奇恰酒渣擦拭，然后被活埋在墓里，用管子喂几天的奇恰酒。帝国上下散布着特殊的神圣场所，以及先前的国王和祖先的木乃伊，这些木乃伊在玉米粉中进行仪式性的沐浴，并在舞蹈和排箫音乐的伴奏中被献上奇恰供品。即使在今天，秘鲁人在一起饮酒时也会在大地上洒一些奇恰酒，然后在无休无止的祝酒词中，把杯子按照社会地位依次传递给在座的每个人。

西班牙编年史学家记载了制作奇恰和伺候倒酒是女性的活儿，跟其他地方没什么两样。印加统治者会挑选一批貌美的女性（mamakona），让她们终身保持贞操，为节日和宫廷生活制作奇恰酒。一些特殊的地点［例如印加古道沿线的瓦努科潘帕（Huánuco Pampa）］，连同精心建造的梯田和灌溉系统，被用于大规模种植玉米和制作奇恰酒。一个村庄或皇家酒坊的女性在口中滚动玉米粉球，直到唾液将淀粉分解为糖分。这个糊状物被加热和稀释，然后在容器中发酵两天到三天，通常达到约5%的酒精含量。在现代的社交聚会和节日庆典中，女性仍然手拿奇恰酒罐坐在一旁，为参与饮酒仪式的男人提供服务。

　　安第斯地区的考古遗存中到处都是用来制作、盛放和饮用奇恰酒的容器。器型包括克鲁杯、高颈瓶、不同尺寸的罐子，以及精巧的魔术酒器，酒从上方倒入后通过曲里拐弯的通道流下来。这些陶器可以制成各种形状，如玉米棒、羊驼头部和带长柄的芦苇船。有时，魔术酒器甚至是用敌人的头骨制成的，头骨上装有互相连接的金碗和银水管，贯穿头骨和口部。当你走进一个前哥伦布时代的南美洲文物博物馆的展厅，你看到的很可能是多次饮酒宴会积累下来的残片，类似于中国商朝精美的青铜容器或古希腊成套的酒具。印加人不仅喝酒毫无节制，还设计出精美的艺术作品，来显摆他们的酒有多好喝。

　　现在已知的印加时期使用的许多器型，在更早期的时候也有它们的原型。南美洲最早的陶器测年为距今 5000 年左右，表面上看起来主要是用于发酵酒的。虽然到现在为止，对这些器物都没做过化学分析，但这种假设还是很合理的，因为我们已经了解驯化玉米的难度，而且奇恰酒在整个古代美洲的神话和社会生活中都有至高无上的地位。

　　现代科技考古还有一个工具——用稳定同位素分析古代人骨——可以帮我们判断古代美洲人有没有喝过玉米奇恰酒。我们吃的食物会在我们的骨头里留下化学信号，形成不同的碳、氮和其他主要元素的同位素比值。在检测了整个美洲遗址人骨之后，非常有意思的结果出现了。因为玉米是在 6000 年前左右完成驯化的，所以我们会想，这个时候应该出现碳同位素的某种组成变化，可以反映食用玉米的增加，然而这个信号并没有出现。

有科学家对这一异常进行了解释。由于分析只测量了骨骼中的胶原蛋白，即骨头里主要的蛋白质结缔组织，因此检测结果偏向于反映高蛋白的食物。玉米制成的固体食物，包括粥或面包（比如玉米饼），符合检测的要求，但不包括玉米奇恰酒这种主要由糖和水组成的发酵饮料。因此，如果在距今 6000~3000 年，人们将玉米制成奇恰酒饮用，这里面的蛋白质就很难被吸收进他们的骨骼。研究人员推测，只有到了距今 3000 年左右，人们通过选择性育种使玉米穗显著增大之后，才开始将玉米作为固体食物食用。此后，骨骼的碳同位素组成才发生了明显变化。

同位素的结果让人想到了美洲版的近东问题：面包和啤酒哪个先出现，哪个产品推动了中东大麦和新世界的玉蜀黍或玉米的驯化？

约翰·斯莫利（John Smalley）和迈克尔·布雷克（Michael Blake）最近提出，先出现的是玉米酒，更确切地说，是玉米果酒，然后才推动了玉米这种植物的驯化。如果一种酒分布很广，那么它的历史也可能非常悠久。如今，在美洲有一种分布最广的酒，就是用玉米秆压榨出巨甜的汁水直接发酵而成。它不像啤酒需要经过糖化步骤。斯莫利和布雷克指出，现代的玉米秆酒是通过压榨或咀嚼玉蜀黍的茎秆制成的。玉蜀黍和玉米都会在幼苗的茎秆中积累高浓度的糖分。随着植物成熟，糖分会转移到穗中转化为淀粉。在它们生长周期的早期收集茎秆和穗可以获取很高的糖分（重量百分比高达 16%），非常适合酿酒。同理，玉米现在越来越多地被当作生物燃料，全球的大多数酒精都是用玉米发酵生产的。

墨西哥特瓦坎河谷（Tehuacán Valley）的洞穴中留下的咀嚼过的玉米茎秆、叶、皮和穗等，这是史前美洲人对发酵玉米甜汁感兴趣的明显证据。这些洞穴距离巴尔萨斯河地区玉蜀黍的驯化中心不远。在大约距今 7000~3500 年，咀嚼过的玉米植株数量下降。与此同时，玉蜀黍被驯化，玉米粒开始成为主粮，以液体或者固体的形式存在。

如果一开始人们利用玉蜀黍和玉米，是为了攫取其中的糖分和酿酒，那么就可以解释玉米咀嚼物逐渐减少的现象。这个推理与骨骼同位素的证据一致，暗示玉米最初是以液体的形式加工和利用的，玉米在转变为穗更大的驯化植物之后才迅速传播到美洲其他地区。

随着玉米演化出 5000 多个颜色、大小和甜度各不相同的品种，早期美洲人发现了更高效的制作玉米茎秆酒的方法。例如，墨西哥北部奇瓦瓦（Chihuahua）的塔拉瓦马拉人（Tarahumara）发明出一种巧妙的方法，使用丝兰纤维编织成网，代替咀嚼玉米颗粒。他们将玉米茎秆放入网中，用两根木杆扭转网兜，这样几乎可以榨出像花蜜一样的汁液。古埃及人最后在榨葡萄汁的时候，几乎采用了一模一样的方法。

后来还有一系列的工艺改进。可能早在 3000 年前，人们发现使用石灰、木灰或砸碎的贝壳制成稀释的碱溶液，将磨碎的玉米在溶液中浸泡和加热，可以去除每颗玉米粒坚硬的外壳。这个过程被称为碱法烹制，这个词在阿兹特克纳瓦特尔语（Nahuatl）中是"面团"的意思。碱法烹制还提高了玉米的氨基酸含量和营养价值。

最终，当早期美洲人发现他们可以用变大的玉米粒和玉米穗大规模生产啤酒或奇恰酒时，玉米茎秆酒就失宠了。他们通过给玉米粒催芽，激活与人类唾液酶相似的酶类，将淀粉分解为糖分。所得到的甜玉米汁可以烘烤、干燥并储存以供将来使用，或者可以稀释并立即发酵成为玉米奇恰酒。

早期美洲人不理解的是如何开启发酵。不知不觉中，不论是发酵玉米茎秆酒还是玉米奇恰酒，昆虫都可能将酿酒酵母带进甜甜的汁液里，并且通过反复使用相同的发酵容器，酵母菌种得以延续。或许，伴随着人们从亚洲迁徙过来的，还有将谷物酒和水果酒混合发酵的传统，又或者是人们在美洲试验新植物时，重新探索出混合发酵的路子。含糖量高的水果已经被昆虫接种了酵母，将这种水果加到麦芽里是一种更靠谱的启动发酵的方式。西班牙编年史学家记录了一种来自墨西哥中部的高度酒，被称为"化骨酒"（bone breaker），它里面有玉米茎秆的汁液、烤玉米和秘鲁胡椒木的种子，胡椒木也是南美洲常见的一种植物，可能是它提供了酵母（见下文）。

巧克力的诞生

可可树的驯化是早期美洲人的又一项重大成就。与玉米一样，驯化可可的原因很可能是用它甜美的果肉酿酒。可可的自然生长区域为热带地区，尤其是中美洲和南美洲的太平洋和加勒比海沿岸以及亚马孙地区。它全年需要水源，气温不能低于16℃，还需要茂密的林下碎屑，为给可可传粉的小蠓提供栖息地。

受精的花朵会长成橄榄球大小的果荚，从树干和较大的树枝上凸出来。果荚内部有一层多汁的果肉，包裹着 30~40 颗杏仁形状的种子，即可可豆。这些可可豆含有浓郁的苦味和香味的生物碱及其他化合物，为我们提供了奇妙的"众神之食"〔该植物的拉丁属名"Theobroma"的翻译就是"众神之食"〕，即我们熟知的巧克力。同样的化合物，包括甲基黄嘌呤可可碱和咖啡因、血清素（一种神经递质，见第九章）和苯乙胺（与多巴胺和苯丙胺结构密切相关的化合物），赋予了果实类似巧克力的味道和香气。成熟的可可果吸引了猴子、鸟类和其他动物，它们渴望其中丰富的糖分（高达 15%）、脂肪（可可脂）和蛋白质。然而，动物们却躲开了极为苦涩的可可豆，任其散落在地上，有些则会扎根成长为新的可可树。

如果一个成熟的可可果荚掉落到地面并裂开，果肉就会变成液体开始发酵。西班牙编年史作者观察到，危地马拉太平洋沿岸的当地人会把可可果堆放在独木舟里进行发酵，他们很喜欢这样发酵可可果肉产生的低度酒。"这酒会大量汇聚在船底，口感相当顺滑，带有一股介于酸和甜之间的清爽感"（与西方人习惯的甜腻的热可可相去甚远）。在墨西哥塔巴斯科州（Tabasco）的琼塔尔帕（Chontalpa）地区以及中美洲和南美洲的很多地方都有野生的可可树，或者是人工栽培的，那里的人依然喜欢喝类似的酒。

果肉发酵产生的液体能含有 5%~7% 的酒精。这是制作现代巧克力的第一步。在可可种植园，大堆的果肉被堆积起来，发酵后，果肉就会分散开，清除干净以后就能收集可可豆。当果肉发酵并升温时，可可豆开始发芽，直到内部温度升至 50℃，这中断了大多数生物过程。经过五六天的发酵，可可豆的涩味逐渐转变为更熟悉的巧克力风味。将可可豆摊放在阳光下晾一至两周，然后在 120℃ 左右烘烤约一小时，以改善香气、颜色和口感。最后，可可豆被运往世界各地的巧克力工厂，它们对其进行精制和调和，制作出各种美味的巧克力制品。

早期美洲人还没有学会将可可豆制成巧克力棒、酱料（墨西哥辣酱）和饮料的时候，他们先是被可可果酿成的酒诱惑住了。这一次又是生物分子考古学为这种酒的存在提供了关键数据。很巧合的是，在 2001 年秋季，我的母校康奈尔大学文理学院的通讯中出现了一篇题为《巧克力的诞生》的文章，作者是考古学家约翰·亨德森（John Henderson）。他写道他和加州大学伯克利分校的同事罗斯玛丽·乔伊斯（Rosemary Joyce）如何在洪都拉斯北部乌鲁瓦河（Ulúa River）的埃斯孔迪多港（Puerto Escondido）遗址中发掘出年代很早的陶质容器。他认为这些容器很可能曾经盛放过巧克力饮料，并在文章结尾表示，现在真正需要的是对容器残留物进行化学分析，来给他的假设提供确凿证据。这简直就像一位康奈尔大学校友（约翰比我晚一年毕业）跨越数十年的时间向我求助。虽然我们在伊萨卡从未见面过，但我写信对他说这正是我团队的研究范畴，并提议合作。虽然我们以前一直把精力集中在破解旧大陆发酵酒的秘密上，但是同样的方法完全可以用在美洲大陆。约翰很快回信，商定带一些陶器到美国，并且开始了我们的科学探索之旅。

埃斯孔迪多港的陶器样本是迄今为止在整个中美洲发现的年代最早的，年代为公元前 1400 年前后。这个遗址比奥尔梅克的第一个城市出现得还要早，它们聚集在今墨西哥的韦拉克鲁斯（Veracruz）和塔巴斯科州的墨西哥湾地区。长期以来考古学家猜测奥尔梅克人除了雕刻巨大的石头像和制作精美的玉饰来供奉他们敬仰的祖先和神灵，也是最早驯化可可树的人。这可能解释了为什么在后来玛雅和阿兹特克的时代，最好的可可来自塔巴斯科西部的琼塔尔帕地区，一个植被茂密的沼泽地带，航海的人从那里通过独木舟将他们珍贵的货物运往洪都拉斯。古代玛雅人对巧克力的称呼"kak-awa"或"kakaw"，源于弥黑－索科语系（Mixe-Zoquean），与奥尔梅克属于同一语系。

中美洲其他著名的可可产区包括阿兹特克人的重要地区索科努斯科（Xoconochco），位于墨西哥西南部的太平洋沿岸，约翰·亨德森正在工作的乌鲁瓦河谷，以及特努安特佩克地峡（Isthmus of Tenuantepec）在太平洋这一侧的伊萨尔科（Izalco）。可可树自然分布范围很广，关于它最早被驯化的地点，遗传学家之间仍存在一些争议。真正的野生植物很难与栽培植物的野生后代区分开来，并且在历史名区采集野生和驯化品种的情况不均衡。然而，所有的考古和历史证据都指向中美洲，那里制作的可可酒和可可食品是最高级的。在中美洲发现的特有可可品种——克利奥洛——在口感和香气上都无与伦比，虽然克利奥洛的果荚看起来疙疙瘩瘩，比不上南美洲的福拉斯特洛可可（forastero）外观更加圆润。

如果中美洲费了这么大功夫制作最好的巧克力，却不是可可树最早被驯化的地方，那就有点说不过去了。

乌鲁瓦河谷是向中美洲其他地区传播这种珍贵产品的理想地点。在河谷肥沃的淤积土壤和热带气候中，可可树长势喜人。四通八达的水路——由红树林潟湖、沼泽和湖泊相互连通——通往河流和加勒比海。难怪在 16 世纪西班牙人入侵时，尤卡坦（Yucatán）的切图马尔（Chetumal）国王派出了一支舰队，前往乌鲁瓦河谷对抗侵略者。当然，西班牙人最终获胜，但河谷里可可种植园的名声传遍了旧大陆。

为了验证乌鲁瓦河谷是否确实是美洲最早利用可可的地区之一，约翰选择了在埃斯孔迪多港居住区发掘的年代最早的罐子和碗，居住区的房子能根据柱洞辨认出来，时间跨度在公元前 1400 年至前 200 年。在公元前一千纪，玛雅文明在危地马拉和尤卡坦的低地丛林地区兴起。由于这些容器与后来玛雅人专门用来盛加了香料的起沫巧克力酒的有嘴壶和酒杯很像，约翰推测埃斯孔迪多港的人可能在宴会和节庆仪式上制作过类似的酒。

要么是约翰有眼光，一下就挑选出了装可可的容器，要么是埃斯孔迪多港的可可多到遍地都是，在化验过的 13 个陶片中，有 11 个陶片检测到了可可的指纹化合物——可可碱。可可碱也存在于其他美洲植物中，尤其是冬青在南美洲的一种亲缘植物巴拉圭冬青，它的叶片和枝条可以制成具有提神醒脑作用的"马黛茶"。今天南美洲人都还在喝马黛茶，有时会用镀银的葫芦和银质吸管来喝。但在中美洲的本土植物中，只有可可才能产生可可碱。

图 19　玛雅古典晚期瓶子上的绘画

说明：画面中一个头领正要去喝一杯冒着泡沫的可可酒，在他坐
的高台下面有一个盘子，里面可能放着墨西哥卷饼，上面浇了可可酱。

我们跟好时食品公司（Hershey Foods）的化学家杰弗里·赫斯特（Jeffrey Hurst）合作，通过气相和液相色谱联用质谱，证明了这 11 个容器中存在可可碱，而且只能是可可制品留下的。其中两个罐子明显是用于盛液体（图 20、图 21）。有一个出自遗址的最早阶段［奥科蒂略期（Ocotillo），约公元前 1400～前 1100 年］，颈部很长，形状酷似可可果荚，仿佛是宣传里面盛的东西的古老广告。第二个罐子出自该遗址的最晚阶段［普拉亚期（Playa），公元前 900～前 200 年］，属于著名的"茶壶"类型。杰弗里之前的研究表明，伯利兹的玛雅遗址科尔哈（Colha）出土的前古典期中期（约公元前 600～前 400 年）的茶壶里盛放的是巧克力饮料。在生产可可的主要地区，这种类型的容器广泛分布于前古典期的中期至形成期的后期（约公元前 200～200 年），包括太平洋沿岸的墨西哥南部到萨尔瓦多，墨西哥湾的伯利兹一直到洪都拉斯。在许多内陆遗址也有发现，包括韦拉克鲁斯、恰帕斯高原、瓦哈卡河谷和墨西哥中部。保存最好的出自高等级的墓葬，例如在瓦哈卡蒙特阿尔班（Monte Albán）的一座墓葬中，近一半的容器是桥连双口的茶壶。其中几个装饰有人物"雕像"，其中有一个人戴着一只金刚鹦鹉面具。

图 20　美洲可可酒容器

说明：可可果荚形状的高颈瓶，公元前 1400～前 1100 年的洪都拉斯埃斯孔迪多港制作有类似的容器，可能是用来装可可果肉做的酒。作者和同行们的实验室通过化学分析支持这种结论，于是这些容器就成为已知最早的可可酒证据。

在杰弗里的分析之前，对于茶壶是否盛过巧克力酒都纯属猜测。这些茶壶在后来的玛雅壁画和彩绘容器上没有再出现。它们最早与巧克力产生联系，似乎是 20 世纪初的考古学家托马斯·甘（Thomas Gann）发现的，他从伯利兹的圣丽塔·科罗萨尔（Santa Rita Corozal）一座玛雅墓中发现了几个茶壶，并指出它们与自 16 世纪以来在欧洲使用的巧克力瓶相似。

图 21　洪都拉斯北部的"茶壶"

说明：埃斯孔迪多港遗址公元前 900~前 200 年也有相似器型。

有趣的是，早期的美洲茶壶的壶嘴几乎是开在底部的，而且向后弯曲，这样几乎不可能从里面倒出液体。这种奇怪的开口方式很可能是揭示其功能的重要线索。玛雅后期的图像显示，巧克力酒是用一个圆柱形的容器从很高的位置倒入另一个容器中，激起浓密的泡沫。数千年后，西班牙编年史学家描述了尤卡坦的印第安人（玛雅人的后裔）如何制作"一种非常可口的泡沫饮料［由可可和玉米制成］，并用在盛宴的庆祝仪式上"。可以想象，这些看起来奇奇怪怪的茶壶在早期可能用来往壶嘴里吹气，或者通过在大壶口剧烈搅拌来产生泡沫。当泡沫从壶嘴里冒出来，人们可以选择吸入泡沫或直接通过壶嘴饮用。

在埃斯孔迪多港的奥科蒂略期，最早享用巧克力的人还没有这样的容器来准备饮料。但他们有可可形状的罐和高温烧制、抛光的精致杯子，上面装饰有雕刻或印模的星星、菱形和人脸图案。然而我们没有证据证明他们给这种酒打发起沫，我们的分子生物考古学结果表明，这种最早的可可酒的主要吸引力来自它的酒精含量。

后来才使用的茶壶，很可能标志着开始用更苦、巧克力风味更浓的可可豆制作泡沫酒的转变。这种变化与其他植物种子——马米果、吉贝和棕榈——的扩大利用是同时发生的，它们被研磨和烘烤之后，有营养、烹饪和药用的功效。

可可混合酒

起沫后来在中美洲社会一度盛行，那时候的象形文字也开始提到各种添加剂，用在可可豆制作的酒里。在危地马拉西北部丛林地带的彼德拉斯内格拉斯（Piedras Negras），在一个门楣上发现一块巨大的玛雅石板，上面有一道铭文，写着"辣椒可可"。在靠近里约阿祖尔的地方发现了一座公元5世纪的墓葬，在墓中发现了一个精美的螺旋马镫盖壶（彩图5），其中一位头领躺在一张吉贝和棉花床垫上，像迈达斯墓一样，他的身边随葬了一套三足桶形饮酒器（见第五章）。这件容器不同寻常，表面涂有灰泥并写着六个大的象形文字，意思是"用于威蒂（witik）可可、科克斯（kox）可可的酒具"。斜体字的含义尚未被破解，但它们可能指的是可可酒中的其他成分。杰弗里·赫斯特的化学分析证实了这个壶里装过可可。另一个彩色瓶上提到了"k'ab kakawa"，意思是"蜂蜜可可"，听起来就很好喝。

西班牙人对阿兹特克人的描述中，记录下将巧克力与其他调味品混合的奢华传统。弗雷·伯纳迪诺·德·萨哈古恩（Fray Bernardino de Sahagún）的《新西班牙事物通史》（*General History of the Things of New Spain*）充满了人类学的敏锐观察，我们可以读到统治者在家中私享巧克力——"青色可可荚、蜂蜜巧克力、添加绿色香草的花香巧克力，鲜红巧克力，*huitztecolli* 花巧克力，花色巧克力，黑巧克力，白巧克力"（Coe and Coe，1996：89-90）。Huitztecolli 是舟瓣木属植物的一种耳状花朵，属于番荔枝科，具有辛辣和树脂的风味，十分珍贵；它必须从热带低地进口。编年史还提到了"黑花"，一种人见人爱的兰科香草植物（香荚兰属），只有无刺的美洲蜜蜂授粉才能让它结出芳香的黑色籽荚。其他花朵和香料包括："线花"，一种胡椒属植物，也有胡椒的味道；荷花玉兰；具有玫瑰香味的"爆米花"；吉贝种子；具有苦杏仁味的马米果种子；各种辣椒；带有南瓜味的多香果；给酒增添一抹浓烟红色的胭脂树红。那时候甘蔗和甜菜糖还没有引进美洲，因此使用本土蜜蜂产的蜂蜜来中和巧克力和其他添加剂的苦味。西班牙人曾试图消除大多数本土习俗，却对这种饮料产生兴趣，并将其中一款带回了旧大陆。今天，在恰帕斯东部的拉坎东（Lacandón）玛雅人中仍然保留着这种传统酒，他们仍然认为巧克力泡沫是酒中"最令人向往"的部分。在墨西哥和危地马拉的其他地方，也会使用类似的成分混合制作各种巧克力酒。

我们通过化学检测特别有针对性地寻找某些添加剂，但在埃斯孔迪多港最早期的容器里都没有发现。这个结果意味着在埃斯孔迪多港的人消费的是不一样的酒，显然是一种只由甜可可果肉制成的未掺杂添加剂的酒。这个传统可能没有完全消失，有些玛雅的彩陶罐上提到了"树鲜"的可可，而萨哈古恩有一段文字描述到国王"绿可可"的效果："［它］让人醉，效果好，使人头晕，使人恍惚，使人恶心，使人心神错乱。当喝寻常量时，它使人高兴，使人焕发精神，使人心安，使人恢复元气。因此有人说：'我喝可可。我沾湿了嘴唇。我容光焕发。'"（Henderson and Joyce，2006：144）萨哈古恩说的肯定是酒啊，这还有什么疑问吗？

可可：贵族专享酒

阿兹特克人对酒的看法有点复杂。他们允许老年人每天喝四杯普逵酒（*octli*），这种酒含有 4%～5% 的酒精，通过收集龙舌兰富含糖分的汁液发酵而成。在盛大的宴会上，他们鼓励所有人喝醉酒，甚至包括儿童。国王也经常沉溺其中。贝纳尔·迪艾兹·德尔·卡斯特罗（Bernal Díaz del Castillo）目睹了在一场有 300 道菜的史诗级盛宴上，女仆们端着"50个盛有精心准备的、冒着泡沫的可可酒的罐子"献给蒙特苏马二世。

然而，这样的奢靡行为与阿兹特克人维持军事纪律和公共秩序的需要背道而驰。他们严格规定了谁在何时可以喝什么酒，因为他们认为自己是第五太阳纪元中帝国的统治者，是宇宙秩序的维护者（尽管他们出身卑微）。醉酒足以判处死刑，而阿兹特克的文学就像导致美国禁酒的清教传单一样，严厉警告饮酒的邪恶。古代中国也有类似的例子，例如周王朝对商朝国君纵欲享乐和自我毁灭的抨击态度（见第二章）。

阿兹特克人在 14 世纪征服了墨西哥的中部地区，但他们的记忆里充满了在墨西哥西北部沙漠里相对贫苦和斗争的光荣过去。根据他们的开国传说，他们的都城建在特诺奇蒂特兰城（Tenochtitlán），那是月亮湖中的一个群岛，而当时的月亮湖填满了整个墨西哥河谷，他们看到一只雄鹰嘴里衔着一条蛇，落脚在一棵刺梨仙人掌上（仙人掌属植物）。这个神话中隐含着阿兹特克人家乡的酒，这酒是用刺梨仙人掌、巨人柱和量天尺的果实，还有牧豆树荚果的果肉、龙舌兰和丝兰的花茎制成的。把这些植物在坑中烘烤或煮出汁液，可以提取出含糖量很高的浓缩液，储存下来以备需要时使用。

由于这些饮料在炎热的气候中会很快变酸，当地人必须迅速把它们喝掉。西班牙人来的时候，他们就已经出名了，被称为"醉得最厉害的酒鬼"。妇女们隔三天就酿一次酒，助长了这种上瘾行为，有观察者写道："男人们喝得太多，都失去知觉了。"一位观察瓜萨韦（Guasave）印第安人的人写道："他们很喜欢喝酒，因为他们有太多可以制成酒的水果。在果实丰收的三个月里，醉酒几乎就没停过，跳舞也是如此频繁和持久，好像这些人都拥有了超人的力量。"（Bruman，2000：10）

墨西哥西北部也是一个食用致幻草药进行巫术崇拜的中心地带，人们通过煎煮佩奥特仙人掌［乌羽玉（Lophophora williamsii）］的外露部分，即所谓的乌羽玉扣，制成茶饮。

佩奥特仙人掌中的活性生物碱是仙人球毒碱，是苯乙胺的衍生物，在可可中也存在。目前还不清楚这个地区的人从什么时候开始利用佩奥特仙人掌，很可能是在古印第安时期或远古时期，他们刚开始把在沙漠里能找到的所有植物都拿来咀嚼、捣碎、压榨和烹饪，发现了各种植物的致幻特性。佩奥特仙人掌也可以泡在酒中服用，以增强效果。西班牙的编年史记载了使用玉米奇恰酒和普逵酒的情况。

先不管佩奥特仙人掌的起源在哪里，阿兹特克人在迁徙到墨西哥中部时并没有带走它，而是在当地找到了替代品，包括裸盖菇属的各种蘑菇。这些真菌的主要活性生物碱是赛洛西宾和赛洛新，它们是与血清素相关的吲哚衍生物（见第九章）。阿兹特克人将这些蘑菇称为"神肉"（teonanacatl）。萨哈古恩说人们是在天亮之前同时食用这些蘑菇与蜂蜜，搭配可可酒，这样会引起幻觉，人开始跳舞、歌唱和哭泣。

阿兹特克人征服索科努斯科（Soconusco）这个主要的可可产区后，又发现了另一种可以酿酒的植物。他们很快将特制的可可酒限定为精英阶层的专属，古代玛雅人也是这么做的。只有国王、他的随从、高级士兵和波奇特卡（pochteca）——负责将可可和其他奢侈品（豹皮、琥珀和凤尾绿咬鹃的华丽羽毛）从太平洋低地穿越敌国领土运送到特诺奇蒂特兰城的商人阶级——才能喝可可酒。除了国王可以任意饮用外，可可酒只能留到用餐或宴会即将结束时，在烟雾缭绕、喧闹的讨论和娱乐活动中饮用，可以说与世界各地男性社会的习俗别无二致。萨哈古恩告诉我们，波奇特卡喜欢争强好胜，他们有个习惯，是右手握住装酒的葫芦，左手握住一根棍子将酒打发起沫，同时还要有一个支架，每饮一次，就把葫芦放在上面。

也许因为可可树对阿兹特克人来说太过陌生，他们在他们的文化中赋予了可可和可可酒特殊的地位。例如，可可豆成为阿兹特克所有商品和服务的等价货币。蒙特苏马在特诺奇蒂特兰的储藏室里有军火库般的海量可可豆，根据一位西班牙编年史学家的说法，数量接近 10 亿颗。

阿兹特克的神话将宇宙划分为四个主方位，由"世界树"支撑。在他们的树皮折纸古书上，世界树以太阳神维齐洛波奇特利（Huitzilopochtli）为原点，呈放射状展开，如曼荼罗。在图上，可可树生长在南方，这倒跟现实相符，代表了祖先和血的颜色。可可果荚的形状就像人类的心脏，更强化了这种象征意义。当一个奴隶或囚犯在特诺奇蒂特兰的大神殿上被献祭给太阳神时，祭司们会掏出受害者仍在跳动的心脏，并将其高举向太阳。被献祭人的首级则会被陈列在架子上。在一年一度的羽蛇神仪式上，会挑选出一个完美的人作为代表，穿戴着神的服饰和珠宝，并被视为神的化身，他要在临死前跳庆祝舞蹈。如果他失误，就会给他一葫芦的巧克力，其中混有之前祭祀使用的黑曜石刀上结成的血块。据说这种酒能够赋予他勇气，让他内心欢喜地完成舞蹈，保持宇宙不崩溃。

数百年前，玛雅人也同样痴迷于可可在宇宙中的地位。在他们漂亮多彩的桶形饮酒器上经常会有这样的图像，被地府杀害的玉米神，他的头被悬挂在可可树的果荚之间。根据危地马拉基切（Quiché）玛雅人的《智慧之书》（*Popol*

Vuh）——这本书一部分由西班牙人几千年前的象形文字原稿记录，但原稿已经遗失了——当玉米神的头被展示给玛雅统治者的女儿时，玉米神复活了。她生下了英雄双胞胎乌纳普（Hunahpú）和伊克斯布兰卡（Xbalanqué），他们使玉米神重获新生，并永远以太阳和月亮的光荣形象存在。在史诗的后半部分，人类由玉米、甜美的水果和可可创造出来。

与阿兹特克人一样，玛雅人将可可与血液同等看待，在一些巧克力壶的图像中，神会刺破他们的颈部，将血液喷洒在可可果上。还有一些场景，一位使用吹箭的猎人，可能是英雄双胞胎之一，正在追逐一只凤尾绿咬鹃。与后来的阿兹特克墓一样，玛雅墓葬中的人形陶罐上也装饰着可可果。甚至后来的波奇特卡商人也可以找到与他们有关的形象，玛雅商神艾克·曲瓦（Ek Chuah）或 L 神，他在巧克力容器上的形象是正在接近一棵可可树，上面停了一只凤尾绿咬鹃，在他的背包上也有一只。在中美洲社会，玉米和可可、血液和生育、奇妙的鸟类、梦境和幻觉、音乐和舞蹈，一直是有密切联系的。

民间的可可

我们发现了最早的可可饮料，自然让我开始想象这种酒尝起来是什么味道，我们能不能再现出来。我又找到了富有冒险精神的萨姆·卡拉焦恩，还有他角鲨头酒厂的酿酒师布莱恩·塞德斯帮忙。

就如何最有效地展开这次古代美洲的探险之旅，我们还讨论了一番。如果最早的可可酒是用可可树的果肉制成的，那我们是不是应该从中美洲，最好是从我们分析的陶器的来源地洪都拉斯进口可可果呢？不幸的是，可可果特别容易腐烂，除非我们亲自前往并在现场进行试验，否则这是不可能的。我们还有一个想法，为什么不用玉米和蜂蜜做基础原料制作一种酒，这是后来的玛雅和阿兹特克酒常用的原料，然后根据西班牙编年史家的记载添加一些调料呢？尽管我们无法获得可可果，但我们找到了一家黑巧克力供应商 ［位于美国密苏里州的阿斯基诺西巧克力公司 (Askinosie Chocolate)］，他们可以为我们提供来自阿兹特克优质巧克力产区索科努斯科的可可豆和可可粉。它的苦味会被蜂蜜和玉米中和。胭脂树红会给酒增添一抹浓艳的红色，让人想起阿兹特克人对殉人的痴狂。最后，加点辣椒给酒增添更多刺激，但我们选择了较温和的安丘辣椒，而不是火辣的哈瓦那辣椒。如果有的话，我们还可以加入胡椒味的 "耳朵花"① 或致幻蘑菇。发酵采用了一种德国艾尔酵母，酵母本身没有特别的味道，但能够凸显其他成分的风味。

我们进行了几次试验，由加利福尼亚的影像公司密切监控并全程拍摄，然后请纽约、费城和特拉华州里霍博斯比奇酒吧里的志愿者品尝成品。

经过一些微调，我们制作出了 "Theobroma 可可酒"，这是一种独创的新酒，酒精含量达 9%。品尝时，你首先会

---

① 拉丁名 Cymbopetalum penduliflorum，是舟瓣木属的一种植物，花瓣像耳朵，晒干后有浓烈的香料味。——译者注

闻到黑巧克力的独特香气，然后是安丘辣椒的辣椒粉味道，胭脂树红的烟熏味和泥土味，以及蜂蜜的芳香。唯一的遗憾是这款酒的泡沫不够丰富，无法像玛雅国王那样吸入一口酒沫儿。

烧了这酒坊

在秘鲁南部安第斯山的山脚下，距离太平洋仅 75 千米的地方有一个偏远的城堡，它为我们揭示了早期美洲人是如何从身边的环境中寻找富含糖分的资源来酿酒的。公元 600 年前后，在鲍尔山（Cerro Baúl）2590 米高的山顶上，瓦里（Wari）帝国在这里建立了一个殖民前哨和宫殿寺庙建筑群，如今被称为安第斯山脉的马萨达（Masada）①。据说当地的秘鲁人在印加人征服期间逃到鲍尔山，并像犹太人在山中城堡抵抗罗马人一样坚持到食物和水用尽。与犹太人不同，瓦里人幸存下来了，但在公元 1000 年前后，城址还是被废弃了。我们不知道他们是因为不想再费力搬水上陡峭的山坡，处理距离首都 600 千米的后勤问题，还是受够了与蒂瓦纳库

---

① "马萨达是一个地势险峻的天然堡垒，它威严肃穆地矗立在犹地亚沙漠中，俯瞰着死海。马萨达是古代以色列王国的象征。公元 73 年，在罗马军队的围攻下，该城池遭到严重摧毁，它是犹太人爱国者在这片土地上陷落的最后一个据点。马萨达是由朱迪亚王国的希律王（公元前 37 年到公元前 4 年在位）修建的宫殿群，带有典型的早期罗马帝国的古典建筑风格。马萨达城堡外围的营地、堡垒以及进攻坡道保存至今，它们完整地再现了罗马人在著名的'罗马围攻'中的攻城工事。"引自《世界遗产名录·马萨达》，https://whc.unesco.org/zh/list/1040。——译者注

敌对势力的谈判，当时后者已经扩散到边境地区，总之瓦里人收拾行囊离开了。在离开之前，他们举行了一次盛大的宴会，席间他们饮用了大量的国酒，宴席过后仪式性地摔碎酒器，将整个建筑群付之一炬。

瓦里人的酒是用秘鲁胡椒木的果实制成的，这种果实常用于制作中美洲的高度鸡尾酒。这种树可以长到 15 米高，广泛分布在秘鲁的沿海地区，最高分布在海拔 3600 米的位置。当果实在夏季（1 月和 2 月）成熟的时候，果实的重量会把树枝压弯。早期人类可能最开始是被果实浓郁的红色吸引。

西班牙编年史家和现在的人都描述过如何用这种果实酿酒。浆果被加热并浸泡在水中，释放出果肉和种子上含糖的糊状物质，尤其是种子上的肉质囊泡。这种糊状物质具有茴香和胡椒的独特味道；种子和外种皮苦涩而且含有树脂，需要过滤掉。破皮的果实上可能还残留着酵母，这样盖着盖子在大罐中发酵几天。加尔希拉索·德拉·维加（Garcilaso de la Vega）写道，这种酒"非常好喝，非常美味，非常有益健康"；也的确，在秘鲁的克丘亚语中，胡椒木的名字就是"生命之树"的意思。在像墨西哥这样的地方，已经开始将不同物质混合在一起发酵，胡椒木的果实很快就和玉米秆、仙人掌汁和玉米麦芽混合在了一起。

尽管西班牙修士们把本土酒贬低为魔鬼的作品，但他们对秘鲁胡椒木钟爱有加，将其移植到整个太平洋沿岸。他们的目标是生产一种可以与荷属东印度群岛产的黑胡椒竞争的产品，并利用这种树的油状树脂来驱虫，治疗疾病，制造树胶和染料，以及生产耐腐木材。

　　瓦里人在鲍尔山建立了整个美洲已知最大的酿酒设施，但他们制作的是秘鲁胡椒酒，而不是玉米奇恰酒或高贵的巧克力酒。在宫殿旁边有一个梯形建筑，有一些房间专门用于研磨块茎和辣椒，可能是酒的添加剂，在 12 个大缸里加热酒糟，最后在葫芦容器里发酵。在加热缸的炉灶周围发现了成千上万颗胡椒木种子和茎秆，这表明是在这里把浆果清理和过滤出来。每缸的容量为 150 升，一次总共可以制备大约1800 升酒。根据大卫·戈德茨坦（David J. Goldstein）和罗宾·科尔曼（Robin Coleman）的田野实验，制作 20 升酒需要大约 4000 颗浆果或几棵树的果实，因此为了最后的庆祝活动，可能需要采摘 100 多棵树的果实。在酒坊里发现了散落各处的披肩别针（tupu），这种特殊的别针只有女人才会佩戴，所以再次暗示了在当时酿酒是女性的工作。

　　他们还真是喝了不少酒。在这个大酒坊的庭院里，发现了 28 个高等级的克鲁杯。这些杯子被分为 7 组，每组 4 个，装饰着精美的黑白图案或者瓦里至高无上的正面神，神像眼睛凸出，头戴高冠。杯的大小从 30 毫升到 1 升以上不等，很可能反映了饮者的社会地位不同；参加"迈达斯国王盛宴"的人也用酒器的大小区分各自的地位（见第五章）。发掘者把这个地方称为酿酒坊或饮酒堂。当这个地方被一把火烧掉时，28 位瓦里贵族显然将自己的克鲁杯作为祭品投入火中，还有 6 串由贝壳和石头做成的项链被扔到冒烟的灰堆上以示祝福。

　　瓦里酒与古代秘鲁最重要的玉米奇恰酒截然不同。就算胡椒木酒中添加了玉米，那么添加的量也是微不足道的，包括酿酒设施，在整个遗址出土的植物考古遗存总量中，玉米的比例不到1%。

鲍尔山山顶上的临别仪式，在宫殿中重演了。在一个内庭院落里发现的食物残留物表明，当时的人们享受了一场异常豪华的"最后的晚餐"，有安第斯鼠兔、鹿肉、大羊驼和小羊驼，以及不下十种鱼（包括凤尾鱼、沙丁鱼、鲱鱼、银汉鱼、飞鱼和金枪鱼）。当然，该遗址距离太平洋并不远，但这些残羹剩菜表明，该遗址的居民就像蒙特韦德的人一样来自大海。宫殿中的其他骨骼遗存——安第斯神鹰、翔食雀和鸺鹠①——可能并非宴席上的菜肴：这些鸟类稀有，可能代表了某种宗教意义。在庭院的地上有30多个摔碎了的餐具，但没有克鲁杯。随后建筑遭到焚毁。

在靠近宫殿的一个寺庙附属建筑中，也举行了一场火烧仪式。在一个房间地板下发现了一个婴儿和青少年的墓葬，另外还出土了一件不寻常的物品——鼓，上面画有抽象的鸟和裸体的舞者，舞者们正面朝前，戴着高高的头饰，让人想起正面神。鼓和打击乐器、排箫、笛子和喇叭从早期开始就是整个美洲巫术仪式中不可或缺的部分。例如，在秘鲁太平洋沿岸的古典晚期城址卡拉尔（Caral），它的年代为公元前3000年至前1800年，人们在大庙的一个裂缝中发现了32把鹈鹕翅骨制成的笛子，这很可能是在一次祈福仪式中作为祭

① 鸺鹠，是一种小型鸮类，我国也有分布，比我们身边常见的麻雀大不了多少，是中国最小的猫头鹰。——译者注

品塞在里面的。

　　胡椒木酒在瓦里人中肯定是一个非常重要的文化和族群标志。最近，在瓦里人的腹地康乔帕塔（Conchopata）发现了一个与鲍尔山类似的酿酒设施，它在鲍尔山北部数百千米。在康乔帕塔下游不远处的亚拉尔（La Yaral），也发现了一个平民家庭的酒坊，这里居住着继续传承瓦里传统的齐利巴亚（Chiribaya）人。在这两座建筑中的炉灶和加热缸附近，都散布着胡椒木的植物考古遗存。

旱的旱死，涝的涝死

　　早期美洲人制作胡椒味的酒，将不起眼的山草转化为世界上最丰富的酒精来源，还利用可可果和可可豆制作高级酒，都体现出他们在酿酒方面的天赋——你也可以说是超前的智慧。在美洲的其他地区也使用了各种其他原料酿酒，其中一些至今仍很受欢迎。

　　在亚马孙地区，木薯（英文俗称很多，比如 manioc、cassava、yuca、arrowroot）作为最受欢迎的原料已经至少存在了6000年。可以通过咀嚼这种植物的粗壮根茎释放它的甜美汁液，或将其淀粉转化为糖（与玉米茎秆和玉米粒一样）来制作啤酒。人们认为唾液具有神奇的力量，这种力量传递给啤酒，使它疯狂地冒泡并变成一种烈酒。所有宴会上都少不了这种酒，如进入祖宗的世界、庆祝凯旋、举行成人礼、观测天文周期等。

　　南美洲其他地方——不管是山区、草甸还是沿海——都有很多可以发酵和改变人心智的天然产物供人挑选。最先被利用的，很可能是树上随手可摘的含糖量高的水果。桃椰子便是其中之一，它的树汁和粉红色的果肉可以制作一种美味的、低酒精度的酒。还有两种椰子——琼塔和扣尤、野生凤梨、长得像李子的查那果、仙人掌（包括 Opuntia tuna 和巨大柱）以及看起来像一颗诱人葡萄的米斯托枣，这些都是可能用来酿酒的果子。酿出来的酒可以跟药效更强的草药混合，例如，研磨的烟草或可可叶、木曼陀罗的种子、圣佩德罗仙人掌煎出来的水或大果红心木的种荚，它富含吲哚酚类化合物；或者用"死藤水"（中文名叫通灵藤属）制成的茶，它可以让人产生视觉上的幻觉，如今成为某个快速扩张的新时代萨满教的新宠。

再往北到达中美洲和墨西哥南部，也有水果被用来酿酒，包括黄酸枣、长得像樱桃的卡布里、刺果番荔枝、菠萝、扣尤和科罗佐椰子、腰果和野生香蕉等。红薯和木薯也可以在嚼碎后酿酒。在尤卡坦半岛和恰帕斯高原，有一种用当地蜂蜜发酵的蜂蜜酒。恰帕斯的拉坎东玛雅人把树木掏空成独木舟的模样，用它做容器酿造大量的蜂蜜酒，其中还添加了一种特殊的树皮，称为巴尔切（balché，一种醉鱼豆属的树木）。西班牙人曾经描述其为"乳白色，闻起来有酸味，初尝起来令人相当厌恶"。当然，酒中也可以添加致幻药，可以从牵牛花（虎掌藤属和盘蛇藤属）种子或致幻蘑菇中提炼出来。

继续向北进入墨西哥北部和美国西南部的仙人掌生长区，能用来发酵酒的原料越来越少。有些证据表明，在太平洋沿岸的温带地区，可以用接骨木果、熊果和野葡萄酿酒；在内陆地区，龙舌兰、刺梨、风管琴仙人掌和其他仙人掌的果实都可以用来酿酒，尤其要提的是牧豆树的豆荚，它的葡萄糖含量能达到 25%～30%。这些酒都能追溯到很久以前。对索诺兰沙漠（Sonoran Desert）的图霍诺·奥哈姆（Tohono O'odham）人来说，一年当中最重要的祈雨活动绝不能缺少用巨人柱酿的酒。妇女在地下把酒发酵完成，并反复唱诵"你发酵，让我们美美地醉一场"来给发酵过程加油鼓劲。连续两个晚上唱歌、跳舞和狂欢，为的就是让雨云聚集，降下滋养生命的水。

　　然而，在亚利桑那州中心以北和以东，考古和民族志记录中都没有酒存在的证据，很是神秘。17 世纪的法国传教士加布里埃尔·萨加尔德（Gabriel Sagard）就曾观察到："感谢上帝，我们的野蛮人在他们的盛宴上，免去了这种不幸，因为他们既不喝葡萄酒，也不喝啤酒或苹果酒；如果他们中有任何人要求喝一杯酒，这种情况罕见，人们也只会给他清水。"（Havard，1896：33）

　　当维京人一千年前首次抵达北美时，他们对树上缠绕的葡萄藤惊叹不已，索性将这片新大陆称为"葡萄之地"。倒也名副其实：除了中国以外，北美是世界上野生葡萄品种最多的地方（20～25 种），其中一些品种糖分含量还很高。然而，除了偶尔发现的葡萄籽，目前还没有确凿的考古学或化学证据表明有美洲人采集过野生葡萄食用，更不用说驯化这种植物或酿造葡萄酒了。公元 800 年前后，美国内陆的大片森林被伐用于种植玉米，范围最终延伸到东海岸，但就算那时候，也没有人用葡萄来制作玉米奇恰酒。

为什么这个地方与美洲其他地区如此不同，竟然完全没有酒的痕迹？也许阿兹特克人的邻居跟他们一样，对过度饮酒十分厌恶（至少一般民众是这样），这一点在他们还在墨西哥西北部的原居地就有体现。例如，普韦布洛人（Pueblo）种植玉米，四周环绕着喝玉米酒的人群，但他们自己却不喝〔有研究正在分析新墨西哥州的查科峡谷（Chaco Canyon），除非这里出现了反例〕。他们不碰烟草，还避免使用其他药物，包括随处可见的梅斯卡尔豆（Sophora secundiflora，中文名叫侧花槐）和曼陀罗根（英文俗称 jimsonweed 或者 thorn apple）。

然而，普韦布洛人也吹笛敲鼓，就在圣塔菲东边的佩科斯普韦布洛（Pecos Pueblo），我们知道在世界上的其他地方，此类乐器通常与饮酒的庆祝活动联系在一起。大约在公元 1200 年至 1600 年，在复杂建筑的房屋和墓葬中发现了"祭祀窖藏坑"，其中出土了鸟骨制作的笛子，有 12 支之多。和许多旧大陆距今 35000 年的笛子一样，大多数的佩科斯笛子都是用特殊的骨头制成的——美洲鹤、金鹰和红尾鵟的前翼骨（尺骨），还有一支是用火鸡的腿骨制成。也似别处的笛子，佩科斯笛子上画有准线，精心钻出 4~5 个音孔。这些笛子与贾湖（见第二章）的笛子是如此相似，难道可以追溯到第一批从东亚过来的美洲人吗？

也许烟草填补了其他文化中酒的位置。烟草在美洲随处可见，并且美洲人在很早的时候就将其用作与神灵交流的主要手段，同时也将其作为社交利器。烟草可以用来咀嚼和抽烟，还可以灌肠使用，长长的烟斗做成鹰和秃鹰的造型，装饰上这些鸟的羽毛，烟管用鸟骨制成，也可以从盘子上吸烟，盘子上面装饰的动物图腾凝视着抽烟的人。烟草冒出的烟被视为"众神的正餐"，当它升入空中时就像一只鸟，一个萨满教的巫师或医师通过让他的身体和大脑充满尼古丁来达到极乐的状态。

只要北美原住民愿意探索，他们身处的自然界中有太多可以用来酿酒的材料，葡萄和玉米也仅仅是其中的两种。有许多树木会在春季产生富含糖分的树汁，如枫树、桦叶槭、白胡桃和桦树等，这些树汁可以通过刺破树皮来获取。印第安人用树皮或木头制作的容器装满树汁，将烧红的石头投入其中，或者反复冷冻并去除冰块来浓缩所得液体。这种糖浆本身就是酿酒的理想原料，但美洲人明显只是将它用作甜味剂和药物。

为什么北美原住民过着滴酒不沾的生活，而新大陆其他地方的人却那么能喝酒？这个问题可以从另外一个角度来思考。如果第一批美洲人的祖先都可以追溯到西伯利亚的北部和中部，那么酿酒的传统习惯很可能随着他们穿越白令陆桥，沿着海岸线进入内陆。然而，西伯利亚地区极其缺乏含糖量高的资源，似乎并没有这样的酿酒传统。

西伯利亚人在缺乏酒精饮料的情况下，通过食用致幻的毒蝇伞举行萨满教的仪式。欧洲探险家在 17 世纪中叶才开始鼓起勇气踏上寒冷的西伯利亚冻原，据他们记载，萨满经常穿成鹿的模样，戴着鹿角，就像三兄弟洞穴里画的旧石器时代的生物（见第一章）一样。食用这种蘑菇后，萨满开始敲击一面大鼓，单调的重复加强了迷幻的活性化合物（鹅膏蕈氨酸和蝇蕈素）的作用，能让他进入祖先的梦境。这种蘑菇可以通过多种方式服用。女性可能会将干燥的蘑菇切成小块，放在口中咀嚼后交给萨满。毒蝇伞还可以在煎煮后与浆果汁混合服用。萨满甚至还可以服用二手菌子，比如喝吃过毒蝇伞的鹿或人排出的尿液。这些活性成分在哺乳动物体内不会被代谢，可以循环再利用，管它是怎么用的。

幸运的是，从西伯利亚迁移至新世界的早期人类在北美也发现了毒蝇伞。在加拿大西北部的麦肯齐山脉和密歇根州苏必利尔湖沿岸，阿萨巴斯卡人（Athabascan）和奥吉布瓦人（Ojibwa）[也叫安尼希纳贝格人（Ahnishinaubeg）] 仍然在仪式中食用这种蘑菇，这与西伯利亚萨满教的仪式非常相似。这些仪式是不是冰河时代的传统的遗留，自人类首次进入新大陆以来代代相传的？如果是这样的话，那么当他们往南走，超出了这种致幻蘑菇的分布范围时，他们是不是就有了更多的理由开始尝试以前从未遇到过的植物，如玉蜀黍、仙人掌和可可等，将它们变成另一种可以改变心智的东西——酒呢？

第八章　呈上非洲的蜂蜜酒、葡萄酒和啤酒

　　我们在地球上的发酵酒探索之旅转了一圈，回到了非洲。我们人类的祖先在十万年前从这里出发，从东非大裂谷扩展到了非洲大陆的其他地方，再穿过西奈陆桥或者巴布·埃尔·曼德海峡抵达欧洲，最终走向全世界。

　　许多西方人一提到非洲大陆，就想象出茂密的丛林、肥沃的草原、起伏的沙丘，偶尔有被积雪覆盖的高山，如乞力马扎罗山（Kilimanjaro）。非洲人民展现出的多元文化和语言令人眼花缭乱。我对非洲的最初印象与此并无不同，我被它的极致景观所震撼，甚至是畏惧，特别是在读了约瑟夫·康拉德（Joseph Conrad）的《黑暗的心》（*Heart of Darkness*）之后。他的中篇小说创作受到他年轻时沿着刚果河乘船往上游走的经历启发，充满了关于人和自然最黑暗的意象。这条河被比喻为一条巨大而邪恶的蛇，它将叙述者带入了一个被植被覆盖、人性癫狂的幽暗世界，背景中有不断敲击的鼓声，夜晚时不时发出令人汗毛竖立的尖叫声。这给人一种回

到史前社会的感觉，回到早期人类居住的原始森林。那里有仅穿着豹皮或头戴羚羊角的野蛮猎人，女性同样光彩照人，身上披着鲜艳的服装，戴着闪闪发光的金属首饰，以无知者无畏的自豪和神秘感面对荒野。挂在竿子上的干瘪人头，和西方象牙猎人毫无底线的无耻行径一样令人恐惧。艾略特（T. S. Eliot）在他的诗歌《空洞的人》（The Hollow Men）的引言中，非常恰当地写出了康拉德的非洲里这种存在主义和自然的困境，它的出现，似乎把一切都吞没了。

今天许多人仍然对非洲怀有类似的情感，尤其当我们听到艾滋病等疾病的蔓延、处于饥饿边缘的家庭，以及卢旺达和布隆迪的图西人和胡图人相互屠杀时，更加强了这种情绪。但如果我们更仔细地观察，就会发现另外一个非洲。在热情洋溢的音乐旋律、迷人的舞蹈和多彩的节庆仪式中，我们可以感受到振奋人心的力量。非洲人展现出的语言天赋也不是毫无理由的，毕竟非洲大陆是我们人类这个物种的发源地，根据最近的估计，仅非洲大约就有 2000 种不同的语言。这里发明出来陶器很可能是在公元前 6000 年前后，与近东地区大约在同一时间。当地人大约也在同一时间开始种植谷物〔例如龙爪稷（finger millets）、福尼奥米（fonio）、塔夫稷（teff）〕和块茎类作物（山药和香附子），并最终将它们驯化。这些进步很大程度上可能是因为对酒的渴望。然而，位于撒哈拉以南非洲"最初的家园"，一个如此人杰地灵的地方，却因地理障碍在数千年间与外界隔离。

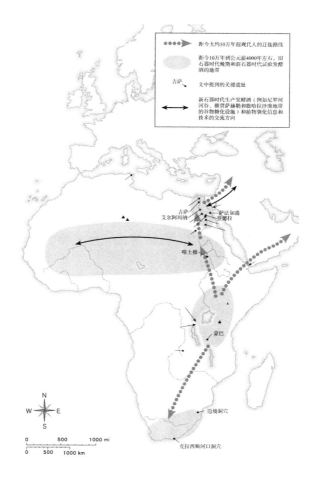

图 22　非洲造酒技术传播路线

说明：人类"故乡"发酵酒的基本原料包括蜂蜜（特别是在东非大裂谷区域）、大麦和小麦（尼罗河谷以此为主）、高粱和小米（重点在萨赫勒地区和撒哈拉沙漠）、棕榈树汁还有许多水果（比如枣）、根茎类作物和草本植物。这些酒通常会跟"草药"、树汁和其他添加剂（包括土沉香和鹅花树）混合在一起。当地有些谷物可能早在新石器时代就已经完成了驯化。关于酿酒的理念和技术（例如埃及和布基纳法索用于碾碎谷物的设施）在尼罗河和西非之间自由传播。

"黄金"

　　骆驼被驯化以后，人类才能够穿越大片沙漠，在那之前，进出非洲的主要路径是沿着尼罗河，这是世界上最长的河流，全长 6700 千米，是非洲大陆长度的一半。今天，白尼罗河（the White Nile）和青尼罗河（the Blue Nile）造就的绿色带状河谷被广阔的沙漠地带环绕，两河从东非大裂谷和埃塞俄比亚高原的发源地蜿蜒而下，发源地附近有大量的人属和早期人类化石遗存，最后河流在喀土穆汇合。尼罗河从这里穿过埃及流入地中海。

　　埃塞俄比亚的国酒叫作"tej"或"t'edj"，可谓是液体黄金，配得上这里自古开采的金属黄金。根据罗马地理学家斯特拉波在他的《地理学》（16.4.17）中的记载，当时居住在该地的游牧民族叫"洞穴居民"（Troglodytes），他们用蜂蜜酿酒，但是这酒只供头领和他的随从饮用。当欧洲人开始探索埃塞俄比亚时，他们首次接触到这种酒，并且在 20 世纪初，海尔·塞拉西皇帝（Emperor Haile Selassie）喝的还是这种酒，这种蜂蜜酒最早很可能追溯到数千年前。在一份蜂蜜里混入五六份水，可以形成一个完美的酸性介质，激活蜂蜜中已经存在的酵母菌。当液体在葫芦或陶罐中发酵两周到三周时，大部分的糖被微生物消耗并排出为酒精和二氧化碳，得到酒精含量为 8%～13% 的酒。

　　这种发酵的蜂蜜酒并不限于埃塞俄比亚。整个非洲大陆的人在相当长一段时间里一直在饮用某种蜂蜜酒。最烈的蜂蜜酒据说出现在大裂谷地区，里面加入水果（如吊瓜树的果实和酸豆），再加入酵母来延长发酵，提高酒精浓度。

　　撒哈拉以南非洲是蜜蜂和蜂蜜酒爱好者的天堂。我们熟悉的欧洲蜜蜂在这里安家，但一些亚种比它们的欧洲近亲更具侵略性，因此这两种蜜蜂群体杂交后形成的非洲杂交种被冠上"杀人蜜蜂"的名字，也就可以理解了。然而当地人似乎并没有被蜜蜂凶悍的名声吓倒。例如，中非的姆布蒂矮人（Mbuti）从蜂巢里采集蜂蜜的时候，可以说孤注一掷。他们爬上高树用临时做的藤蔓绳子去够蜂巢；到了蜂巢的位置，他们会把胳膊猛地伸进去，并迅速把蜂窝塞进嘴里，能吃多少就吃多少，蜂蜜流淌得到处都是。显然，如此大快朵颐弥补了成百上千的蜜蜂蜇伤带来的疼痛。在南苏丹，布维里（Bviri）蜂蜜猎人会赤身裸体，因为蜜蜂可能会夹在衣物的纤维里，冷不丁地蜇你一下。

　　即使有那么高的风险，许多动物仍然会毫不犹豫地袭击蜂巢。在撒哈拉以南非洲地区生活的蜜獾，有时候什么也不吃，光吃蜂蜜。它眼神特别好，能够追踪飞在空中的蜜蜂，跟着它们找到蜂巢。然后蜜獾会简单粗暴地把蜂巢撕碎，吞食里面的东西；有时蜜獾会先在蜂巢的入口处涂抹肛门分泌物来驱赶蜜蜂，或让它们窒息。

　　在非洲的人科动物中，黑猩猩与人类基因的相似度达99%，它们在捕获和利用蜂巢上非常巧妙。有人观察到，黑猩猩在这方面会互相合作，一只黑猩猩用树枝撬开蜂巢，而另一只黑猩猩把盛着蜂蜜的蜂房取出来。在扎伊尔，一只11岁的雌性黑猩猩在使用工具方面极有创意，它用两根粗大的树枝在蜂巢上凿个洞，然后再用一根尖棍子刺破保护蜂蜜存储室的蜡层，最后在蜂巢里舞动一根又长又柔韧的藤蔓，就这样搅十分钟，收集尽可能多的蜂蜜。在它收集美食的时候，一旁的类人猿捶胸啸叫，但它偶尔会把一块仍然滴着蜂蜜的蜂巢丢在地上给它们吃。苏丹南部的贝兰达–比里（Belanda-Biri）部落将他们那里的黑猩猩称为"蜂蜜大盗"。

　　人类肯定从动物那里学到了一些技巧，以完善自己的采蜜技术。人们还用娴熟的技巧永久性地记录下收获蜂蜜的生动场景，例如在南非和津巴布韦的岩壁和巨石上，几千年来遗留下丰富的雕刻和手绘岩画。尽管很难精确测定这些岩画的年代，但它们是当地人生活的不朽证据，其中包括桑人［San，布什曼人（Bushmen）］。典型的场景是悬崖峭壁下挂着一个巨大的蜂巢或一组蜂巢，有人顺着看起来不怎么牢固的藤梯往上爬，去够那些蜂窝。愤怒的蜂群围绕着蜂巢，俯冲向擅闯的人类。

　　津巴布韦马托博山（Matobo Hills）上有一幅饶有趣味的岩画（图 23），年代疑似早到公元前 8000 年前后，画中的猎人单膝跪在梯子上，他（也可能是个女人，此人长发束在背后，可能还插着鸟羽）手持一团东西，看起来像是冒着烟的植物，伸向一组蜂巢。蜜蜂正在离开蜂巢。烟熏蜜蜂曾经是（到今天还是）取蜂蜜之前安抚蜂群的一种技术。最近有记录表明，在津巴布韦和撒哈拉以南非洲的其他地区，有人使用具有麻醉作用的某些植物和真菌［例如，产生有毒乳胶的桦柏属的某种树及巨大的马勃菌］。古代马托博山蜂蜜猎人瞄准的一些蜂巢分为两部分，颜色较深的区域在后，较浅的部分在前，上面标有小点点，很可能表示的是蜂巢前部的抚幼室，而后面颜色较暗的部分是提供食物的蜂巢。

图 23　津巴布韦马托博山上的岩画

说明：年代可能早至公元前 8000 年，画中有一头戴羽毛、长发束背的蜂蜜猎人正在梯子上用烟薰走蜜蜂，发式与撒哈拉中部地区喝高粱啤酒的人很相似。

马托博山的绘画中有许多同心圆弧线，有人将它们解释为蜂巢的仰视图，蜂巢层层叠叠地悬在悬崖洞穴中。南非德拉肯斯堡地区（Drakensberg）的一幅岩画显示了一群蜜蜂在一组五个这样的曲线周围移动。这种几何图形被描述为一种内视现象（见第一章），这是大脑在产生幻觉体验时的第一步反应，类似萨满做法时的恍惚状态。这是世界各地岩石艺术的常见图案，这种现象可能是在饮酒或者服用某种植物致幻剂后导致的，感官剥夺或过载也可能引发类似的现象。

对非洲岩石艺术更深入地研究之后，研究人员确信它们的含义已经超越了审美享受，涉及了精神和宗教层面。与欧洲石器时代的洞穴一样，手印图案十分常见，另外还有奇怪的兽首人身形象和奇幻生物（见第一章）。在这些奇幻生物中，有些在桑人的神话里是母亲神或者兴雨神的化身，它们有时会在被蜜蜂围攻的场景里出现：血从动物的鼻中喷出，舞者跳跃空翻。有些图像会跟岩石的裂缝融为一体，表明这些艺术作品的创作与萨满脑海中的变化是同时发生的，是为了帮助萨满进入另一个世界。

按照桑人的说法，蜜蜂是为驯化动物世界和确保雨水降临提供力量的。当蜂蜜的季节到来时——每年一两次的生产旺季——男人们会出门远行，长至一周。他们一天最多可以采集 10 个蜂巢，每个蜂巢可以产出 5~30 千克的蜂蜜。找到蜂巢的办法，一般是跟随蜜蜂从水源飞回蜂巢，还可以观察到蜜蜂飞行时抛下的微小粪便。蜂蜜猎人与黑喉响蜜䴕之间还发展出令人惊奇的共生关系。鸟如其名，黑喉响蜜䴕可以定位到蜂巢，并通过吸引注意力来引导人类或其他哺乳动物前往蜂巢。它会降落在附近一个显眼的树枝上，发出独特的鸣叫声，然后飞来飞去，展示自己的白色尾羽。就这样一步一步地，这只鸟会引领其"同犯"直捣蜂巢。如果没有同伙帮忙，这种鸟自己是没办法打开蜂巢的，而有了这些鸟的帮助，它可以更快地收获蜂蜜。通过模仿黑喉响蜜䴕的呼叫声引诱这种鸟，人类在猎取蜂蜜的时候可以节省几个小时的时间。萨满的"精神飞行"很可能是受到黑喉响蜜䴕与蜜蜂之间紧密联系的启发。

今天，采蜜的队伍带着蜂蜜回到营地或村庄，就可以大肆庆祝了。也许在旧石器时代，采集者不仅带回了蜂蜜，而且偶尔还用动物皮做的水袋或者葫芦灌满蜜酒。一棵树倒下之后，雨水可能会灌进蜂巢里，发酵了蜂蜜，正如我们在旧石器时代假设里想象的那样（见第一章）。制作蜂蜜酒的一个关键要求是有相对密封的容器，而蜂巢本身被蜜蜂用蜂胶和树脂覆盖，满足了这一要求。最终，要是有人肯开动脑筋的话，可能会想到用皮袋、葫芦或树皮容器制作蜂蜜酒，这样更好控制。西班牙东部也有描绘采集蜂蜜的岩画，与非洲的非常相似，而且大致同时（约公元前 8000～前 2000 年），有时可以看到采蜜人手持一个容器，小心翼翼地在蜂巢旁边的绳梯上平衡着身体，准备把手伸进蜂巢将容器灌满。

在撒哈拉以南非洲的许多宗教和社会仪式中，蜂蜜酒都有着至关重要的作用，这也反映出蜂蜜酒在早期人类中的重要性。即便在今天，肯尼亚的基库尤人（Kikuyu）在求婚时，要向他未来的岳父提供 20 升的蜂蜜酒作为彩礼。蜂蜜酒通常由男性制作（一般认为酿酒是女性的工作，在这里正好相反），而喝蜂蜜酒的人通常是年长的男性，这是变老的一个好处，也是认可老年人与祖先更亲近。肯尼亚的马赛人，他们的民族起源完全不同，且过着游牧的生活，在庆祝男孩的割礼时，近亲的成年人和邻居会在宴席上吃肉喝蜂蜜酒，而年轻男孩儿只能喝牛血和牛奶。当年轻人准备好分家时，会给家里的长辈提供蜂蜜酒，哄长辈开心并获得他们的祝福。然后，年轻人可以用牛角杯喝一杯蜂蜜血酒。结婚的时候，不仅老人要喝蜂蜜酒，用来祭祀的公牛也得喝，喝醉了再将其宰杀。长辈向聚集的人群喷洒蜂蜜酒来表达祝福。

马赛几乎所有的仪式——无论是继承家业、葬礼、面临危机、消除诅咒、消解罪恶还是婚礼——都会往地上或倒或洒些蜂蜜酒，或者郑重地给受委屈或被请求的一方敬酒，以示尊重。

然而，我们仍需谨慎，不要过于轻易地将现行做法映射到遥远的过去。蜂蜜是早期人类能获取的浓度最高的糖分来源；食用满是蜂蛹的蜂巢，它的蛋白质和营养含量超过肉类。当谷物和根茎制作的酒越来越多时，向来稀缺的蜂蜜可能更多的还是被用作甜味剂，而不是用来做蜂蜜酒。在近东地区和中国都可以找到类似的演变过程。阿尔卑斯山以北的欧洲技术发展落后于亚洲，但即使是那里，蜂蜜酒也逐渐失去了为众神和国王尊享的地位，最终被葡萄酒、啤酒以及更晚的蒸馏酒取代。

要追踪蜂蜜和蜂蜜酒的象征意义和社会价值是如何转变的，古埃及是一个很好的例子。埃及位于非洲大陆的东北部，是通往西亚的门户，也是全世界最早记录养蜂和加工蜂蜜的地方。约公元前 2400 年，第五王朝法老纳斯雷（Neuserre）在开罗和大金字塔（the Great Pyramids）上游的阿布古拉布（Abu Ghurab）修建了雄伟的太阳神庙，成为之后两千年遵循的范式。从国王的金字塔到位于河边的陵殿有一条被封土覆盖的长甬道，两侧装饰着精美的浮雕画，画上是太阳神拉赐予尼罗河这片土地的各种植物和动物。在一处露天的庭院的显眼处有一座方尖碑，指向光芒四射的太阳，他的葬礼祭品有牛等皇家食品。祭司从甬道里回到阳光下之前，肯定见到了精心刻画的蜜蜂的象形文字，也就是埃及蜜蜂亚种的侧面。他们也会看到非常复杂的养蜂场景。画面中，一个养蜂人很明显在将一个容器里的烟往外扇，烟飘向九个用晾晒的泥版制作的蜂巢，把蜜蜂逼出来，其他养蜂人把蜂蜜转移到大盆和高罐子里，随后密封。

后来的壁画延续了类似的主题，尤其是在新王朝和晚期王朝时期。大臣雷米尔（Rekhmire）在底比斯的墓里酿酒的湿壁画很出名，而其中也有养蜂的场景，蜂巢的搭建方式与纳斯雷墓里的如出一辙。丝丝缕缕的烟雾从碗中跳跃而出，飘向蜂巢的方向，圆饼形的蜂窝被取出来叠在一起。另外一些工人把蜂蜜倒进罐子和其他容器里，这种容器是用两只碗口对口制作而成，随后用黏土把蜂蜜封上。

我们不知道古埃及人是从什么时候开始采用这种养蜂方法的，也不知道他们有没有受到黎凡特地区或者埃及南部的影响，因为那边有很多野生蜂巢。迄今为止，大量堆砌的人造蜂巢只在中东地区的一个遗址——约旦河谷北部的特拉霍夫（Tel Rehov）——发现过，但是它的年代相对较晚，约为公元前900年，所以我们无法通过它来判断，这种养蜂方法是不是埃及的独创。埃及本地甚至是整个非洲都没有发现古代的人造蜂房。再晚些时候，撒哈拉以南的非洲人制作过长筒蜂房，外形上与古埃及的相似，是用树皮、植物叶子、编制的芦苇、瓜皮做成的，有时候还和点泥；但是这些蜂房不是堆叠起来的，而是高高地挂在树上，彼此之间间隔很远。有一点是清楚的，自公元前3100年前后的古埃及王朝时代起，表示蜜蜂的符号就是极其重要的，统一埃及的初代法老纳尔迈（Narmer 或 Menes）选择用蜜蜂（埃及语 hit）表示他对下埃及的征服和国家统一。这个文字比法老的王衔（royal titulary）还要早，而关于王衔的记录直到公元前 332 年亚历山大大帝消灭晚期王朝之后才中止。蜜蜂和法老之间的关联如此紧密又历史悠久，暗示着它们的起源可能在更早的史前时期，也就说明了养蜂业的出现也很早。

古埃及养蜂人的蜂蜜产量惊人。我们以新王国时期的法老拉美西斯三世为例，据说他向尼罗河之神奉献了 15 吨蜂蜜。铭文描述了蜂蜜的不同等级，例如，"纯净的"浅色蜂蜜和来自沙漠的深红色调的混合蜂蜜。对古代样品的花粉分析显示，这些蜂蜜来自多种栽培和野生的花朵和树木，包括紫花苜蓿和其他沙漠植物、埃及鳄梨、芬芳的基列乳香树、三叶草、黑醋栗、亚麻、牛至、玫瑰等。在分析的样品中，有一只碗特别引人注意，与新王国时期壁画中描绘的碗很相似，碗里盛了一大块保存完好的蜂窝。

一个问题可能会挑战早期埃及的养蜂人，那就是如何让蜜蜂在开花季节内保持忙碌，花季从气候炎热的南方开始，逐渐转向更温和的北方。河流的流动方向也是从南向北，正好解决了这个问题。法国一个旅行者在 18 世纪写道，蜂箱是放置在船上的，船换着地点停泊。蜜蜂对花粉的来源并不挑剔，到了航程结束的时候，蜂蜜就可以在开罗出售了。由于尼罗河是古代的主要运输方式（参见第六章）——不管是运输寺庙的花岗岩柱，还是来自邦特（Punt，被认为位于索马里或埃塞俄比亚）的异国商品——这个方法很可能是某个脑筋灵活的养蜂人想出来的，而这个人肯定有一些航运上的人脉。用船运输蜜蜂的效率可太高了，比我叔叔今天用的方法还要高明，我叔叔在南达科他州养蜂，他得用卡车把蜂箱运来运去，甚至在冬天要把它们送到得克萨斯州或加利福尼亚州那么远的地方。

古埃及生产蜂蜜的历史这么悠久引出了一个问题，古埃及人有没有用这些蜂蜜制作过蜂蜜酒？通过广泛搜集大量的古埃及文献、各种艺术品和考古资料，我没有找到任何相关信息。蜂蜜对于古埃及人有许多用途，可用作杀菌剂和敷伤口的药膏、内服药剂、甜味剂、化妆品成分以及祭品。那么为什么没有将它制成蜂蜜酒呢？蜂蜜酒是最容易制作的酒之一，很可能也是人类祖先在数千年前最早享用的酒之一。

对于蜂蜜酒在古埃及的明显缺位最有可能的解释是，其他酒至少从公元前 3000 年前后就已经流行开了，不管国王还是庶民，他们的想象力、味蕾和钱袋子已经被那些酒捕获。我们已经看到，法老蝎子王一世是如何痴迷于葡萄酒的（参见第六章）。尼罗河的泛滥平原上苗壮成长的小麦和大麦可以酿造出大量的啤酒，这些作物比珍贵的蜂蜜要便宜得多，也更容易收获。也许古埃及人的口味从甜味转向了酸味，就像美国人从 20 世纪七八十年代的超甜果酒和仙粉黛葡萄酒转向了今天的干型酒一样。不论是哪种解释，蜂蜜在历史时期的埃及都有特殊的用途，或作为仪式用品。

稠　酒

埃及在公元前 3000 年前后开启了皇家葡萄酒产业。由于尼罗河河谷里生长着野生小麦、大麦和高粱，啤酒的酿造时间可能比葡萄酒还要早。在上埃及的赫拉孔波利斯（Hierakonpolis）有一个从早王朝早期到晚期过渡的遗址，其中发现了著名的纳尔迈调色板，它纪念了埃及的统一，表明啤酒酿造最晚开始于公元前 3500～前 3400 年。在瓦迪阿布苏菲安河（Wadi Abul Suffian）汇入赫拉孔波利斯的交叉口，南卡罗来纳大学的考古队在 20 世纪 70 年代和 80 年代发现了一个奇特的建筑群。在一个直径三四米的高台上，杰里米·盖勒（Jeremy Geller）发现了六个"火烧坑"，他认为这些是用来烤面包的大烤炉的一部分。附近还有一个高台，上面发现了六个敞口的圆锥形大缸，显然是独立放置的，并且旁边堆放着炭化的残渣。缸的内部覆盖着厚厚的黑色残留物，往底部逐渐变少，最终消失在将近 1 米深的缸底。通过与其他遗址类似设施的对比，这些残留物消失的缸底，很可能曾经放了碗。

尼罗河上游的埃德夫（Edfu）铁硅合金工厂的姚丹·波波夫（Yordan Popov）和开罗大学的植物考古实验室对赫拉孔波利斯大缸里的残渣分析之后，得到了有趣的结果。波波夫说他检测到了一种含糖量非常高、焦化的产物，闻起来像烧焦的白兰地。开罗的实验室报道称，残渣中超过四分之一是保存下来的糖、有机酸（包括苹果酸、琥珀酸、乳酸和酒石酸）和氨基酸，其余部分是沙子和陶器碎片。实验室还观察到了驯化二粒麦子、大麦的完整颗粒和碎渣，椰枣的内果皮碎片，以及嵌在残渣中的驯化葡萄的籽。植物考古学家内奥米·米勒（Naomi Miller）是我在宾夕法尼亚大学博物馆的同事，她确认了二粒麦子的存在，但在她检查的有限材料中没有观察到任何驯化葡萄。如果开罗大学的发现属实，它将把埃及最早的葡萄遗存又往前推了 200 年，当然这些葡萄肯定是从黎凡特地区进口的。盖勒本人对这一发现存疑，他写道："由于风化和昆虫钻洞的扰动，这些遗存（椰枣，进而波及葡萄籽）与大缸的关系不能说是确凿无疑的。"

　　盖勒在后续的研究中，对比了其他上埃及早王朝时期遗址中类似的大缸设施，都是在 19 世纪末 20 世纪初发掘的。在最终成为埃及宗教之都的阿拜多斯，艾瑞克·皮特（T. Eric Peet）和娄特（W. L. S. Loat）发现了八组这样的设施，其中最大的一组有 35 个大缸，分成两排，一排有 17 个，另一排有 18 个，每个大缸外面都用长直的耐火砖支撑。大缸错位排列，这样可以在连接大缸的侧壁上建造交错的添柴孔。环绕大缸的火坑有屋顶和围墙，大缸本身暴露在空气中。每个缸的底部放有一个碗，可能是用来收集酵母沉淀物的，碗里有块状的黑色残留物，与赫拉孔波利斯的残留物很相似。这些残渣可能是从大缸内侧脱落的，报告将其描述为碳化物，里面包含有整颗的小麦粒。在附近的马哈斯纳（Mahasna），约翰·嘎斯唐（John Garstang）发现了一个单独的大缸，特征几乎与其他大缸一样，只是底部用来支撑的黏土块比较短。奎拜尔（J. E. Quibell）报道了一个损坏严重的大缸，发现的地方在巴拉斯（Ballas），从马哈斯纳往下游去不远的地方。

　　每个遗址的发掘者都认为，这些早王朝时期的大缸不可能是用来酿啤酒的，因为这些陶器太疏松多孔了。然而，在缸内侧涂抹的一层薄黏土，以及缸里积累的厚厚残渣，都暗示它加热过某种含糖量很高的液体。如果按照著名考古学家弗林德斯·皮埃尔（W. M. Flinders Petrie）的说法，这些缸是用来烘烤谷物的，那么为何所有的缸里都有这么相似的残渣呢？

起初，盖勒认为赫拉孔波利斯的大缸是用来制备麦芽的。这个想法与皮埃尔的说法一致，因为麦芽的最后一步通常需要烘烤。后来，盖勒改变了他的看法，认为这些大缸更有可能是用来煮麦芽的。在煮的过程中，麦芽浆保持较低的温度（66℃~68℃，用现代的小型酿酒设备大约需要一个小时，但非洲传统的酿造法可能需要长达三天的时间），以加速淀粉转化为糖。如果温度超过 70℃，淀粉酶可能会被破坏。这些大缸显然是为了适度加热设计的，而且内部凝固的残渣中发现了小麦和大麦粒，说明与这种解释并不冲突，也符合实际的啤酒酿造操作。如果这些容器经过反复使用，那么也就可以理解焦糖沉淀物积累，而且实际上会有助于调节热量。

至于在所有这些遗址中，酿造啤酒的其他步骤发生在哪里以及是如何完成的，仍然是个谜。比方说，如果这些大缸是用来煮麦芽浆的，那么催发麦芽的设施在哪里？麦芽浆又是如何跟用完的谷粒分离的？如果麦芽浆在冷却后使用另外的容器来发酵，能否在发掘中找到它们？最重要的是，大麦啤酒发酵独有的化学证据——啤酒石，也就是我们在戈丁台地遗址的啤酒罐中发现的草酸钙（见第三章）——在埃及的这些遗址出土的容器中都没有发现。

还有个谜，那就是为什么在麦芽浆里发现了葡萄和椰枣。把大麦和小麦麦芽混在一起还可以理解，毕竟大麦的淀粉酶来源比小麦更丰富。也许加入水果是为了提供酵母和立即可用的糖分，从而开启发酵，这会稍稍提高酒精含量并限制有害微生物的生长。然而，煮麦汁时较高的温度会杀死酵母，因为酵母不能耐受40℃以上的温度。还有一种可能，与今天西非布基纳法索（Burkina Faso）制作高粱啤酒的方式一样（见下文），即发酵的容器用的就是煮麦芽的容器。在麦芽浆冷却后，把水果添加进去启动发酵，还能增添风味，提升酒精含量。

由于缺乏酿造啤酒的确凿证据，我们不能排除这样的可能性，即这些大缸可能是用来制作浓稠且不含酒精的谷物粥。然而，盖勒提出，在上埃及的这些遗址，人们制作一种"提神醒脑"的粥状啤酒，这让它们成为世界上最早的酿酒厂，从埃及悠久的历史来看也算合情合理。后来埃及的文字、艺术品和考古遗存都证明了这种像粥一样的小麦酸啤的重要性，直到今天仍然是国民用酒。不管是普通人还是国王，他们的主食都是啤酒和面包。而未经过滤的啤酒的营养含量甚至比发酵面包高，它有更高的蛋白质含量（主要来自酵母）、更多的B族维生素，以及更少的植酸盐（多酚类物质，会与钙等必需矿物质结合，阻止它们在肠道中吸收）。要说大金字塔和埃及其他的宏伟建筑是在没有啤酒的情况下建造起来的，让人难以信服。为这些浩大工程提供繁重劳动的工人每天可以分配到两三块面包和两瓶啤酒，有4~5升。迈克尔·查赞（Michael Chazan）是我以前的学生，现在是多伦多大学的教授，他有幸发掘了吉萨（Giza）的面包坊和酿酒坊，这里养活了公元前 2500 年前后的金字塔工人。这里有类似于赫拉孔波利斯的大缸，可能是用来制作面包或啤酒的，而且这个地方到处都是标准的埃及啤酒瓶。

啤酒是葬礼上不可缺少的供品，其重要性超过经典的葡萄酒五件套。即便是蝎子王一世，在他阿比多斯的陵墓中有储存充足葡萄酒的酒窖（见第六章），旁边也有一个堆满啤酒瓶的墓室。女神哈索尔是对应苏美尔啤酒女神宁卡西（见第三章）的埃及"醉酒女王"。与她关系密切的还有一位地位较低的女神门齐特（Menqet），她是"制作啤酒"的女神。在登德拉（Dendera）的神庙中举办的"哈索尔醉酒节"，是名副其实专门用来纪念哈索尔的节日，这让人想到一个故事，关于女神如何用她的另一个化身狮子女神塞赫美特（Sekhmet）发狂地毁灭叛逆的人类。就在那时，太阳神拉在被淹没的田地里倒入红色啤酒来转移她的目标，哈索尔认为这是她已经完成任务的标志。随后她放纵喝酒，忘记了执行毁灭人类的任务。登德拉每年的庆祝活动发生在夏季尼罗河泛滥的时候，此时来自苏丹阿特巴拉河（Atbara River）的富含铁的土壤被冲刷下来，水看起来就像红色的啤酒。节日中人们同时饮用葡萄酒和啤酒，伴随着音乐和舞蹈庆祝，让哈索尔变成更温和的化身——猫女神巴斯特（Bastet）。

从古王国到新王国时期反复出现酿造啤酒的场景，墓葬的壁画上有，甚至还有专门给逝者提供啤酒的迷你的酿酒坊模型。尽管存在不同的解释，这些壁画和模型上男女都有，他们研磨并捣碎谷物，制作成扁平和各种形状的面包，切成块，在广口罐子里搅拌成糊状。糊状物经过粗孔的编织篮子过滤，液体转移到预热的碗中。最后，用带流口的罐子把液体转移到发酵罐里，有的发酵罐上画着正在接种发酵的启动剂（可能是椰枣汁或者葡萄汁，也可能是从之前发酵的啤酒中收集的酵母混合物），并用黏土塞密封。莎草纸和铭文都提到古埃及有许多种不同的啤酒，包括黑啤、甜啤、铁啤（也许是一种特别红的啤酒？）、"不变酸的啤酒"、灌肠啤酒、含芹菜的促进牙龈健康的啤酒、"永生啤酒"、枣啤和 *hes* 啤酒，最后这种可能是加了草药、水果或树脂的啤酒。

在今天的埃及，尤其在尼罗河沿岸的农民和渔民中，还流行一种与之非常相似的制作小麦啤酒的方法。在努比亚地区格外流行，阿拉伯语中管这种酒叫作卜札（bouza，与英语中表示酒的词语 booze 毫无关系）。首先，研磨谷物——一般是小麦，但也有大麦、小米或高粱——微火烤成发酵面包，中间还是湿软的，带有酵母味道。把面包弄碎，用水稀释，加盐。得到的糊状物用中火加热几个小时，添水，有的时候还要再过滤一遍，水中加上一些卜札老酒启动发酵，静置发酵几天。1500 年前的埃及基本上是用同种方法酿造啤酒的，古希腊炼金术士佐西莫斯（Zosimus）做过详细记载。

有人对卜札做过化学和味觉的测试。其中一位测评者赛伯里·莫克斯（Sabry Morcos）写道，他在 20 世纪 70 年代的开罗市集上买的卜札，只发酵了一天，酒精含量为 3.8%，三天之后上升到了 4.5%。阿尔弗雷德·卢卡斯（Alfred Lucas）在 20 世纪 20 年代也在市集上收集了一些样品，他发现这些啤酒酒精含量还挺高（6.2%~8.1%）。他描写道，未经过滤的啤酒的黏稠度有点像"稀粥，里面酵母很多，而且都处在活跃的发酵状态，就是用粗磨的小麦制作的"。莫克斯的啤酒是过滤过的，是"黏稠、淡黄色的酒，有酵母味或酒味，口感不错"。伯克哈特（J. L. Burckhardt）是 19 世纪初杰出的努比亚地区探险家，他也注意到过滤和未过滤的卜札之间的区别。这种酒有一款品质很高，是用布过滤的，名字叫"夜莺之母"（阿拉伯语叫 *om belbel*），因为"它能让醉酒的人唱歌"。

未过滤的卜札通常要用吸管来喝，这样可以阻挡固体杂质，这在当代非洲习以为常。古埃及的遗址里发现过陶质吸管，呈直角，配着漏斗使用。在新王国时期（约公元前1350 年）法老阿肯那顿（Pharaoh Akhenaten）统治期间，都城艾尔阿马纳（el-Amarna）有一块葬礼石碑（图 24），上面刻着一个留着闪米特式胡须的埃及人正在用吸管喝酒，旁边有一名侍童。童子的手中有一个杯子，可能是用来添加特殊成分或致幻剂的，如蓝睡莲的提取物。新王国时期伊普伊（Ipuy）在底比斯的墓葬中也有一幅刻画精美的图像，画面中有一艘停泊的船，船员上岸用鱼换取粮食、烘烤的货物、蔬菜和酒。其中有一个摊位上摆满了双耳罐，有个罐子里明显插着一根吸管，这样就可以先尝后买。

即便古埃及有如此悠久的啤酒酿造历史，而且保存至今，还是会有人疑惑，在早王朝晚期的赫拉孔波利斯、阿拜多斯等一些上埃及的遗址发现的那些设施，到底是不是用来装谷物糊糊的？我也怀疑过，但是我的疑虑最终被一张照片打消，照片拍的是现在一个非常相似的设备，在布基纳法索

图 24　艾尔阿玛纳的葬礼石碑

的高粱酿酒厂。一堆巨大的敞口缸（80~100 升）靠在一起，用耐火砖支撑，用泥巴砌成的火室延伸到罐子的口沿。虽然这个厂址距离埃及的边境将近 3000 千米，但看到这张照片好像让我看到了 5500 年前的某个瞬间，当时刚刚形成人口聚集和仪式性的中心地点，统治者很可能是法老的先辈。早王朝时期的统治者兼祭司很可能意识到，想要巩固权力、修建城镇和豪华的陵墓，就需要海量的啤酒来满足人们的喝酒欲望，激励他们努力工作。

　　赫拉孔波利斯的发酵设备——如果继续发掘的话，应该会在遗址上发现更多——容量能达到 390 升（每缸 65 升）。如果这些缸是反复使用的，按照两小时一次的话，也许最多一天六次，液体再转移到发酵罐里，这样每天就可以酿造将近 2500 升的啤酒。但实际上产量也许低得多——可能每天只有 130 升——如果煮的时间延长，并且在同一个缸里完成发酵。阿拜多斯的八套设备中，最多的一套有 35 个缸，产量就会大得多。这些大缸都位于早王朝时期的王陵附近，其中包括蝎子王一世的陵墓，说明当时前所未有的大规模发展，见证了埃及举世无双的扩张、繁荣和影响力。

然而，如此大规模的史前发酵设备在历史中一闪而过，只在前王朝晚期的遗址里发现过（除非旧王朝时期的吉萨代表了对这种传统的延续）。从晚期的墓葬壁画艺术和模型中，我们发现方便移动的罐子和相对较小、可以预热的碗取代了这些设备。当代布基纳法索的高粱酒酿造设备是为数不多的例外，后面再做解释。关于上埃及史前的这些大煮缸背后的逻辑是清楚的，而且是实用的。支撑大缸和包围火室的耐火砖有优良的吸热和导热性能，可以节省燃料，并且加热程度适中、持久又方便控制。

公元前 1350 年前后，图坦卡蒙的父亲、异教法老阿肯那顿（Akhenaten）在尼罗河中游的艾尔阿马纳建立都城，他很可能还在他妻子奈弗蒂蒂（Nefertiti）的太阳神庙建了一个面包坊和酿酒坊。遗址是由剑桥大学的巴里·坎普（Barry Kemp）发掘的，麦克唐纳考古研究所的德尔温·塞缪尔（Delwen Samuel）做的植物考古分析，最终通过他们的研究，苏格兰纽卡斯尔啤酒公司（Scottish & Newcastle）复刻出一款古埃及啤酒，名字就叫"图坦卡蒙的小酒"或"奈弗蒂蒂抿一口"，并以 100 美元一瓶的价格迅速售罄。根据塞缪尔的研究结果，啤酒用的是二粒小麦、大麦麦芽和糊化的谷物混合酿造；她没有在原料中发现面包。最终产品是一种浑浊的金色液体，酒精含量为 6%，略带甜味和果香。

为啤酒着迷的大陆

　　整个撒哈拉以南非洲，人们的生活都少不了啤酒。一位 18 世纪的旅行者曾称，非洲啤酒"有成百上千种"，但是它们在风格、酿造技术和社会中的作用方面出奇一致。

　　对于在尼日利亚北部过着定居农业生活的科夫亚人（Kofyar）来说，他们生活的每个方面几乎都围绕着小米酒展开，这是一种浓稠又浑浊的酒，酒精含量高达 5%。根据 20 世纪 60 年代人类学家的观察，科夫亚人，尤其是男性长辈，几乎一直在"酿酒，喝酒，谈论和思考酒"。酿酒坊不仅位于村子的中心，在村民的生活中也占据中心地位。科夫亚人的一周被分为六天，分别代表了酿酒过程的不同阶段；我们的星期五对应着他们的 jim，是磨制麦芽的第二天。科夫亚人的大部分粮食都用来酿啤酒了，啤酒消耗在村子里一轮又一轮的"酒会"上，人们在"酒会"上会传递装酒的葫芦，气氛平静下来，争议烟消云散，恋人们互相依偎，人们即兴歌唱和舞蹈。收割粮食的人希望和实际拿到的报酬也是啤酒，就像旧王朝时候那些修金字塔的人一样。

　　科夫亚人的精神世界与他们的社会、经济和政治生活一样，也是以啤酒为中心的。医药师和巫师都会无偿获得啤酒。家族祭祖的时候，会向坟墓上倒酒和用嘴喷酒，并且会在祖先的石碑上打碎啤酒罐，以此安抚祖先亡灵。在宗教节日，像大型长笛合奏和跳舞时，都会敞开了喝酒。在科夫亚的神话传说中，也都涉及啤酒。据说，他们的"文化英雄"是在停下来酿啤酒的时候建立了某些村庄，他还故意在部落领土的最高点留下了一个巨大的啤酒罐。在众多科夫亚传说中，有一个讲到一只黑冠鹤在祖先石里找到了一罐啤酒，英雄因此神奇地获得了整座山洞的财宝，简直是非洲版的阿里巴巴。

类似的啤酒故事和仪式在撒哈拉以南非洲反复出现。在非洲大陆的南端，祖鲁国王在 1883 年声称："（小米）啤酒是祖鲁人的食物，他们喝酒就像英国人喝咖啡一样。"啤酒也是"众神之食"，一位 17 世纪的探险家也是这么记录的，酒对于宴会和祭奠皇家祖先至关重要。被祖鲁人征服的松加族（Tsonga）男人可以一周不回家，辗转在一个个"酒会"之间。

过着游牧生活的科萨人（Xhosas）是南非第二大土著族群［尼尔森·曼德拉（Nelson Mandela）也是科萨人］，他们与班图（Bantu）啤酒有着类似的关系。这种酒是用小米做的，有的时候用玉米制成，玉米是从美洲引进的。他们喝得又多又频繁，导致在 20 世纪初的时候，当地的英国政府采取措施来控制所谓的"夜间喧哗"，但最终没有成功。科萨人经常谈论的话题是下一批啤酒从哪里来，它能有多好喝。啤酒还具有强大的仪式和象征意义：祖先在世的时候喜欢喝酒，也期望他们的子孙后代继续酿酒并献给他们的"魂魄"。

　　马拉维的农村妇女用高粱制作啤酒，这些酒在 20 世纪 30 年代为当地人提供了 35% 的能量摄入。男性的平均饮用量一直保持在每天 5 升，但是现在有一部分是商业生产的。营养学家本杰明·普拉特（Benjamin Platt）强调："来自非洲几个地区的记录显示，男性基本不会喝啤酒以外的任何东西。"南非东开普省的庞多人（Pondo）也是祖鲁人的一支，他们把啤酒宴席的地位排得比肉宴还高，因为啤酒能给筹备宴席的工作带来派对的氛围。埃塞俄比亚南部的苏里人（Suri）则说："无啤酒，不工作。"

　　在肯尼亚，英国东非研究所的前所长贾斯汀·威利斯（Justin Willis）有一位马赛人受访对象，十分坚定地说"没有啤酒，就不成仪式"。马赛人有时会在仪式中使用其他神圣的液体，如混合蜂蜜和血液，抛洒发酵牛奶，乃至吐唾沫，但只有啤酒的作用多样，可以在所有场合使用，并且是生者和死者共享的"国酒"。

　　肯尼亚和乌干达的伊特索人（Iteso）与马赛人有些相似，他们相信先人们非常贪恋小米酒。死者要得到安息，必须在多年里为他举办五次葬礼。孩子要起名乃至成人，孩子的外祖母必须用手指蘸啤酒让孩子吮吸，如果孩子咽了下去，就有了"乳名"。频繁的喝酒也有严格的规矩限制。在主人（夫妇二人）的茅屋里，要按照性别围坐成两个同心圆，中间是共用的啤酒罐；有客人来时，主人的父母和孩子到右侧坐成一圈，祖父母辈、孙子辈、同辈兄弟姐妹与主人一起坐在左边。每一侧的人一般会共用吸管，从一个酒罐里喝酒，强调的就是家庭之间的紧密联系。

除此之外还有很多规矩，有些当然很合理，比如说打喷嚏的时候把吸管从罐子里拿出来，不准往罐子里吹气让啤酒冒泡泡。还有些就不太清楚了，例如不能用左手拿吸管，不准直接往啤酒罐里看。夫妻二人也不得与对方父母共用吸管。这也有例外，只有当儿媳妇特地给公公做了一罐酒，给他递吸管的时候，公公如果要求儿媳先喝一口，她是可以喝的。丈夫和岳母之间的互动甚至更加亲密，二人站在妻子睡房的茅草门廊下，各喝一口啤酒，然后喷到对方身上。伊特索人的老人是最不受习俗约束的，可能老人被看作智慧的象征吧，又或许因为他们已经时日不多，很快自己也就成了先人。他们可以整个下午都在村子里闲逛，用特制的载具拖着一捆长长的、像台球杆一样的芦苇秆，一直在寻找下一罐酒。

在乌干达东部，50 多名男子可能会围着一个啤酒罐，共用一个吸管，每人可以喝三分钟。现代文化介入之后，暗示这种做法可能共享的不仅是啤酒，还包括传染病，这些人租用已经消毒的吸管，或者带着有自己特殊装饰和标记的吸管。或许这些人应该坚守立场，因为啤酒含有的酒精让它比当地的水更卫生。

在埃塞俄比亚高原，蜂蜜酒被公认为"上好的东西"，蓝尼罗河从这里流经苏丹进入努比亚。在萨哈尔地区（撒哈拉沙漠以南的半干旱草原地带）的东部，高粱在数千年里都是粮食之王。它仍然是整个撒哈拉以南非洲最重要的作物，为数以亿计的人提供食物，在很多地区主要作为粮食酒摄入，占到四分之三的热量消耗。它是如何成为主粮的呢？

高粱最大的基因多样性（约450个本地品系）出现在苏丹，有人提出其中一种高粱与野生祖本高粱最接近，大约在公元前6000年在这里完成驯化，然后向西扩散至大西洋沿岸。关键的遗址位于埃及南部的纳布塔普拉亚（Nabta Playa），深入东撒哈拉地区。南卫理公会大学的弗雷德·温多夫（Fred Wendorf）发掘了该遗址，发现了一连串茅屋的地面，其中有火烧遗迹、众多的大型储藏坑、水井和陶器。这个聚落的年代早到公元前6000年，当时位于湖边，周边相对干燥，降水量比今天要多得多。

从数以万计的精心收集的植物考古样品中，我们可以清楚地看到纳布塔普拉亚的居民对周围的植物资源有着相当的了解。他们也捕鱼，狩猎野兔和羚羊，但利用植物资源才是他们的强项。他们的窖藏坑里有各式各样的野生植物种子、水果、根茎和将近40种谷物，足够支撑他们一年的生活。除高粱以外，还有好几种小米、菖蒲、一种酸模属的植物（跟荞麦同属廖科）、豆类、狗尾草属的长狗尾草、芥菜、马槟榔、枣的果实和种子（鼠李科的一种树种，也包括中国大枣），以及各种无法鉴定的块茎。将植物资源利用得如此彻底使我们想到13000年前智利的蒙特韦德遗址（见第七章），随着末次冰期消退，气候变得更加湿润和温暖，世界其他地方肯定也有类似的遗址。

在纳布塔普拉亚找到了菖蒲（在蒙特韦德也找到了类似的物种）、块茎、高粱和小米，以及甜味十足的枣，于是引发了一个有趣的问题，这些植物中的某一种或某几种，有没有可能被做成了酒？虽然没有找到磨碎谷物或根茎的研磨器具，但这并不能排除它们存在的可能性。在阿斯旺（Aswan）附近有一个年代更早的遗址叫瓦迪库巴尼亚（Wadi Kubbaniya），也是温多夫发掘的，出土了大量的磨石，碳十四测年结果可以追溯到公元前16000年。嵌入石头表面的淀粉粒显示，研磨最多的还是块茎类的植物，与蒙特韦德一样。有没有可能在这两个地方，人们碰巧找到了一种特别有效的加工野生块茎的方法，先把它们压碎，这样更容易咀嚼，然后再发酵？或者，在纳布塔普拉亚，人们可以很容易用枣造出酒来？

然而，这些假设需要更多的直接证据。在1996年，弗雷德·温多夫给我寄了一些纳布塔普拉亚的陶器做化学分析，这些陶器是从几个储藏坑中发掘出来的。它们很可能是已经倒空并被丢弃到坑中的容器。因为对于可能检测到的植物，特别是高粱和小米，我们还没有搞清楚它们的指纹化合物，所以我当时决定把检测往后拖一拖。研究者们都希望对这两个遗址发现的疑似驯化植物直接测年，包括大麦、扁豆、鹰嘴豆等，后来证实这些植物材料都是后期侵入的，并不能作为早期驯化的证据，这也进一步打击了我的检测热情。就在我写这一章的时候，又对这个问题感兴趣了，于是检测了一个陶片，不幸的是这里面没有发现任何古代的有机质，只有沙漠的沙子留下的碳酸钙。

虽然块茎类的植物很可能在旧石器时代就被研磨、加工制成了酒，但新石器时代的主角是谷物。在尼罗河上游和各个支流附近，高粱成为最有可能的原材料。在许多新石器时代的遗址，由于高粱的大量存在，它的谷粒会不小心印在陶器上，有时候还会出现几粒其他谷物和枣核。在苏丹的卡代罗（Kadero）、乌姆迪雷瓦（Um Direiwa）和喀土穆发现数以千计的研磨石器，一般认为这是用来加工高粱的。

我们从纳布塔普拉亚已经看出高粱渐渐成为主流的趋势，高粱种子的直接测年结果也已经早到了公元前6000年前后，毫无疑问跟当时人的聚落是同时代的。这种粮食不同于遗址上的其他谷物，它在某些房屋中集中大量出土，而且不跟其他粮食或草类混合在一起。换句话说，当时的人出于某种特殊原因，正成批量地加工高粱，而这个原因很可能就是酿酒。

化学分析也显示纳布塔普拉亚遗址有高粱种子，它们外表虽然看起来很像野生类型，但是有些特征跟驯化的高粱亚种也有相似的地方。至于说高粱的驯化时间是不是那么早，又或者像有些学者认为的，直到公元一千纪才完成，这个问题并没有那么重要。全新世早期的撒哈拉和萨赫勒地区更加湿润，高粱的野生种肯定遍地都是，只要敲打或者晃动顶部的谷穗就可以用篮子轻松收获。高粱跟野生的大麦和小麦不一样，麦子的茎秆很脆，种子还没来得及收获就已经散落在了地上，而人们收获高粱已经有几千年了。甚至在埃及新王朝的鼎盛时期，图坦卡蒙的墓里随葬了大量的高粱，可能是在来世让他喂牲畜的，足见高粱的普遍程度。

高粱酒肯定是现在东萨赫勒地区人们的最爱。高粱米的糖化有时候靠的是女人咀嚼再吐出来，这种方法并没有在古埃及得到证实，但是在美洲制作玉米酒、太平洋岛屿上制作大米酒时很常见。更常见的做法是把高粱米发酵成面团，然后再加工成稠粥或者疙瘩汤一样的东西，但主要还是用来酿酒。高粱缺少面筋，所以做不成面包，撒哈拉以南非洲地区人的饮食就跟中东地区的人区分开来，直到公元 7 世纪的伊斯兰时期，大麦、小麦才传入非洲。在那之前，东萨赫勒地区的人喝粥喝啤酒就觉得很满足了。几千年来，努比亚的墓葬里都随葬着器型独特的高颈深腹罐，说明高粱酒和小米酒对逝者来说是不能少的。对努巴人（Nuba）、努尔人（Nuer）和其他苏丹人的民族学研究表明，该地区在礼仪、社交等方面的啤酒用法与非洲其他地区非常相似。祈雨、入会、工作聚餐、酒会、祭司的就职典礼等都需要大量的啤酒。

在公元前 6000 年之后一千年的时间里，气候在多数时候是温暖湿润的，酿造高粱酒的技术可能很快从萨赫勒地区的东部向西传播。此时巨大的三角洲从大西洋向内陆方向一直延伸到乍得湖，超过了 3500 千米。渔业是主要的生计来源，在乍得湖附近的杜富纳（Dufuna）发现了一艘保存完好的独木舟，长 8 米，用整棵桃花心木凿挖而成，是渔业重要性的完美体现。在萨赫勒东部的尼罗河沿岸和支流附近，发现了数以千计的鱼骨，包含 30 多种鱼类，其中还有 2 米多长的深水鲈鱼。

在新石器时代早期，你如果看过整个萨赫勒和撒哈拉地区，就会惊奇地发现不只是石器和陶器非常相似，而且到处都是骨制的鱼叉和鱼钩。除了渔民，这里还有游牧人群，他们刚刚开始带着巴巴利羊群和无峰牛自由地在这片区域内迁徙。两个人群在传播新的文化和技术观念上可能都起了一定作用。

来到伏尔塔河（Volta River）上游地区，我又有了神奇的发现，这里和 5500 年前的赫拉孔波利斯那些上埃及的遗址一样，人们仍然用古老的方式蒸煮和发酵高粱，而这里可能在很早的时候就已经有了啤酒酿造工艺。在今天的布基纳法索，只有红高粱才用来酿酒，产出的酒有着淡淡的棕红色，酒精含量约为 4%。极少数情况下会混入白高粱以提高酒精含量，因为白高粱的含糖量更高，还有一种方法，是在发酵之前把发酵原液的体积蒸发一半。

传统上只有女人才能做高粱酒，而高粱酒占到布基纳法索人摄入能量的一半。在 1981 年的时候高粱酒产量有 7 亿升，相当于每人 236 升，由于女人和小孩的摄入量远小于男人，每个男性每天的饮用量平均有 1~2 升。

布基纳法索酿酒用的不是发酵面团，而是给高粱催芽。这个过程可能花费七八天，先把高粱种子放在大罐子里用水浸泡两天，再预留两三天的发芽时间，最后在太阳下晒干，晒干的时间取决于季节。在特制的糖化大罐子里煮两三天。得到的未发酵的甜味原液里加上扁担杆的树皮和秋葵澄清液体，有的时候可以把原液在发酵之前直接盛出来给小孩、妇女和穆斯林喝。剩下的原液在糖化罐里冷却，从以前的发酵罐里收集酵母，这很像前王朝时期可能用来收集酵母的糖化缸，把这些酵母加到新的发酵罐中。刚开始收集的时候很像乳白色的饼状物，在空气和阳光下干燥后，就可以得到灰色的酵母碎块。

只需一个晚上发酵就开始了。每个酿酒的人都有自己的原料秘方，有的可能会添加相思树的树皮、卤刺树的果子，或者有致幻效果的曼陀罗的种子。有人会在葬礼用的酒里添加蜂蜜，这样可以把酒精含量提高到10%。

传统西非社会的世俗和宗教生活处处渗透着高粱酒的痕迹。传说中，是创世神教给了女人如何制作高粱酒和高粱粥。喝下这些主食，人就可以摆脱他们的尾巴和体毛，成为真正的人类，这种说法与美索不达米亚的《吉尔伽美什史诗》（Gilgamesh）不谋而合。

纪念成年男性（"大地之主"）的葬礼会把他们提升到跟祖先一样的地位，而这场葬礼也体现出啤酒在这些社会中的重要地位。由于花费巨大，这种葬礼会在逝者死后几个月或几年内举行。在一个村庄里，出席葬礼的可能有几百人，在为期一周的庆祝活动中，平均每个成年人会喝掉10~12升啤酒。仪式结束后，盛酒的葫芦、盛粥的盘子和逝者的个人物品会被放在坟墓上。然后，就像爱尔兰的喜丧一样，音乐响起，人们开始跳舞和做游戏。如果没有酒，很难想象人们哪里来的能量和热情参加这种连轴转的活动。

似乎全年无休的庆祝活动和特殊仪式还不够，人们还把星期四设为"祖先日"，这样每个人都会找点乐子。这天会给祖先献上一只鸡，还有一葫芦酒，然后无论贫富，每个人都有大量的酒喝，鼓励他们加入庆祝活动。把酒葫芦依次传递的"啤酒会"也很受欢迎。酿酒的女性习惯早早地开放她们的茅屋，顾客可以一大早就开始享用美酒。

上埃及的糖化技术是如何传播到上布基纳法索的伏尔塔河地区，仍然是个谜。这项技术在埃及古王国早期的时候已经不再使用，因此这项技术传播肯定发生在更早的时候。也许它沿着上尼罗河传入努比亚和埃塞俄比亚。随着萨赫勒地区普遍开始利用高粱，这项技术可能在聚落之间一个接一个地传播，最终传到了西非。这个情景与一般的观点相悖，这种观点认为撒哈拉以南非洲的高粱驯化和文化发展的时间很早，而且不受亚非迁徙或来自埃及的影响，是独自发生的。现在这种情形更像是一种更加微妙的传播，新石器时代的东萨赫勒地区是一个充满试验活动的孵化器，对非洲其他地区产生了深远的影响。

这种说法并不是空穴来风，在阿尔及利亚撒哈拉地区塔西利阿杰尔山（Tassili n'Ajjer Mountains）的深处，有一个海拔 1500 米的岩厦遗址，这个地区从末次冰期结束到公元前 3000 年前后生机勃勃。根据它的发现者亨利·洛特（Henri Lhote）的说法，他管这个岩厦叫作科恩博士（Dr. Khen），在整个撒哈拉地区的探险途中他发现并记录了几千处壁画，而这一处是"画得最好的"，代表了"新石器时代自然主义学派的杰作"。来自居住地和附近壁画的放射性碳测年表明，这个岩厦壁画大约绘制于公元前 3000～前 2500 年，或许更早。

岩厦中的一幅画因为它的尺寸（宽 4.5 米，高 3 米，覆盖整面石壁）格外显眼，它用生动的颜色描绘出一幅充满戏剧性的饮酒仪式。我们可以看到有几个小帐篷组成的住地位于羊群和牛群中间，周围有野生的长颈鹿、羚羊和鸵鸟。每个帐篷的入口处坐着一个女人，她的头发经过精心打理并配了一个发簪，穿着漂亮的编织和带褶边的衣服，身披披肩，腰间系着一块深色的动物皮。每个女人看起来就像米诺安的"母亲神"一样（见第五章）。其中一个帐篷与其他几个似乎是分开的，女人用长吸管从一个带纹饰的大罐子里喝酒。她专注地倚在罐子上喝酒，一只手放在吸管上，另一只手放在鸵鸟蛋壳做的罐子盖上，蛋壳上钻孔让吸管穿过。一个男人抱着一个纹饰相似的带盖罐子，从喝酒女人的左边往外走。在他的前面还有三个男人，每个人都穿着皮裤和衬衫，松散的长发中间插着一两根羽毛。他们走向另外一个男人，那人正跪着从带纹饰和盖子的罐子里喝酒，姿势同那个喝酒的女人一样。还有一个人帮喝酒的男人擎着吸管，他的胡子更浓密，身穿华丽的皮草马甲，脖子上戴着一个大吊坠，表明他更年长，地位更高。

这幅壁画的整体构图表明它展示的是一场婚礼，或者丈夫和妻子和他们的父母之间的和睦场景，类似于上面提到的伊特索的高粱酒宴席。根据这个东非部落的传统，酿酒的应该是女人，然后在她的茅屋门口奉酒，或者由近亲带给公婆。这种传统仪式在遥远的"新石器时代"就有十分相似的场景出现，而地点都位于非洲中部，我们假设的高粱酒传播带上，这应当不是巧合。在我看来，塔西利阿杰尔山的壁画正处于赫拉孔波利斯和伏尔塔河上游地区的中点，这就成为有力的证据，表明新石器时代的高粱酿酒传统的确是一步一步穿越了萨赫勒和撒哈拉地区，传播到达布基纳法索的，在这里持续影响了数千年。

棕榈酒及其他

我们假设一个人有足够的知识和技能去加工粮食，完成糖化和发酵，用粮食酿酒比用蜂蜜、水果和其他天然产物有独特的优势。大多数含糖的资源只在一年中的特定时间出现，且不能长久保存。蜂蜜是个例外，由于它含糖量高，储存的时间更长一些；但是量太少，很快就用光了。但是非洲可不缺谷物，谷物放在封闭的贮仓里几个月都不成问题，下次酿酒的时候随时取用。

啤酒从来没有彻底取代其他酒的位置，每种酒都有自己特殊的风味，而且很可能还有更高的酒精含量，又能与粮食酒毫不违和地混合在一起。植物考古学的研究一般认为，非洲可以发酵的水果地位突出，对于像我们这种热爱水果的物种（第一章），倒也正常。甘甜可口的枣不仅在新石器时代早期的纳布塔普拉亚发现了，还在同时期尼罗河上游苏丹境内的遗址，以及尼罗河中游靠近赫拉孔波利斯的新石器时代晚期遗址涅加达（Naqada）有发现。朴树的果子我们也提到过，而且认为在土耳其的恰塔胡由克遗址很可能用它来酿酒，在刚才提到的苏丹遗址和喀土穆北部公元前四千纪的卡代罗遗址里也都发现了；在萨赫勒西部的毛里塔尼亚（Mauritania）也出土了，年代为公元前 1500～前 500 年。在利比亚撒哈拉地区偏僻的塔德拉尔特·阿卡库斯山（Tadrart Acacus），一些洞穴遗址里发现了无花果、卤刺和其他一些植物果实制成的干果。不仅如此，这些可以发酵的水果中有很多都是葡萄酒或啤酒的传统药材添加剂，例如马槟榔、酸模和琉璃苣，甚至它们本身就可以作为酿酒的主要原料。在塔德拉尔特·阿卡库斯山，公元前 6000 年前后还发现了枣椰，这是一种晚熟的果实，可以用来制作高度数的酒，在今天苏丹的达佛（Darfur），是酒会上的基础用酒。

在非洲所能发酵的物质中，适应了半干旱和雨林气候的各种棕榈树最引人注目。很多种棕榈果都可以酿成酒，但更有意思的是可以用它们的树汁或树脂酿成酒。做棕榈酒最重要的树种是油棕、埃塞俄比亚糖棕和酒椰，这些品种主要分布在湿润的东西海岸以及茂密的内陆丛林地区。

今天，熟练的"采汁工"在腰间系藤蔓或绳索，顺着粗糙的树皮边吊边爬，一步一步到达高高的树顶。我们爬树摘水果的本事是从灵长类动物那里继承下来的（第一章）。采汁工在树顶上把雄花和雌花串起来绑在一起，连在葫芦或其他容器上，就可以连续不断地收集树汁了。一棵健康的树每天可以产生 9~10 升的树汁，每半年的产量有 750 升左右。更粗暴的方法是直接把树砍了，这样树就死了，树汁只能收集这么一次。

这种乳白色的甜水会吸引昆虫取食，昆虫则顺便引入酵母，发酵就开始了。只需要两个小时，棕榈酒就能达到 4% 的酒精含量；给它一天时间，酒精含量能达到 7%~8%。最终产物香味十足且微微冒泡，古生物学家德日进（Pierre Teilhard de Chardin）称它为起泡的法国香槟，还有一位早期的欧洲探险家将它比作莱茵河谷的高级白葡萄酒。

旧石器时代晚期的瓦迪库巴尼亚遗址出土的 18000 年前

的植物遗存，强烈暗示着非洲棕榈酒有很悠久的历史。这个重要遗址出土了野生谷物、块茎、洋甘菊和睡莲等，它们可能用于酿酒或用作添加剂，除此之外还出土了杜姆棕榈的果实，这种棕榈树非常适合采集树汁。这种树在非洲角的酷热气候中长势格外好，也就是今天的索马里和吉布提地区，当地人仍然会串起这些棕榈树的花朵，用编织细密的棕榈叶篮子收集树汁，制作一种低度酒。由于在炎热的气候中发酵非常迅速，"采汁工"几乎可以马上品尝到美酒，并将美酒分享给地面上的帮手。人们用刀砍掉它的花朵和茎后，树干上会长出茂密的叶子。

在萨赫勒地区更西部的地方，到处都是热带棕榈树。最晚从公元前2000年起，一直延续到公元前一千纪，已经出现了以采集和园艺种植为主的混合经济社会形态，人们以种植油棕为中心，扩散到今天的布基纳法索、加纳、喀麦隆、加蓬和刚果盆地等地区。许多遗址中，甚至在探索不充分的内陆丛林中，都散布着磨制石斧和石锄，这些工具可能是用于照料树木和砍伐竞争树种的，还有一种可能性更小的情况，是用来砍伐棕榈树以收集树汁的。在公元前二千纪的后半叶，油棕遗存的数量显著增加，表明采汁技术更加先进了。油棕是通过掉落果实或人类和其他动物传播来繁殖的，因此不需要驯化，只需仔细地管理。有趣的是，油棕的遗存往往与非洲榄香树的果实一同出现。今天，这种香气浓郁、富含树脂的树皮被用于治疗多种疾病和感染，如湿疹、肠胃不适、咳嗽和淋病。其中一种使用方法是将其用棕榈酒制成汤剂。

　　非洲的丛林就像南美洲的丛林一样，到处都是可能具有药用价值的植物，当人类首次接触到它们时，可能已经开始探索它们的治疗功效；在这些植物中，有几种长期以来在宗教传统里占据核心地位，也暗示了这一点。例如，在利用油棕的地区的所有族群，人们都信奉布维蒂教（Bwiti），该信仰主要围绕着鹅花树展开。根据其中一个创世神话，一个侏儒在采集果实时从树上掉了下来，一个创造神将他拾起，割掉了他的手指和脚趾，然后将它们种下，就长成了鹅花树。

　　鹅花树的根富含吲哚酚类化合物，具有强效的致幻作用。在刚果河的支流桑加河下游，博加人（Bonga）会往棕榈酒里掺这些致幻成分。持续整晚的仪式由萨满主持，人们在鼓点和竖琴声中饮酒，跳起欢快的舞蹈。信众们表示，鹅花树是"万物之祖"，可以带他们进入祖先的王国，领着他们在五彩斑斓的道路和河流中前行，直到抵达诸神的世界。

　　在整个非洲，喝棕榈酒都被认为是能与祖先产生密切联系的做法。只有把酒洒在地上一些，以纪念已故的人之后才进行社交饮酒，就像在安第斯地区需要先给大地母亲献上奇恰酒一样。肯尼亚沿海的吉里亚马人（Giryama）曾经完全依赖棕榈树产业，他们的葬礼体现了酒是如何调解今生和来世关系的，并且有效地将社会、冥界和自然界的秩序联系在一起。当一位德高望重的种植园主去世时，如果他是男性，第一场葬礼要持续七天七夜，如果是女性，葬礼就持续六天六夜。数百名哀悼者聚集在墓葬周围号啕大哭，哀悼结束后是宴饮和跳舞。通过不停地喝棕榈酒，参加仪式的人可以缓解已故祖先的哀伤，他们的灵魂就可以愉悦地注视着人间，并回忆起他们活着时是如何享用同款酒的。再经过一至四个月的时间，会举办第二次葬礼，这次持续三天三夜，此时会宣布新继任的种植园主。这些葬礼的花费巨大，为了有一个正当的理由，必须要证明这些酒是为了团结集体，但精明的种植园主会提前谋划，通过巧妙的谈判获得更多妻子，从而扩大他们的棕榈种植园。

有些观点认为，撒哈拉以南的非洲先人愚昧至极并抵制新技术和新思想，但恰恰相反，那里的人们早在被认为更先进的近东人之前就开始制作陶器了。从约公元前 6000 年起，他们就开始驯养动物并种植各种植物，也许更早。他们还自己酿酒，比如棕榈酒，或者在外部的帮助下尝试酿造新酒，高粱酒很可能就是在这种情况下出现的。尽管大多数非洲酒是用当地生长的植物即兴创造出来的，有时候也会从很远的地方引入一种栽培作物，创造出有趣的新酒。起源于黎凡特地区的驯化葡萄在埃及王朝的历史中被移植到了尼罗河上游和沙漠绿洲。约公元前 2000 年，努比亚和埃塞俄比亚就有了葡萄种植园，如此那里的人们才能够酿造自己的葡萄酒。最近，葡萄和葡萄酒在整个非洲大陆开始复苏，几乎每个国家都在生产葡萄酒，就像美国的每个州一样。现代殖民时期使非洲接触到美国的作物，包括木薯，这些作物也可以像本土的山药一样被酿成酒。

考古学家需要在非洲对一种源自东南亚的进口食物进行更深入的研究。长期以来科学家认为香蕉是在公元前五千纪的新几内亚完成驯化的，而直到公元一千纪的中叶才传入非洲。然而，在 2000 年，一个惊人的消息传来，在喀麦隆的恩康（Nkang）遗址发现了一片公元前一千纪的陶片，而且肯定是当地制作的，陶片中竟然夹杂着香蕉的植硅体，这些植硅体是在香蕉的叶子中形成的、具有鉴定特征的微小硅质颗粒。该遗址属于一个分布范围很广的西非社会，当时他们已经开始利用油棕和其他植物资源。2006 年的时候又出现了一个考古学的重大新闻，在乌干达布尼罗（Bunyoro）的一个沼泽沉积物钻孔的底层，发现了 14 个香蕉植硅体，该层位的碳十四测年结果为公元前四千纪的中期。这一下子就把非洲最早的香蕉的年代提前了 3000 年。

这些植硅体都是从同一个地层里发现的，而且跟过去五百年的样品中间隔着几千年，我们会好奇这些植硅体有没有可能是从外面掉进去的。① 过度依赖某个独特的发现可不太明智，比如在瓦迪库巴尼亚和纳布塔普拉亚发现的驯化小麦和大麦（见上文），又或者在约旦河谷吉哥 1 号遗址发现的驯化无花果（第三章）。可以确定的是，我们确实发现了一撮儿植硅体，而且所有的碳十四测年都是一致的。但我们不能确定的是，万一有一片香蕉叶子的碎片不知怎地污染了样品，比如说顺着地下水渗透进去的，或者是动物从钻孔的上层带到底下呢？钻孔的测年结果可能是准确的，但是依然不能排除香蕉是外来污染的。

无论香蕉是什么时候传入非洲的，它在公元纪元开始之前就已经在非洲广泛分布，可能是由乘坐独木舟横渡印度洋的前

---

① 植硅体的大小一般在十几微米至上百微米，因此有可能沿着地层缝隙从上面掉下去。——译者注

马来西亚人带到东海岸的。成熟的香蕉含有 20%或更多的可发酵糖分，酿酒的潜力很大，在这种植物扎根的地方，尤其是在大裂谷的湖泊周围，香蕉酿的酒变得跟本地酒一样重要。

在裂谷地带，人们有其他可发酵的材料可用，如小米、高粱、蜂蜜和棕榈树汁，但在过去的两千年里，香蕉酒在东、西非脱颖而出。香蕉中的淀粉会在水果成熟时自然分解为糖分，果皮发黑，果肉变甜。这样果皮就变得很难剥，想吃过熟的香蕉也没那么容易，但是利于造酒。

在坦桑尼亚的哈亚人（Haya）中，提取这种含糖液体并确保村庄充足供应香蕉酒是男人的工作（与更常见的女性负责造酒的做法相反）。把剥了皮或未剥皮的成熟香蕉堆放在木桶或挖空的原木中，混入细干草，然后用脚踩踏，跟脚踩葡萄的方式一样。在过去，每家的妇女可能用更省力的办法造酒，直接用手挤出香蕉汁。糖汁收集好之后，将混合物揉捏、压榨，汁液流过草的时候香蕉皮会附着在草上，直到形成浓稠的奶油状物质。用草筛子过滤后，果肉里再加满水，还可以额外加些谷物麦芽；用香蕉叶覆盖木槽或木桶，给液体保温。发酵迅速开始，如果是重复使用同一木槽或原木，发酵可能会更快，这样至少持续一天，产生的酒约有 5%的酒精。发酵时间更长的话会产生更多酒精，但是酒会更容易变质。

哈亚人对喝香蕉酒非常讲究。男人通过芦苇管从长颈葫芦中啜饮，女性可以用香蕉叶做的杯子或用短颈葫芦饮酒，但不能使用吸管。不论男女，在喝酒之前，都要在家里祭坛上向祖先献上一葫芦香蕉酒。传统习惯是国王从大的批发酒商那里拿到 16 升或更多的酒，以更盛大的方式向祖先献祭香蕉酒：他披上仪式用的牛皮和豹皮，与祭司们一同在鼓声中，将酒葫芦献在祖先的坟墓和神龛之前。新月是这些仪式的关键时刻，因为人们相信祖先会在那个时候游荡在大地上，如果不用他们生前享用过的香蕉酒安抚他们，可能会引来灾祸。

显然在非洲，安抚死者是大家都关心的问题。肯尼亚西北部的提里基人（Tiriki）会把粮食酒洒在祖先神龛上，把酒罐放在神龛的石头上，用吸管喝里面的酒，边喝边念祷词，表达出在这片人类起源的非洲大地上多样而令人兴奋的酒世界：

> 我们的先人啊，干了这杯酒！
> 愿我们在此安居！
> 大家都到齐了；欣慰吧，先人的鬼魂！
> 愿我们大家都好；愿我们一直都好。

（*Sangree*，1962：11）

第九章 酒——何去何从

　　为了理解我们今天为什么对各种酒如此痴迷，以及为何对酒口诛笔伐，我们需要退一步，从更长的时间尺度来看这件事。酒精是自然产生的，从宇宙的深处到地球上生命初生的原始"浓汤"里，都有它的痕迹。在所有令人成瘾的天然物质中，只有酒精是所有吃水果的动物都会摄入的东西。在酵母、植物和动物（包括果蝇、大象和人类）之间形成了某种巧妙的、彼此互利共赢的互动网络。根据醉猴假说，大多数灵长类动物都有"想要喝酒"的生理冲动，人类也毫不例外，身体和代谢都适应了消化酒精。发酵的酒就像水一样，令人容光焕发，又能补充能量，但是酒的本事可不仅如此。除了北极地区和南美洲最南端的火地岛（Tierra del Fuego），由于气候过于恶劣，完全不能生长含糖量高的植物，其余地区几乎所有的人类文化都有自己的酒。澳大利亚特立独行，还没发现本土酒的影子，也许是因为那里的考古发掘太少了。澳大利亚原住民后来使用皮图里（pituri），可能是酒精的替代品，就像北美原住民用烟草一样。

　　除了生理性的驱动，酒在人类社会如此广泛流行的背后，定然还有更深层的原因。诚然，发酵可以自然发生，这是人类在新石器革命时能够利用的重要工艺之一，但这个回答还不够。本杰明·富兰克林在 18 世纪 80 年代末写给安德烈·莫雷莱（André Morellet）的信中说：“葡萄酒［就这点来说，任何酒都一样］是上帝一直爱着我们的证据，他喜欢看到我们快乐。”发酵为食物和酒增添营养、风味和香气——兰比克啤酒、香槟、奶酪甚至豆腐，都是例证。发酵能去除潜在有害的生物碱类化合物，有助于储存食物，因为酒精可以杀死腐败微生物，通过分解复杂的营养成分减少食物的烹饪时间，由此还减少了燃料需求。

不仅如此，酒在人类文化中远远超脱了自然发酵的过程。在人类悠久的历史长河中，随处可见酒起着社会润滑剂的作用。人类文明的伟大工程，比如埃及的金字塔、印加帝国的皇室中心和灌溉系统，都是给工人提供大量的酒才建起来的。就算在今天，你也很难想象如果酒不管够的话，怎么可能募到钱。在世界任何地方的一个夜晚，都会有人在酒吧、餐馆、居酒屋三五成群地热切交谈，释放一天的压力。

现代医药出现之前，酒就是万能止痛剂。古埃及、美索不达米亚、中国、希腊和罗马的药典都有用酒来治疗各种疾病的记载。酒还可以用作溶解和分散草药、树脂和香料的载体。过去的人就算没有科学知识也知道酒精有杀菌和抗氧化作用，他们靠的是内化到生活中的一手经验。[①]

---

① 作者原文强调了酒在古代社会的重要作用。大量的现代医学研究表明，即使少量饮酒也会损害健康，请读者注意。——译者注

改变人的心智、让人头脑发昏的酒激发了全世界人类的宗教热情。今天，在人类起源的撒哈拉以南非洲，到处都是用蜂蜜、高粱和小米酿成的各种酒。几乎所有重要的宗教节日、庆典或仪式——当然最重要的是祭祖活动——都要祭酒和饮酒。在更世俗的西方文化里，喝酒更像是某种娱乐消遣而不是宗教需求，但即便如此，人们喝酒的时候也有各自的规矩，比如在鸡尾酒会上喝最爱的鸡尾酒，与在通宵酒会上有条不紊地喝以便保持活力是完全不同的。在应对第二天早晨的宿醉时，每种文化都有自己的方式，有的可能是再喝点（"狗毛"①），有的是用维生素、草药和一些奇怪的原料调和成女巫药水喝下去，或者干脆就是多吃东西多喝水（酒精会让身体脱水）。

宗教习俗与饮酒之间的密切联系，一方面表明了人类根深蒂固的生理偏好，另一方面体现了由来已久的文化传统。换句话说，研究喝酒凸显出研究人类社会的经典难题：某些行为到底是先天的自然结果，还是后天培养的结果？世界各地已有的考古学、化学和植物学证据都证明，酒和宗教之间有千丝万缕的联系。除非是在禁酒的地方，或者变换了通神的方式（例如，在印度教和佛教中采用冥想），否则重要的宗教仪式通常都离不开酒。在西方，圣餐酒是基督教宗教仪式的核心，犹太教的每一个重要仪式都要喝特定杯数的葡萄酒。

---

① 原文为"the hair of the dog"，这句谚语源自以前的一种说法，如果被狗咬了，就用这条狗的毛敷到伤口上，这样就不会得病，引申为以毒攻毒。国内有些地方也有用再喝一点酒的方式应对宿醉，名曰"透一透"。——译者注

在我前几章的叙述中，也穿插着酒和人类文化有关联的其他常见文化线索。有的线索可能反映了我们人类起源于撒哈拉以南非洲，在随后的十几万年中向全世界迁徙。人类在所到之处寻找含糖量高，可以自然发酵的水果、蜂蜜、草类、根茎和其他造酒的原料，通常都是将它们混合在一起做成度数更高的浑酒，或者是更有疗效的或改变人心智的药物。在中东地区、中亚、中国、欧洲、非洲和美洲发现的最早的人类聚落，都有可以发酵的天然产物。遗址中保存下来的艺术品和其他遗物，表明了在旧石器时代，酒的酿造和使用是集中在一个权威人物身上的，也就是"萨满"，这个人掌管着全聚落的宗教和社会需求。即便在那么早的时候，发酵酒和宗教、音乐、舞蹈以及性之间已经产生了紧密关联。墓葬和骨头普遍存在用赭石染红的现象，可能象征着血，有时就是酒。用特殊的鸟骨制成乐器，可能也是源于它们求偶时的鸣叫声和舞蹈，或者由于其他像是从别的世界来的、不寻常的行为。人们会披上鸟的装扮，比如把自己打扮成鹤，伴着音乐起舞。

到新石器时代的时候，全世界的人已经发明出非常相似的糖化方法，通过咀嚼或者催芽的方式把谷物中的淀粉转化成单糖。现如今全世界分布最广的种植作物——小麦、水稻、玉米、大麦和高粱——都是用这些方法加工的，已有的证据也表明这些粮食一开始在中东、亚洲、墨西哥和非洲萨赫勒地区被驯化，是由于人类对酒精的需求越来越大。人类一开始就被玉米的甜秆吸引，顺势将其发酵，在后来的数千年时间里，人们选择性地培育更大、更甜的玉米穗，要不然的话，就很难解释玉米从小到不起眼的类蜀黍到现在的华丽变身。酿造和饮用粮食酒——包括美索不达米亚早期的大麦酒、中国的稻米酒和美洲的玉米奇恰酒——的方法在全世界范围内都大致相似，直到今天也还是这样：在一个广口的大缸里发酵米浆，用长吸管从同一个缸中喝酒，而且通常是跟家里人或者一帮朋友共饮。用葡萄、无花果、枣和可可等甜味水果制作的酒，可能也促使了这些植物的驯化。

我们的生物分子考古研究得到了一个令人颇为意外的结果，发现世界上已知最早的酒差不多是同时出现的——都在新石器时代的早期，即公元前 7000~前 5000 年——而且在亚洲的两端。在西方，我们从中东地区的北部山地发现了添加树脂的葡萄酒；5000 千米之外，我们在中国贾湖发现了用稻米、山楂、葡萄和蜂蜜混酿的浑酒。我前面提到过一个观点，植物驯化和酿酒的知识和传统是一点一点传播开的，传播过程中夹杂着其他文化因素，沿着史前丝绸之路跨过整个中亚。但是还有一种假说也同样具有说服力，它不仅能解释这些现象，还能解释为什么在全球各个地方出现了那么多新式酒，这种假说就是人天生喜欢发明创造，天生就爱喝酒。简单来说，如果酒是人类生活如此重要的一部分，那也许我们"注定"抵抗不了造酒、喝酒的冲动，根本不需要牵扯什么文化传统。

天生爱酒？

在解决更困难的科学问题之前，也许内观我们自己会有所裨益。人们对酒的反应可以说五花八门，有的人酒后如入极乐之境，有人变得争强好斗，有人则坠入虚无。幸好我自己的体验大多数都是很温和的。我不记得曾经厌恶过酒，但这也许是因为我的爱尔兰血统在作怪。当麦戈文家族在南达科他州的米切尔（Mitchell）立足的时候，他们开了全镇第一家酒吧。我祖上也有挪威血统，至少可以往前追好几代，他们则刚好相反，大加斥责酒的邪恶之处。也许这两种基因达到了某种平衡，但我对自己的酒量一直很有数——比很多人强多了，包括我很多爱尔兰的亲戚。

我第一次喝多了酒还挺晚的，是在我 16 岁的时候。当然，我曾经在我爸妈的鸡尾酒会上偷喝过几口马提尼（martini）或者曼哈顿鸡尾酒，或者周末往芭菲甜点（parfait）里弄一点薄荷甜酒，虽然看起来有点不老实但还不算过分。吸引我喝多的，不是让人上头的酒精，而是这些酒里各种香草的味道。所有这一切，都在 1965 年去德国阿尔卑斯山的两个月骑行旅途中改变了。

在开启我们的冒险之前，我和骑行伙伴们在慕尼黑著名的皇家啤酒屋（Hofbräuhaus）做了短暂停留，啤酒屋的女服务员可以用胳膊怀抱大啤酒杯，每个都是一升装的。虽然我跟着一起唱酒歌，但是作为一个美国人，我一开始是只喝可乐。但是旅行三周之后，我猛然发现啤酒竟然比可乐还便宜，所以为了省钱，晚饭的时候就得喝一杯啤酒了，两杯也行。但问题是，啤酒一上就是一升装，等到烤猪肉或者蒜肠上来的时候，第一杯酒已经空了，该喝第二杯吧。吃完饭准备结账的时候就犯难了，因为我得跟服务员对账，说我都吃了什么。醉醺醺的感觉虽然极好，但是记忆力就没那么好了，有提示还行，我一般能想起来。跌跌撞撞地出了门，骑上自行车——在夜晚超速骑行还得避开行人和车流——也挺难的。

回到家后，我又恢复了以前有节制的生活方式。我偶尔还是会想喝啤酒，但这种渴望倒也没有那么强烈。在我还未到可以喝酒的年龄的时候，有一次我穿上了德式背带皮裤，戴上一顶装饰着羽毛和首饰的绿色尖顶帽，光顾了家附近的一个酒吧，时不时飙几句精心准备的德语词就让酒保深信不疑，必须得给我来杯啤酒。

我们大多数人都对自己初尝酒味的情景记忆犹新。但是我们一般都不知道，酒这种药物对我们的情感有如此重大影响的机制，以及这种影响到底是天生的，还是后天培养出来的。脑科学、分子生物学和流行病学研究开始揭开一些谜团。

对大家庭、双胞胎和领养儿童的科学研究（比如酗酒基因的联合研究项目）发现，一个人是否容易过量饮酒，超过一半的因素是由基因决定的。另一半取决于我们的环境，比如我父母给我灌输喝酒有害的想法，又或者受到我骑行伙伴的影响，所以才频繁光顾德国的啤酒馆和饭店。

在解释酒精对人脑作用的神经和遗传基础方面，科学家们已经取得了巨大进展，尤其是针对酒精成瘾这一重大的医学和社会难题。其中涉及的问题都没有那么简单，一方面是因为酒精从地球生命诞生之初就已经无处不在，另一方面是因为这还牵扯到人脑——它是已知最复杂的生物结构，其中有超过 100 亿个相互连接和沟通的神经元。

医学伦理禁止直接往人脑里插入探测器，去检测酒精的影响。（我在读研的时候，跟罗切斯特大学脑科学研究中心的一名研究生共用一间办公室，所以我知道，猴子和老鼠就没那么幸运了。唉！）为了替代探测器，神经科学家们发明出创新型的间接检测方法。脑电仪可以记录脑电波的整体活动，可以在醉酒的志愿者体内注射放射性标记物，追踪酒精的生理代谢途径，看它如何在体内移动并穿越血脑屏障进入大脑。利用功能性磁共振成像、正电子发射计算机断层扫描或单光子发射计算机断层成像术，研究人员可以实时观察化学信号激活和关闭不同的脑区。通过活体组织检查可以确定一个人的细胞和分子特异性。

受酒精影响的主要神经通路是情绪中心，特别是位于脑内深处的脑干和边缘系统，包括下丘脑、丘脑、杏仁体和海马体等结构。这些区域由神经元通路连接起来。脑干和边缘系统通常被称为"初级大脑"，因为地球早期出现的动物也存在类似的结构。在人类身上，这种初级大脑是封装在一大片灰质的皮质区，灰质是我们人类大脑专门用来学习语言、创造音乐、宗教符号和形成自我意识的中心。连接边缘系统的众多神经使得任何思绪或感官记忆都不会悄无声息地溜走，这种感官记忆也许来自品尝 1982 年的帕图斯，又或者是来自品尝了得奖的迈达斯点石成金酒：它都会激发出强大的情绪反应，多年以后记忆仍然清晰。

还有些生物也会受到糖类和酒精的吸引，包括鼻涕虫和果蝇，但是它们缺少脑皮层，所以它们的体验肯定完全不同。然而，鉴于地球上的所有生命都是连续演化的，那些塑造它们更原始的神经中枢结构的基因，以及决定它们对酒精的反应的基因（科学家们给这些基因起了一听就知道什么意思的名字，比如酒鬼基因、微醺基因、一杯倒基因和断片基因），与人类的基因基本上是一样的。如果你能想起自己喝多酒时的体验，那么你一定会熟悉线虫或果蝇摄入越来越多酒精时的反应——动作鲁莽，随后出现身体不协调、昏昏沉沉，变得麻木，最后瘫痪不动。这些低等动物和人类一样，无论对这种经历"怎么想"，都会对酒精产生习惯或上瘾。

我们大脑中的神经元通过化学信使或神经递质传递信息。在血液中穿梭的酒精会促使这些化合物释放到神经突触或神经元之间的空隙中。神经递质穿过突触，附着在下一个神经元的受体上，引发电脉冲。当我们喝酒的时候，神经元会高速发射神经递质，好像永远不会枯竭。不同类型和数量的神经递质会激活我们情感和高级思维中枢的特定神经元通路。喝得越多，激活的通路越多，落实到我们的个人体验上，就是有意识或无意识的兴奋或悲伤、头晕目眩，最终神志不清。

在导致我们对酒精产生各种反应的神经递质中，最重要的化合物是多巴胺、血清素、类阿片、乙酰胆碱、γ-氨基丁酸和谷氨酸。许多神经科学家会格外关注多巴胺，我们喝酒的时候，多巴胺可以启动大脑中的"级联奖赏"机制，因此有了"快乐"化合物的称号。第 11 号染色体上有一个 DRD_2 基因，它似乎调节着多巴胺受体和多巴胺的多少。一般认为多巴胺有助于缓解焦虑和抑郁。通过减少冒险行为，它能够减少我们变得"兴奋"所需要的饮酒量，并抑制我们的饮酒冲动。尽管对多巴胺的作用尚无定论，但它显然是控制我们饮酒冲动的主要化合物之一。

在其他神经递质中，我对血清素格外感兴趣，因为我的实验室分析过最早的皇家紫样品，它也叫推罗紫，是腓尼基人的著名染料（见第六章）。这种分子在自然界中只存在于某些软体动物当中，它的核心基团与血清素是一样的。据推测，紫色分子的作用是麻醉潜在的捕食者，原理同墨鱼用墨汁驱赶敌人相似。当我们关于紫色染料的文章发表后，我意外地开始收到制药公司的咨询。我从未想过这种染料可能具有改变心智的作用或其他药效。现在我更愿意相信，古人在数千年间，偶然地从他们的生活环境里发现某些独特的自然资源，而这些资源竟有某种药用价值。我们计划，在我们的"发现新药项目"中对紫色染料化合物进行测试（见第二章）。谁知道呢——我们也许会发现另一种药物，就像阿司匹林（来自柳树皮）或抗癌药紫杉醇（来自红豆杉的树皮）。

我们喝一口酒的时候，血清素就会释放，并在神经系统中停留。与多巴胺一样，它能够平息抑郁、愤怒和情绪障碍带来的紧张情绪。血清素和其他相关化合物也天然存在于各种植物、动物毒液和真菌中，比如有致幻作用的赛洛西宾（psilocybine），它在墨西哥早期某些群体的宗教和社会生活中发挥了重要作用。我们前文提到过，古代经常通过饮酒来摄入这些添加剂，从而产生双重效果。有很多药酒都可以增加我们的天然血清素储备量，其中最新出现的是用于治疗抑郁症的单胺氧化酶（MAO）抑制剂和所谓的"策划药"[1]。喝酒和性活动、长跑或严重刀伤一样，会在我们的大脑中释放阿片类物质（包括 β-内啡肽和脑啡肽）。这些化合物能够让我们产生兴奋感，或暂时减轻疼痛。在自然界中，它们最著名的来源是罂粟，这也是鸦片的来源。通过饮用添加了这些药物的酒，古代的中亚人和欧洲人或许能够模仿并强化我们原有神经递质的效果。

乙酰胆碱也值得一提，因为乙酰胆碱受体的一个变体（M_2）与 7 号染色体上的某个基因有关，而这个受体对毒蝇伞中发现的一种相关化合物也很敏感。这种蘑菇曾被认为（可能是不正确的）是祆教的豪玛和吠陀经中的索玛（soma）的基础成分，而且至今仍然是西伯利亚萨满中的流行药。$CHRM_2$ 基因调控 M_2 受体的产生，携带这种基因的人似乎在青少年时更容易出现抑郁症状，因此他们在以后的人生当中更容易通过喝酒来进行自我调节。

许多与神经递质及其受体无关的基因也会影响我们是否饮酒。深红或明黄色的酒体、延绵不绝的晶莹气泡或许可以成为单纯的视觉享受，也可以吸引我们呷一口酒，但如果味道或气味令人生厌，我们也会避之不及。如果气味并没有坏到驱人躲避，我们的味蕾——我们舌头和口腔其他部位的受

---

① "是指不法分子为逃避打击而对管制毒品进行化学结构修饰得到的毒品类似物，具有与管制毒品相似或更强的兴奋、致幻、麻醉等效果。"引自《［防范新型毒品对青少年危害］"策划药"的迷局》，澎湃新闻·澎湃号·政务，2021 年 6 月 25 日，https://www.thepaper.cn/newsDetail_forward_13309272。——译者注

体群，可以感知酸、甜、苦、咸、脂肪以及像肉和奶酪一般的鲜味——就会跃跃欲试。其中，苦味是一种疑似有害物质的预警，我们对苦味化合物的敏感度，要比我们喜爱的甜味物质敏感上千倍。研究人员发现，一种苦味受体的变体（hTAS$_2$R16）与 7 号染色体上的某个基因有关，有接近一半的美国黑人受到该基因的影响，对苦味不敏感。这种基因的存在，让啤酒中的啤酒花或葡萄酒中的丹宁变得不那么令人反感，甚至可能增加了诱惑力。

要完全搞清楚酒精对哺乳动物和灵长类基因、大脑、情绪和心智状态的影响，还需要做很多工作。例如在 2004 年，研究人员报道称，小鼠中学习、情绪稳定和进食的关键化合物——较低水平的 CREB 蛋白（环磷酸腺苷酸 cAMP 反应元件结合蛋白）和神经肽 Y，与仅有一个 CREB 基因有关，正常情况下该基因有两个。这些存在基因缺陷的小鼠可能因为更难以控制食欲而饮酒，它们更喜欢喝酒而不是喝水，跟同一窝出生的其他小鼠相比，它们喝的酒要多出一半。

人类中有一个基因叫 ALDH$_1$（乙醛脱氢酶 1），这种基因表明遗传学对于理解饮酒行为确实很重要。过度饮酒会破坏肝脏细胞，增加罹患各种癌症的风险，尤其是上消化道的癌症。我们的代谢系统可以抵挡一些酒精攻击，但是毕竟有限。乙醇脱氢酶把进入身体的酒精转化为乙醛。但是因为乙醛比乙醇的毒性更大，ALDH 基因产生另一种酶，也就是乙醛脱氢酶，把乙醛转化为相对无害的乙酸。然而，这个基因的一个突变体（ALDH$_1$）从分子水平上破坏了这个过程，表明我们的基因组成可以深刻影响我们的酒量。

　　与正常基因相比，$ALDH_1$ 这个突变体转化乙醛的效率更低。这个基因在西方人中几乎找不到，40% 的亚洲人都有这个突变，对于携带这个基因的人来说喝酒会产生不太舒服的症状。他们的皮肤会迅速变得通红，还会有恶心和眩晕的感觉。

　　为什么这样一种很容易让身体乙醛超标的异常基因会在人类基因组中持续存在？或许可以这么解释，该基因让这些人避免了过量饮酒，而过量饮酒的危害比乙醛超标更大。这就意味着在亚洲人类进化的某个时间点上，基因突变解决了酗酒问题。当然，人类这么聪明，就算是基因上有阻碍，也总能想法子绕过去。中国就有这么一位 $ALDH_1$ 基因的携带者，他只需在清醒的时候喝一点酒，就能一直保持醉醺醺的状态，而且又避免了乙醛中毒的最坏影响。

　　科学家已经从神经和遗传方面找到了很多关键因素，来解释人类大脑在酒精影响下的表现。这些过程大多数是我们意识不到的。每个人对酒精的反应都是独一无二的。例如，容易抑郁或敢于冒险的人更容易过量饮酒，以此来缓解负面情绪或寻求刺激。对于艺术家或诗人来说，饮酒或许会释放想象力。

　　人类大脑"中毒"后的反应过程越来越清晰，数百个基因和大量彼此连接的神经元、神经递质和相应受体，以及催化和调控复杂化学反应的各种酶相互作用，整个过程让人眼花缭乱。只要在这个体系中注入一点酒精，它就开始启动并疯狂运转。喝了酒就放声哭吧，没人会怪你，谁让你的大脑在这么复杂的过程里漂浮着。

当你下次喝酒的时候，小心有神经科学家正在观察你。罗马圣露西亚基金会（Santa Lucia Foundation）功能性神经造影实验室的亚历山德罗·卡斯特里奥塔－斯坎德贝格（Alessandro Castriota-Scanderberg）在 2002 年使用功能性磁共振成像测试 7 名专业品酒师和 7 名喝酒新手的品酒能力，这种非侵入性的新型技术可以监测大脑在酒精影响下的活动。在磁共振成像仪的密闭空间中，受试者用塑料吸管品尝葡萄酒，而卡斯特里奥塔－斯坎德贝格则扫描大脑中因为反应而点亮的部分。每个受试者的眼窝前额皮质和岛叶（大脑边缘系统的一部分）都变得活跃起来，它们是负责处理嗅觉感知的部分，所以毫不意外。有些部分在喝酒新手的大脑中处于静息状态，但是在专业品酒师的大脑中却很活跃。品酒师的杏仁体和海马体都变得异常活跃，表明他们可能正在回忆中搜寻线索，分辨这是哪种葡萄酒的味道。他们的前额叶皮质层也进入高度活跃状态，可能是因为他们试图用言语描述此刻的体验。但如果你认为专业品酒师在评酒过程中是完全客观的，那你就大错特错了。有一些功能性磁共振成像研究表明，品酒师在评酒时，受到酒体颜色和瓶子上标签的影响要比实际口感大得多。在一个欺骗性实验中，品酒师以为他们喝的是红葡萄酒，但实际上是用红色染料染色的白葡萄酒。

喝酒公式里的文化因子

从人类开始喝酒的那一刻起，就走上了一条不归路。就在人的身体和大脑都适应这种强效物质以后，人类独有的符号建构——语言、音乐、服饰、艺术、宗教和技术——也一同出现，并强化这一现象。除此之外，我们还能如何解释酒文化在全世界的盛行？酒（管它是葡萄酒、啤酒、蜂蜜酒还是浑酒）开始逐渐主导了整个经济、宗教和社会。在人类文化中，一日三餐乃至社会重大活动和从生到死的特殊节点都要饮酒或祭酒。旧大陆有太多可供引用的例子；在新大陆，加利福尼亚州和澳大利亚的葡萄酒和啤酒已经是最晚入场的了。

酒和宗教、艺术之间的联系在人类的考古材料和历史中表现得尤为显著。例如，音乐可以完美地传递各种信息，可以具体到占领地盘、求偶等性行为，又可以表达更加模糊的情感世界，后者也受到酒精的影响。当我们与婴儿或宠物交流时，往往会使用一种更加原始的语言，比如片段化的歌曲、简化的词语、夸张的面部表情和肢体动作，好像我们和试图沟通的对象一样，天生就会这些行为。如果我们接受这个设定，而且越来越多的证据也支持人类的大脑是模块化的，在我们习得音乐和语言后才形成逻辑化的词语，那么新生儿就好像一台电脑的操作系统，随时准备接受、筛选、组织和即兴编排向他袭来的各种感官刺激。随着儿童年龄的增长和大脑的成熟，他们从牙牙学语会转变成文化规范下的人类语言并具有特定的音乐风格。在书写语言出现之前，音乐是表达人类情感和累积的群体智慧的渠道，因此成为完美的媒介。我们可以想象，在石器时代的洞穴内，萨满领导的仪式上可能已经表演填了激昂歌词的音乐。

同酒精一样，音乐也能激发性冲动。一个半世纪前，查尔斯·达尔文在《人类的由来》（*Descent of Man*）中说："如果我们可以假定，当初我们人兽参半的祖先辈，在求爱的季节里……用到过音乐的声调和节奏的话，我们对……关于音乐和富有情感内容的言词的种种事实就在一定程度上容易理解了。"[①] 在我们大脑的基因和神经模型中可以找到达尔文这一说法的生物学基础，尤其是在边缘系统的下丘脑。我在宾夕法尼亚大学医学院有一位同事叫安德鲁·纽伯格（Andrew Newberg），他和他的前同事尤金·达奎利（Eugene D'Aquili）已经开始阐明下丘脑是如何响应并协调身体的节奏，他们使用了非侵入性的 SPECT（单光子发射计算机断层成像）技术。他们指出，性愉悦的核心也是有节奏的，并受到下丘脑的控制。

有了纽伯格和达奎利的指引，我们可以认为，宗教是我们从石器时代继承来的生物文化遗产的一部分。古往今来，世界各地文化中普遍流行某种宗教，这就说明人脑是乐于承认比自己更伟大的力量存在。说到底，我们大脑的很多活动都是不可见的，有的我们能意识到，有的甚至意识不到，其中还有大自然本身的力量，都可能被我们无法理解的东西控制着。在这样一个神秘的世界里，存在着各式各样真实的和我们想象出来的美丽生物，人类需要一种方法避开险象环生的世界，召唤出所有有益的力量。人类大脑如此灵活又善于整合，所以一定会试图寻找这些神秘现象的答案。我们先是求助于权威人物——我们的父母、老师等——但对很多人来

---

① 参照潘光旦、胡寿文翻译的版本，商务印书馆 1983 年出版。——译者注

说，这个终极答案来自神。

纽伯格和达奎利利用 SPECT 技术监测藏传佛教喇嘛和天主教修女的"神秘状态"，以此来研究人的宗教偏向。他们先假设，通过强烈的内向专注，或者用酒精、激烈的音乐旋律、类似苏非主义修行者做的那种剧烈旋转、性高潮等带来改变心智的效果，下丘脑可能会被迫过载。首先，人们可能会因为神经递质沿着激活的神经通路迅猛流动而体验到狂喜的感觉。然后，为了防止机体因疲劳而崩溃的海马体启动刹车功能，大脑皮层的某个特定区域开始活跃。研究人员注意到顶下小叶的右后方（位于我们右耳后方略靠上的大脑皮层）出现了明显的抑制反应，他们认为这个区域使我们感到与物理世界的分离。纽伯格和达奎利认为，下丘脑会试图抵消这种情感高潮，它的活动就可能使感知边界变得模糊，我们就会体验到实验中喇嘛和修女的体验，与外部世界融为一体的圆满感觉。

用 SPECT 扫描顶叶来解释神秘状态下的神经和文化的复杂性，似乎有点牵强。然而，基于现有的科学数据，纽伯格和达奎利已经开始理解初级神经系统和大脑表面的皮层之间的相互作用关系，前者受到情感和节律的支配，后者平衡意识和抽象思维。未来的研究可能会揭示更多相互连接和释放神经递质的通路，揭示出现代人类大脑如何被酒精、性、音乐和宗教激活或关闭，这几种元素可以单独起作用或相互组合。

在《宗教经验之种种》里，威廉·詹姆士认为几乎每个人都体验过宗教冲动。詹姆士重点关注神秘主义者、先知和预言家，以及艺术家、音乐家和作家，这些人都经历过蜕变"重生"的体验。詹姆士又进一步说道："酒对于人类的势力，无疑是由于它能激发人性的神秘官能。"[①] 石器时代的萨满可能也属于这种"重生家族"。

接下来呢？

我们对酒又爱又怕的矛盾心理肯定还会延续下去。虽然酒有令人上瘾的危险，但是得到了传统的许可，就像音乐和宗教一样。撒哈拉以南非洲的高粱酒文化、美洲的奇恰酒文化以及中东和亚洲的葡萄酒文化都可以追溯到数千年前。然而，有一点不得不承认，所有酒文化都必须在利用酒的好处和避免酒的破坏作用之间做好微妙的平衡和取舍。

从非常正能量的角度来看，能改变人类思维的酒为个人和文化的更新提供了希望，它激发那些想象力异常丰富的人——"萨满精灵"——的创造力，鼓励他们超越传统、打破常规的思维方式。有趣的是，"spirit"（精灵、精神）一词的拉丁语词根可能来自原始印欧语的词根，有着"吹气"的意思，一些语言学家认为这应该理解为"吹笛子"的吹。同时，这个词也指代人类大脑那些不可知的活动，也许它是我们祖先在欧洲的盖森克劳斯特勒和伊斯蒂里特、中国的贾湖、秘鲁的卡拉尔、新墨西哥的佩科斯，或者别的什么地方，喝着酒吹着笛子的时候留下的。

---

① 参照唐钺翻译的版本，商务印书馆 2002 年出版。——译者注

　　我对酒和人类文化的看法与生物文化的决定论迥然不同，后者强调的是社会变革发生的环境、经济或者功利的原因。我想象的是一种更开放的过程，人类的"愉悦级联"通路被创新的思想和新发现激活，而喝酒有助于这个过程。人们改变既有的意识感受，就可以创造出表达他们周围世界的新方式，可以是通过美术、音乐、诗歌、服饰和佩饰等，又或者对世界运行规律提出理性的见解，这就更依靠机缘巧合的观察和看似偶然的事件。

　　在武力征服和不同区域之间文化和技术的转移方面，酒起了直接作用。葡萄酒贸易是腓尼基人、希腊人和罗马人在地中海地区扩大各自影响的主要动因。葡萄酒流到哪里，伴随的其他文化因素就跟到哪里，即使那个地方有自己的酒。希腊文字是从腓尼基文字演变来的，而最早的希腊铭文就是出现在葡萄酒瓶上的诗句。欧洲的凯尔特人一开始将葡萄酒拒之门外，但自从他们进口了几个大的希腊风格和伊特鲁利亚的青铜酒器，用来盛他们自己的北欧浑酒之后，他们就慢慢地倾向葡萄酒，开始选择南方更加"文明"的生活方式。在地球上的任何地方，如果一个民族的邻邦或者外来殖民者拥有更发达的技术，那这个民族通常会首先被他们喝的酒吸引。距离我们最近的一个例子是 15～17 世纪所谓"大发现时代"的欧洲探险者，他们的船只载满了朗姆酒和雪莉酒，为的就是跟非洲的酋长们交换香料和奴隶。

　　从这个角度来看，在技术上超越同时期那么多民族的中国人，完全可以比欧洲人抢先一步，征服新大陆。正如贾雷德·戴蒙德（Jared Diamond）在《枪炮、病菌与钢铁》

（*Guns*, *Germs and Steel*）中所说，政治和军事实力仅在一定程度上依赖于自然资源以及可以驯化的植物和动物；然而，一旦一个民族发展到一定水平，他们未来的成功就取决于历史和文化的诸多偶然因素。当明朝在公元 15 世纪放弃雄心勃勃的海上贸易计划时，世界就为欧洲人敞开了大门，他们从亚洲获取了大部分的知识和技术，然后又成了亚洲的霸主。

随着考古学和生物分子学研究的深入，我们可以预见将来能够更加了解人类与酒的关系。直到今天我们对有些地区的饮酒历史还知之甚少——包括新几内亚、印度、撒哈拉以南非洲、澳大利亚和太平洋上的岛屿等——但这些地方都会有研究涉及，或许能填补一些空白。也许最后我们会知道，北美和澳大利亚的原住民到底是不是真的没有酒，还是说，有一种可能性更大的情形，那就是他们用一种甜味果汁、树脂或其他植物材料调和出自己独有的酒。我们最终一定可以追溯驯化植物和酿酒技术是如何在中亚传播开来的。

我们还可以预见，将来会更加了解酒精对人身体和大脑的影响。我们的生理构造是由过去就决定了的——99% 发生在旧石器时代，现代社会的诸多消化类疾病，包括肥胖、糖尿病、酒精和药物成瘾等都是由于我们从旧石器时代遗留下的身体不适应现代的生活方式。我们的身体和大脑只能摄取适量的食物和酒，这也是我们从石器时代继承来的；所以如果喝起来没完，就得承受生理和心理的双重恶果。

早期的植物驯化过程也会更加清晰。欧亚葡萄是第一个经过全 DNA 测序的水果，选择欧亚葡萄是因为我们的研究表明它在很早的时候就被驯化用来大规模酿酒。基因微阵列技术可以一次测试成千上万组基因，加速分辨其他植物品种的驯化和野生特征。

最后，在生物分子考古学证据的基础上，我们可以期待一下将来有更多的古代酒重现，有更多新的味觉体验。这些美味的古代酒重现人间，可以让我们也穿越回过去，教我们学会最早的天然产物发酵方法。自从最近一次秘鲁之旅，我亲自观察（并品尝）了使用各种蔬菜、水果和谷物酿成的传统酒——包括紫色、黄色和白色的玉米、藜麦、胡椒木果、冻干的土豆、玉米秆榨的汁、木薯、花生和牧豆树的豆荚——我认为重现古代酒的前景非常广阔。

我拼凑的关于人类以及我们与酒之间关系的想法，在学术界或一般大众的想象中或许成立，又或许站不住脚，也许我们就是无法定论酒对人类文化的贡献。但是，生物分子考古学家在孜孜不倦地从生物和文化遗产中寻找证据，而且现在有越来越灵敏的仪器可供使用，我对未来还是充满希望的。

史前历史教导我们要保持对知识的探索。26000 年前，在今天捷克的下维斯特尼采（Dolní Věstonice）和它附近的巴甫洛夫（Pavlov）遗址，人类制作了地球上已知最早的烧土物品——裸体的女性塑像（"维纳斯"）和熊、狮子、狐狸等动物塑像。这些塑像跟今天的制作方式没什么两样——在黏土中加入掺合料（这些塑像里加的是骨粉），然后在窑中烧制。生活在这些遗址上的人还用赭石粉饰自己的身体，还用雕刻的猛犸象骨头、北极狐的牙和贝壳做成串珠做装饰。黏土里留下的特殊印痕表明，他们用草和其他纤维做了第一件衣服。这些发现就像一束光，照进了黑漆漆的旧石器时代，又熄灭了。艺术和身体装饰流传了下来，但是他们文化里最有创新性的元素——用黏土制作东西——却失传了，直到数千年后才在东亚重新出现。如此，我相信老普林尼的名言——葡萄酒中自有真理——最终会应验，可以说，正是我们人类与酒数百万年的亲密关系成就了今天的我们。

参考文献

全书

Both, F., ed. 1998. *Gerstensaft und Hirsebier: 5000 Jahre Biergenuss.* Oldenburg: Isensee.

Buhner, S. H. 1998. *Sacred and Herbal Healing Beers: The Secrets of Ancient Fermentation.* Boulder, CO: Siris.

Crane, E. 1983. *The Archaeology of Beekeeping.* Ithaca, NY: Cornell University.

————. 1999. *The World History of Beekeeping and Honey Hunting.* New York: Routledge.

De Garine, I., and V. de Garine, eds. 2001. *Drinking: Anthropological Approaches.* New York: Berghahn.

Dietler, M., and B. Hayden, eds. 2001. *Feasts: Archaeological and Ethnographic Perspectives on Food, Politics, and Power.* Washington, DC: Smithsonian.

Douglas, M., ed. 1987. *Constructive Drinking: Perspectives on Drink from Anthropology.* Cambridge: Cambridge University Press.

James, W. 1902. *The Varieties of Religious Experience: A Study in Human Nature.* New York: Modern Library.

Jordan, G., P. E. Lovejoy, and A. Sherratt, eds. 2007. *Consuming Habits: Global and Historical Perspectives on How Cultures Define Drugs.* London: Routledge.

Koehler, C. 1986. "Handling of Greek Transport Amphoras." In *Recherches sur les amphores grecques,* ed. J.-Y. Empereur and Y. Garlan, 49–56. Athens: École Française d'Athènes.

McGovern, P. E. 2006. *Ancient Wine: The Search for the Origins of Viniculture.* Princeton: Princeton University Press.

Rätsch, C. 2005. *The Encyclopedia of Psychoactive Plants: Ethnopharmacology and Its Applications.* Rochester, VT: Park Street.

Rudgley, R. 1999. *The Encyclopedia of Psychoactive Substances.* New York: St. Martin's.

Schultes, R. E., A. Hofmann, and C. Rätsch. 1992. *Plants of the Gods: Their Sacred, Healing, and Hallucinogenic Powers.* Rochester, VT: Healing Arts.

Völger, G., ed. 1981. *Rausch und Realität: Drogen im Kulturvergleich.* Cologne: Rautenstrauch-Joest-Museum.

Wilson, T. M., ed. 2005. *Drinking Cultures: Alcohol and Identity.* Oxford: Berg.

第一章

Berg, C. 2004. World Fuel Ethanol: Analysis and Outlook. www.distill.com/World-Fuel-Ethanol-A&O-2004.html.

Dudley, R. 2004. "Ethanol, Fruit Ripening, and the Historical Origins of Human Alcoholism in Primate Frugivory." *Integrative and Comparative Biology* 44 (4): 315–23.

Eliade, M. 1964. *Shamanism: Archaic Techniques of Ecstasy,* trans. W. R. Trask. New York: Bollingen Foundation.

Johns, T. 1990. *With Bitter Herbs They Shall Eat It: Chemical Ecology and the Origins of Human Diet and Medicine.* Tucson: University of Arizona Press.

Lewis-Williams, J. D. 2005. *Inside the Neolithic Mind: Consciousness, Cosmos and the Realm of the Gods.* London: Thames & Hudson.

Nesse, R. M., and K. C. Berridge. 1997. "Psychoactive Drug Use in Evolutionary Perspective." *Science* 278 (5335): 63–67.

Rudgley, R. 1999. *The Lost Civilizations of the Stone Age.* New York: Free Press.

Siegel, R. K. 2005. *Intoxication: The Universal Drive for Mind-Altering Substances.* Rochester, VT: Park Street.

Stephens, D., and R. Dudley. 2004. "The Drunken Monkey Hypothesis." *Natural History* 113 (10): 40–44.

Sullivan, R. J., and E. H. Hagen. 2002. "Psychotropic Substance-Seeking: Evolutionary Pathology or Adaptation?" *Addiction* 97 (4): 389–400.

Turner, B. E., and A. J. Apponi. 2001. "Microwave Detection of Interstellar Vinyl Alcohol $CH_2=CHOH$." *Astrophysical Journal Letters* 561: L207–L210.

Wiens, F., et al. 2008. "Chronic Intake of Fermented Floral Nectar by Wild Treeshrews." *Proceedings of the National Academy of Sciences USA* 105 (30): 10426–31.

Zhang, J., and L. Y. Kuen. "The Magic Flutes." *Natural History* 114 (7): 42–47.

第二章

Berger, P. 1985. *The Art of Wine in East Asia*. San Francisco: Asian Art Museum.

Hawkes, D., trans. 1985. *The Songs of the South: An Ancient Chinese Anthology of Poems by Qu Yuan and Other Poets*. Harmondsworth: Penguin.

Henan Provincial Institute of Cultural Relics and Archaeology. 1999. *Wuyang Jiahu* (The site of Jiahu in Wuyang County). Beijing: Science Press.

———. 2000. *Luyi taiqinggong changzikou mu* (Taiqinggong Changzikou tomb in Luyi). Zhengzhou: Zhongzhou Classical Texts.

Huang, H. T. 2000. *Biology and Biological Technology,* part 5, *Fermentation and Food Science,* vol. 6 of J. Needham, *Science and Civilisation in China*. Cambridge: Cambridge University Press.

Karlgren, B., trans. 1950. *The Book of Odes*. Stockholm: Museum of Far Eastern Antiquities.

Li, X., et al. 2003. "The Earliest Writing? Sign Use in the Seventh Millennium B.C. at Jiahu, Henan Province, China." *Antiquity* 77 (295): 31–44.

Lu, H., et al. 2005. "Culinary Archaeology: Millet Noodles in Late Neolithic China." *Nature* 437: 967–68.

McGovern, P. E., et al. 2004. "Fermented Beverages of Pre- and Proto-historic China." *Proceedings of the National Academy of Sciences USA* 101 (51): 17593–98.

McGovern, P. E., et al. 2005. "Chemical Identification and Cultural Implications of a Mixed Fermented Beverage from Late Prehistoric China." *Asian Perspectives* 44: 249–75.

Paper, J. D. 1995. *The Spirits Are Drunk: Comparative Approaches to Chinese Religion*. Albany: State University of New York Press.

Schafer, E. H. 1963. *The Golden Peaches of Samarkand: A Study of T'ang Exotics*. Berkeley: University of California Press.

Warner, D. X. 2003. *A Wild Deer amid Soaring Phoenixes: The Opposition Poetics of Wang Ji*. Honolulu: University of Hawai'i Press.

第三章

Aminrazavi, M. 2005. *The Wine of Wisdom: The Life, Poetry and Philosophy of Omar Khayyam*. Oxford: Oneworld.

Balter, M. 2005. *The Goddess and the Bull*. New York: Free Press.

Braidwood, R., et al. 1953. "Symposium: Did Man Once Live by Beer Alone?" *American Anthropologist* 55: 515–26.

Curry, A. 2008. "Seeking the Roots of Ritual." *Science* 319 (5861): 278–80.

Grosman, L., N. D. Munro, and A. Belfer-Cohen. 2008. "A 12,000-Year-Old Shaman Burial from the Southern Levant (Israel)." *Proceedings of the National Academy of Sciences USA* 105 (46): 17665–69.

Heun, M., et al. 1997. "Site of Einkorn Wheat Domestication Identified by DNA Fingerprinting." *Science* 278 (5341): 1312–14.

Hodder, I. 2006. *The Leopard's Tale: Revealing the Mysteries of Çatal Höyük.* London: Thames & Hudson.

Joffe, A. H. 1998. "Alcohol and Social Complexity in Ancient Western Asia." *Current Anthropology* 39 (3): 297–322.

Katz, S. H., and F. Maytag. 1991. "Brewing an Ancient Beer." *Archaeology* 44 (4): 24–33.

Katz, S. H., and M. M. Voigt. 1986. "Bread and Beer: The Early Use of Cereals in the Human Diet." *Expedition* 28 (2): 23–34.

Kennedy, P. F. 1997. *The Wine Song in Classical Arabic Poetry: Abū Nuwās and the Literary Tradition.* Oxford: Oxford University Press.

Kislev, M. E., A. Hartmann, and O. Bar-Yosef. 2006. "Early Domesticated Fig in the Jordan Valley." *Science* 312 (5778): 1372–74.

Kuijt, I., ed. 2000. *Life in Neolithic Farming Communities: Social Organization, Identity, and Differentiation.* New York: Kluwer Academic/Plenum.

McGovern, P. E., et al. 1996. "Neolithic Resinated Wine." *Nature* 381: 480–81.

Mellaart, J. 1963. "Excavations at Çatal Höyük, 1962." *Anatolian Studies* 13: 43–103.

Milano, L., ed. 1994. *Drinking in Ancient Societies: History and Culture of Drinks in the Ancient Near East.* Padua: Sargon.

Özdoğan, M., and N. Başgelen. 1999. *Neolithic in Turkey, the Cradle of Civilization: New Discoveries.* Istanbul: Arkeoloji ve Sanat.

Özdoğan, M., and A. Özdoğan. 1993. "Pre-Halafian Pottery of Southeastern Anatolia, with Special Reference to the Çayönü Sequence." In *Between the Rivers and over the Mountains: Archaeologica Anatolica et Mesopotamica Alba Palmieri Dedicata,* ed. M. Frangipane, 87–103. Rome: Università di Roma "La Sapienza."

———. 1998. "Buildings of Cult and the Cult of Buildings." In *Light on Top of the Black Hill: Studies Presented to Halet Çambel,* ed. G. Arsebük, M. J. Mellink, and W. Schirmer, 581–601. Istanbul: Ege Yayınları.

Özkaya, V. 2004. "Körtik Tepe: An Early Aceramic Neolithic Site in the Upper Tigris Valley." In *Anadolu'da Doğdu: Festschrift für Fahri Işık zum 60. Geburtstag,* ed. T. Korkut, 585–99. Istanbul: Ege Yayınları.

Russell, N., and K. J. McGowan. 2003. "Dance of the Cranes: Crane Symbolism at Çatalhöyük and Beyond." *Antiquity* 7 (297): 445–55.

Schmant-Besserat, D. 1998. "'Ain Ghazal 'Monumental' Figures." *Bulletin of the American Schools of Oriental Research* 310: 1–17.

Schmidt, K. 2000. "Göbekli Tepe, Southeastern Turkey: A Preliminary Report on the 1995–1999 Excavations." *Paléorient* 26 (1): 45–54.

Stol, N. 1994. "Beer in Neo-Babylonian times." In *Drinking in Ancient Societies: History and Culture of Drinks in the Ancient Near East,* ed. L. Milano, 155–83. Padua: Sargon.

Vouillamoz, J. F., et al. 2006. "Genetic Characterization and Relationships of Traditional Grape Cultivars from Transcaucasia and Anatolia." *Plant Genetic Resources: Characterization and Utilization* 4 (2): 144–58.

第四章

Bakels, C. C. 2003. "The Contents of Ceramic Vessels in the Bactria-Margiana Archaeological Complex, Turkmenistan." *Electronic Journal of Vedic Studies* 9: 1c. www.ejvs.laurasianacademy.com.

Barber, E. J. W. 1999. *The Mummies of Ürümchi*. New York: W. W. Norton.

De La Vaissière, É., and É. Trombert, eds. 2005. *Les sogdiens en Chine*. Paris: École Française d'Extrême-Orient.

Mair, V. H. 1990. "Old Sinitic *m^yag*, Old Persian *maguš* and English 'magician.' " *Early China* 15: 27–47.

Olsen, S. L. 2006. "Early Horse Domestication on the Eurasian Steppe." In *Documenting Domestication: New Genetic and Archaeological Paradigms,* ed. M. A. Zeder et al., 245–69. Berkeley: University of California Press.

Rossi-Osmida, G., ed. 2002. *Margiana Gonur-depe Necropolis*. Venice: Punto.

Rudenko, S. I. 1970. *Frozen Tombs of Siberia: The Pazyryk Burials of Iron Age Horsemen,* trans. M. W. Thompson. Berkeley: University of California Press.

Rudgley, R. 1994. *Essential Substances: A Cultural History of Intoxicants in Society*. New York: Kodansha International.

Sarianidi, V. I. 1998. *Margiana and Protozoroastrism*. Athens: Kapon.

第五章

Aldhouse-Green, M., and S. Aldhouse-Green. 2005. *The Quest for the Shaman: Shape-Shifters, Sorcerers and Spirit-Healers of Ancient Europe*. London: Thames & Hudson.

Behre, K.-E. 1999. "The History of Beer Additives in Europe: A Review." *Vegetation History and Archaeobotany* 8: 35–48.

Brun, J.-P, et al. 2007. *Le vin: Nectar des dieux, génie des hommes*. Gollion, Switzerland: Infolio.

Dickson, J. H. 1978. "Bronze Age Mead." *Antiquity* 52: 108–13.

Dietler, M. 1990. "Driven by Drink: The Role of Drinking in the Political Economy and the Case of Early Iron Age France." *Journal of Anthropological Archaeology* 9: 352–406.

Dineley, M. 2004. *Barley, Malt and Ale in the Neolithic*. Oxford: Archaeopress.

Frey, O.-H., and F.-R. Herrmann. 1997. "Ein frühkeltischer Fürstengrabhügel am Glauberg im Wetteraukreis, Hessen." *Germania* 75: 459–550.

Juan-Tresserras, J. 1998. "La cerveza prehistórica: Investigaciones arqueobotánicas y experimentales." In *Genó: Un poblado del Bronce Final en el Bajo Segre (Lleida)*, ed. J. L. Maya, F. Cuesta, and J. López Cachero, 241–52. Barcelona: University of Barcelona Press.

Koch, E. 2003. "Mead, Chiefs and Feasts in Later Prehistoric Europe." In *Food, Culture and Identity in the Neolithic and Early Bronze Age*, ed. M. P. Pearson, 125–43. Oxford: Archaeopress.

Long, D. J., et al. 2000. "The Use of Henbane (*Hyoscyamus niger* L.) as a Hallucinogen at Neolithic 'Ritual' Sites: A Re-evaluation." *Antiquity* 74: 49–53.

McGovern, P. E., et al. 1999. "A Feast Fit for King Midas." *Nature* 402: 863–64.

Michel, R. H., P. E. McGovern, and V. R. Badler. 1992. "Chemical Evidence for Ancient Beer." *Nature* 360: 24.

Miller, J. J., J. H. Dickson, and T. N. Dixon. 1998. "Unusual Food Plants from Oakbank Crannog, Loch Tay, Scottish Highlands: Cloudberry, Opium Poppy and Spelt Wheat." *Antiquity* 72: 805–11.

Nelson, M. 2005. *The Barbarian's Beverage: A History of Beer in Ancient Europe.* London: Routledge.

Nylén, E., U. L. Hansen, and P. Manneke. 2005. *The Havor Hoard: The Gold, the Bronzes, the Fort.* Stockholm: Kungl. Vitterhets Historie och Antikvitets Akademien.

Quinn, B., and D. Moore. 2007. "Ale, Brewing and *Fulachta Fiadh.*" *Archaeology Ireland* 21 (3): 8–11.

Renfrew, C. 1987. *Archaeology and Language: The Puzzle of Indo-European Origins.* Cambridge: Cambridge University Press.

Rösch, M. 1999. "Evaluation of Honey Residues from Iron Age Hill-Top Sites in Southwestern Germany: Implications for Local and Regional Land Use and Vegetation Dynamics." *Vegetation History and Archaeobotany* 8: 105–12.

———. 2005. "Pollen Analysis of the Contents of Excavated Vessels: Direct Archaeobotanical Evidence of Beverages." *Vegetation History and Archaeobotany* 14: 179–88.

Sherratt, A. 1987. "Cups That Cheered." In *Bell Beakers of the Western Mediterranean: Definition, Interpretation, Theory and New Site Data*, ed. W. H. Waldren and R. C. Kennard, 81–106. Oxford: British Archaeological Reports.

———. 1991. "Sacred and Profane Substances: The Ritual Use of Narcotics in Later Prehistoric Europe." In *Sacred and Profane: Proceedings of a Conference on Archaeology, Ritual and Religion*, ed. P. Garwood, et al., 50–64. Oxford: Oxford University Committee for Archaeology.

Stevens, M. 1997. "Craft Brewery Operations: Brimstone Brewing Company; Rekindling Brewing Traditions on Brewery Hill." *Brewing Techniques* 5 (4): 72–81.

Stika, H. P. 1996. "Traces of a Possible Celtic Brewery in Eberdingen-Hochdorf, Kreis Ludwigsburg, Southwest Germany." *Vegetation History and Archaeobotany* 5: 81–88.

———. 1998. "Bodenfunde und Experimente zu keltischem Bier." In *Experimentelle Archäologie in Deutschland,* 45–54. Oldenburg: Isensee.

Unger, R. W. 2004. *Beer in the Middle Ages and the Renaissance.* Philadelphia: University of Pennsylvania Press.

Wickham-Jones, C. R. 1990. *Rhum: Mesolithic and Later Sites at Kinloch, Excavations 1984–1986.* Edinburgh: Society of Antiquaries of Scotland.

第六章

Adams, M. D., and D. O'Connor. 2003. "The Royal Mortuary Enclosures of Abydos and Hierakonpolis." In *Treasures of the Pyramids,* ed. Z. Hawass, 78–85. Cairo: American University in Cairo.

Aubet, M. E. 2001. *The Phoenicians and the West: Politics, Colonies, and Trade.* Cambridge: Cambridge University Press.

Bass, G. F., ed. 2005. *Beneath the Seven Seas: Adventures with the Institute of Nautical Archaeology.* London: Thames & Hudson.

Bikai, P. M., C. Kanellopoulos, and S. Saunders. 2005. "The High Place at Beidha." *ACOR Newsletter* 17 (2): 1–3.

Ciacci, A., P. Rendini, and A. Zifferero. 2007. *Archeologia della vite e del vino in Etruria.* Siena: Città del Vino.

Ciacci, A., and A. Zifferero. 2005. *Vinum.* Siena: Città del Vino.

Guasch-Jané, M. R., et al. 2006. "First Evidence of White Wine in Ancient Egypt from Tutankhamun's Tomb." *Journal of Archaeological Science* 33 (8): 1075–80.

Jeffery, L. H. 1990. *The Local Scripts of Archaic Greece: A Study of the Origin of the Greek Alphabet and Its Development from the Eighth to the Fifth Centuries B.C.* Oxford: Oxford University Press.

Jidejian, N. 1968. *Byblos through the Ages.* Beirut: Dar el-Machreq.

Long, L., L.-F. Gantés, and M. Rival. 2006. "L'Épave Grand Ribaud F: Un chargement de produits étrusques du début du Ve siècle avant J.-C." In *Gli etruschi da Genova ad Ampurias,* 455–95. Pisa: Istituti editoriali e poligrafici internazionali.

Long, L., P. Pomey, and J.-C. Sourisseau. 2002. *Les étrusques en mer: Épaves d'Antibes à Marseille.* Aix-en-Provence: Edisud.

McGovern, P. E., et al. 2008. "The Chemical Identification of Resinated Wine and a Mixed Fermented Beverage in Bronze Age Pottery Vessels of Greece." In *Archaeology Meets Science: Biomolecular Investigations in Bronze Age Greece; The Primary Scientific Evidence, 1997–2003,* ed. Y. Tzedakis et al., 169–218. Oxford: Oxbow.

McGovern, P. E., A. Mirzoian, and G. R. Hall. 2009. "Ancient Egyptian Herbal Wines." *Proceedings of the National Academy of Sciences USA* 106: 7361–66.

Morel, J. P. 1984. "Greek Colonization in Italy and in the West." In T. Hackens, N. D. Holloway, and R. R. Holloway, *Crossroads of the Mediterranean,* 123–61. Providence, RI: Brown University Press.

Pain, S. 1999. "Grog of the Greeks." *New Scientist* 164 (2214): 54–57.

Parker, A. J. 1992. *Ancient Shipwrecks of the Mediterranean and the Roman Provinces.* Oxford: British Archaeological Reports.

Parker, S. B. 1997 *Ugaritic Narrative Poetry.* Atlanta, GA: Scholars.

Ridgway, D. 1997. "Nestor's Cup and the Etruscans." *Oxford Journal of Archaeology* 16 (3): 325–44.

Stager, L. E. 2005. "Phoenician Shipwrecks and the Ship Tyre (Ezekiel 27)." In *Terra Marique: Studies in Art History and Marine Archaeology in Honor of Anna Marguerite McCann,* ed. J. Pollini, 238–54. Oxford: Oxbow.

Tzedakis, Y., and Martlew, H., eds. 1999. *Minoans and Mycenaeans: Flavours of Their Time.* Athens: Greek Ministry of Culture and National Archaeological Museum.

Valamoti, S. M. 2007. "Grape-Pressings from Northern Greece: The Earliest Wine in the Aegean?" *Antiquity* 81: 54–61.

第七章

Allen, C. J. 2002. *The Hold Life Has: Coca and Cultural Identity in an Andean Community.* Washington, DC: Smithsonian Institution.

Balter, M. 2007. "Seeking Agriculture's Ancient Roots." *Science* 316 (5833): 1830–35.

Bruman, J. H. 2000. *Alcohol in Ancient Mexico.* Salt Lake City: University of Utah Press.

Coe, S. D., and M. D. Coe. 1996. *The True History of Chocolate.* New York: Thames & Hudson.

Cutler, H. C., and M. Cardenas. 1947. "Chicha, a Native South American Beer." *Botanical Museum Leaflet, Harvard University* 13 (3): 33–60.

D'Altroy, T. N. 2002. *The Incas.* Malden, MA: Blackwell.

Dillehay, T. D. 2000. *The Settlement of the Americas: A New Prehistory.* New York: Basic Books.

———, et al. 2007. "Preceramic Adoption of Peanut, Squash, and Cotton in Northern Peru." *Science* 316 (5833): 1890–93.

———, et al. 2008. "Monte Verde: Seaweed, Food, Medicine, and the Peopling of South America." *Science* 320 (5877): 784–86.

Dillehay, T. D., and Rossen, J. 2002. "Plant Food and Its Implications for the Peopling of the New World: A View from South America." In *The First Americans: The Pleistocene Colonization of the New World,* ed. N. G. Jablonski, 237–53. San Francisco: California Academy of Sciences.

Erlandson, J. M. 2002. "Anatomically Modern Humans, Maritime Voyaging, and the Pleistocene Colonization of the Americas." In *The First Americans: The Pleistocene Colonization of the New World,* ed. N. G. Jablonski, 59–92. San Francisco: California Academy of Sciences.

Furst, P. T. 1976. *Hallucinogens and Culture.* San Francisco: Chandler & Sharp.

Goldstein, D. J., and Coleman, R. C. 2004. "*Schinus molle* L. (Anacardiaceae) *Chicha* Production in the Central Andes." *Economic Botany* 58 (4): 523–29.

Hadingham, E. 1987. *Lines to the Mountain Gods: Nazca and the Mysteries of Peru.* New York: Random House.

Hastorf, C. A., and S. Johannessen. 1993. "Pre-Hispanic Political Change and the Role of Maize in the Central Andes of Peru." *American Anthropologist* 95 (1): 115–38.

Havard, V. 1896. "Drink Plants of the North American Indians." *Bulletin of the Torrey Botanical Club* 23 (2): 33–46.

Henderson, J. S., et al. 2007. "Chemical and Archaeological Evidence for the Earliest Cacao Beverages." *Proceedings of the National Academy of Sciences USA* 104 (48): 18937–40.

Henderson, J. S., and R. A. Joyce. 2006. "The Development of Cacao Beverages in Formative Mesoamerica." In *Chocolate in Mesoamerica: A Cultural History of Cacao,* ed. C. L. McNeil, 140–53. Gainesville: University Press of Florida.

Jennings, J. 2005. "*La chichera y el patrón:* Chicha and the Energetics of Feasting in the Prehistoric Andes." *Archaeological Papers of the American Anthropological Association* 14: 241–59.

———, et al. 2005. "'Drinking Beer in a Blissful Mood': Alcohol Production, Operational Chains, and Feasting in the Ancient World." *Current Anthropology* 46 (2): 275–304.

Kidder, A. V. 1932. *The Artifacts of Pecos.* New Haven: Phillips Academy by the Yale University Press.

La Barre, W. 1938. "Native American Beers." *American Anthropologist* 40 (2): 224–34.

Lothrop, S. K. 1956. "Peruvian Pacchas and Keros." *American Antiquity* 21 (3): 233–43.

Mann, C. C. 2005. *1491: New Revelations of the Americas before Columbus.* New York: Knopf.

McNeil, C. L., ed. 2006. *Chocolate in Mesoamerica: A Cultural History of Cacao.* Gainesville: University Press of Florida.

Moore, J. D. 1989. "Pre-Hispanic Beer in Coastal Peru: Technology and Social Context of Prehistoric Production." *American Anthropologist* 91 (3): 682–95.

Moseley, M. E. 1992. *The Incas and Their Ancestors: The Archaeology of Peru.* New York: Thames & Hudson.

————, et al. 2005. "Burning Down the Brewery: Establishing and Evacuating an Ancient Imperial Colony at Cerro Baúl, Peru." *Proceedings of the National Academy of Sciences* 102 (48): 17264–71.

Perry, L., et al. 2007. "Starch Fossils and the Domestication and Dispersal of Chili Peppers (*Capsicum* spp. L.) in the Americas." *Science* 315 (5814): 986–88.

Schurr, T. G. 2008. "The Peopling of the Americas as Revealed by Molecular Genetic Studies." In *Encyclopedia of Life Sciences* (www.els.ne).

Sims, M. 2006. "Sequencing the First Americans." *American Archaeology* 10: 37–43.

Smalley, J., and Blake, M. 2003. "Sweet Beginnings: Stalk Sugar and the Domestication of Maize." *Current Anthropology* 44 (5): 675–703.

Staller, J. E., R. H. Tykot, and B. F. Benz, eds. 2006. *Histories of Maize: Multidisciplinary Approaches to the Prehistory, Linguistics, Biogeography, Domestication, and Evolution of Maize.* Amsterdam: Elsevier Academic.

第八章

Arthur, J. W. 2003. "Brewing Beer: Status, Wealth and Ceramic Use Alteration among the Gamo of South-Western Ethiopia." *World Archaeology* 34 (3): 516–28.

Barker, G. 2006. *The Agricultural Revolution in Prehistory: Why Did Foragers Become Farmers?* Oxford: Oxford University Press.

Bryceson, D. F., ed. 2002. *Alcohol in Africa: Mixing Business, Pleasure, and Politics.* Portsmouth, NH: Heinemann.

Carlson, R. G. 1990. "Banana Beer, Reciprocity, and Ancestor Propitiation among the Haya of Bukova, Tanzania." *Ethnology* 29: 297–311.

Chazan, M., and M. Lehner. 1990. "An Ancient Analogy: Pot Baked Bread in Ancient Egypt." *Paléorient* 16 (2): 21–35.

Davies, N. de G. 1927. *Two Ramesside Tombs at Thebes.* New York: Metropolitan Museum of Art.

Edwards, D. N. 1996. "Sorghum, Beer, and Kushite Society." *Norwegian Archaeological Review* 29: 65–77.

Geller, J. 1993. "Bread and Beer in Fourth-Millennium Egypt." *Food and Foodways* 5 (3): 255–67.

Haaland, R. 2007. "Porridge and Pot, Bread and Oven: Food Ways and Symbolism in Africa and the Near East from the Neolithic to the Present." *Cambridge Archaeological Journal* 17 (2): 165–82.

Hillman, G. C. 1989. "Late Palaeolithic Plant Foods from Wadi Kubbaniya in Upper Egypt: Dietary Diversity, Infant Weaning, and Seasonality in a Riverine Environment." In *Foraging and Farming: The Evolution of Plant Exploitation*, ed. D. R. Harris and G. C. Hillman, 207–39. London: Unwin Hyman.

Holl, A. 2004. *Saharan Rock Art: Archaeology of Tassilian Pastoralist Iconography.* Walnut Creek, CA: AltaMira.

Huetz de Lemps, A. 2001. *Boissons et civilisations en Afrique.* Bordeaux: University of Bordeaux Press.

Huffman, T. N. 1983. "The Trance Hypothesis and the Rock Art of Zimbabwe." *South African Archaeological Society, Goodwin Series* 4: 49–53.

Karp, I. 1987. "Beer Drinking and Social Experience in an African Society: An Essay in Formal Sociology." In *Explorations in African Systems of Thought,* ed. I. Karp and C. S. Bird, 83–119. Washington, DC: Smithsonian Institution.

Lejju, B. J., P. Robertshaw, and D. Taylor. 2006. "Africa's Earliest Bananas?" *Journal of Archaeological Science* 33: 102–13.

Lewis-Williams, J. D., and T. A. Dowson. 1990. "Through the Veil: San Rock Paintings and the Rock Face." *South African Archaeological Bulletin* 45: 5–16.

Lhote, H. 1959. *The Search for the Tassili Frescoes: The Story of the Prehistoric Rock Paintings of the Sahara,* trans. A. H. Brodrick. New York: Dutton.

Maksoud, S. A., N. el Hadidi, and W. M. Wafaa. 1994. "Beer from the Early Dynasties (3500–3400 cal B.C.) of Upper Egypt, Detected by Archaeochemical Methods." *Vegetation History and Archaeobotany* 3: 219–24.

Mazar, A., et al. 2008. "Iron Age Beehives at Tel Rehov in the Jordan Valley." *Antiquity* 82 (317): 629–39.

McAllister, P. A. 2006. *Xhosa Beer Drinking Rituals: Power, Practice and Performance in the South African Rural Periphery.* Durham, NC: Carolina Academic.

Morse, R. A. 1980. *Making Mead (Honey Wine): History, Recipes, Methods, and Equipment.* Ithaca, NY: Wicwas.

Netting, R. M. 1964. "Beer as a Locus of Value among the West African Kofyar." *American Anthropolologist* 66: 375–84.

O'Connor, D. B., and A. Reid, eds. 2003. *Ancient Egypt in Africa.* London: University College London.

Pager, H. L. 1975. *Stone Age Myth and Magic as Documented in the Rock Paintings of South Africa.* Graz: Akademische.

Parkin, D. J. 1972. *Palms, Wine and Witnesses: Public Spirit and Private Gain in an African Farming Community.* Prospect Heights, IL: Waveland.

Phillipson, D. W. 2005. *African Archaeology.* Cambridge: Cambridge University Press.

Platt, B. 1955. "Some Traditional Alcoholic Beverages and Their Importance in Indigenous African Communities." *Proceedings of the Nutrition Society* 14: 115–24.

Platter, J., and E. Platter. 2002. *Africa Uncorked: Travels in Extreme Wine Territory.* San Francisco: Wine Appreciation Guild.

Sahara: 10.000 Jahre zwischen Weide und Wüste. 1978. Cologne: Museen der Stadt.

Samuel, D. 1996. "Archaeology of Egyptian Beer." *Journal of the American Society of Brewing Chemists* 54 (1): 3–12.

Samuel, D., and P. Bolt. 1995. "Rediscovering Ancient Egyptian Beer." *Brewers' Guardian,* December, 27–31.

Sangree, W. H. 1962. "The Social Functions of Beer Drinking in Bantu Tiriki." In *Society, Culture, and Drinking Patterns,* ed. D. J. Pittman and C. R. Snyder, 6–21. New York: Wiley.

Saul, M. 1981. "Beer, Sorghum, and Women: Production for the Market in Rural Upper Volta." *Africa* 51: 746–64.

Vogel, J. O., and J. Vogel, eds. 1997. *Encyclopedia of Precolonial Africa: Archaeology, History, Languages, Cultures, and Environments.* Walnut Creek, CA: AltaMira.

Wendorf, F., and R. Schild. 1986. *The Prehistory of Wadi Kubbaniya.* Dallas, TX: Southern Methodist University Press.

Wendorf, F., R. Schild, et al. 2001. *Holocene Settlement of the Egyptian Sahara.* New York: Kluwer Academic/Plenum.

Willis, J. 2002. *Potent Brews: A Social History of Alcohol in East Africa, 1850–1999.* Nairobi: British Institute in Eastern Africa.

第九章

Acocella, J. 2008. "Annals of Drinking: A Few Too Many." *New Yorker,* May 26, 32–37.

Bowirrat, A., and M. Oscar-Berman. 2005. "Relationship between Dopaminergic Neurotransmission, Alcoholism, and Reward Deficiency Syndrome." *American Journal of Medical Genetics* 132B (1): 29–37.

Brochet, F., and D. Dubourdieu. 2001. "Wine Descriptive Language Supports Cognitive Specificity of Chemical Senses." *Brain and Language* 77: 187–96.

Castriota-Scanderberg, A., et al. 2005. "The Appreciation of Wine by Sommeliers: A Functional Magnetic Resonance Study of Sensory Integration." *Neuroimage* 25: 570–78.

Diamond, J. M. 1997. *Why Is Sex Fun? The Evolution of Human Sexuality.* New York: Basic Books.

———. 2005. *Guns, Germs, and Steel: The Fates of Human Societies.* New York: Norton.

Dick, D. M., et al. 2004. "Association of GABRG3 with Alcohol Dependence." *Alcoholism: Clinical and Experimental Research* 28 (1): 4–9.

Hamer, D. H. 2004. *The God Gene: How Faith Is Hardwired into Our Genes.* New York: Doubleday.

Mithen, S. J. 2006. *The Singing Neanderthals: The Origins of Music, Language, Mind, and Body.* Cambridge, MA: Harvard University Press.

Newberg, A. B., E. D'Aquili, and V. Rause. 2001. *Why God Won't Go Away: Brain Science and the Biology of Belief.* New York: Ballantine.

Nurnberger, J. I. Jr., and L. J. Bierut. 2007. "Seeking the Connections: Alcoholism and Our Genes." *Scientific American* 296 (4): 46–53.

Pandey, S. C., et al. 2004. "Partial Deletion of the cAMP Response Element-Binding Protein Gene Promotes Alcohol-Drinking Behaviors." *Journal of Neuroscience* 24 (21): 5022–30.

Standage, T. 2005. *A History of the World in Six Glasses.* New York: Walker.

Steinkraus, K. H., ed. 1983. *Handbook of Indigenous Fermented Foods.* New York: M. Dekker.

Strassman, R. 2000. *DMT: The Spirit Molecule; A Doctor's Revolutionary Research into the Biology of Near-Death and Mystical Experiences.* South Paris, ME: Park Street.

Thomson, J. M., et al. 2005. "Resurrecting Ancestral Alcohol Dehydrogenases from Yeast." *Nature Genetics* 37: 630–35.

Wolf, F. A., and U. Heberlein. 2003. "Invertebrate Models of Drug Abuse." *Journal of Neurobiology* 54: 161–78.

译后记

　　本书是帕特里克·麦戈文博士的一部科普作品。其实，我更想把这本书的中文书名叫作《时间旅行者的饮酒手册》。从宇宙中的彗星，到深埋地下的陶片，他用轻松诙谐的视角带领读者穿越时空，在古代世界的文化里探寻酒的蛛丝马迹。而他兼有考古学家和化学家的身份，保证了这本书的专业性。麦戈文博士与酿酒业也保持紧密联系，曾亲自参与多种古代酒的配方复原和试验酿造，把自己的科研成果装进酒瓶里。

　　考古学是用实物资料研究古代社会和古人生活的科学。瞬息千年，多少地方也只不过剩下碎陶一片，所以考古学的一个重要任务，就是从破碎的历史残片中提取尽可能多的信息。麦戈文博士正是用化学方法"榨取"考古信息的专家。中国考古学不断取得的成果，让我们了解到稻米、小米、大豆是中华大地上的古人驯化出的粮食，也发现了很早就开始培育的果树。作者在书中提出了一个有趣的假设，也许世界各地培育植物的原因就是为了酿酒。正因为未知，探索才变得有趣，相信读者在阅读本书时会体验到相同的乐趣。又或许，这本书能启发更多研究者对酒类考古遗存的研究兴趣，让酿酒爱好者灵光乍现。

翻译这本书的机缘，还要从麦戈文博士的另一本书《古代葡萄酒》（*Ancient Wine*）说起。我在本科学习药学专业的时候，开始对酿造葡萄酒感兴趣，攻读硕士学位的时候差点就去学了酿酒学，后来阴差阳错入了考古的坑，就这么蹲了下来。然而念念不忘，必有回响。当偶然读到《古代葡萄酒》的时候，很兴奋，于是贸然联系作者寻求翻译，没想到他竟同意了。虽然由于种种原因那部译稿未能出版，但是后来斯坦福大学的刘莉教授同他商量翻译这本书的时候，作者便推荐了我，我也欣然应允。

在翻译过程中，哪怕是再小的问题，我请教麦戈文博士时，他都会认真回复，并附上各种文献让我参考，像极了导师指导自己的研究生，有次还拉来德国著名汉学家柯彼德教授（Peter Kupfer）做外援，帮我校稿，令我受宠若惊。本人学识毕竟有限，译文难免有纰漏，我承担全部责任，还请读者批评指正。

最后提醒各位，喝酒有害健康，劝酒更不提倡！

宿　凯

2024 年 6 月于圣路易斯

图书在版编目（CIP）数据

开瓶过去：探寻葡萄酒、啤酒和其他酒的旅程／
（美）帕特里克·E.麦戈文（Patrick E. McGovern）著；
宿凯译.--北京：社会科学文献出版社，2025.1.
（启微）.--ISBN 978-7-5228-3792-5

Ⅰ.TS971.22-49

中国国家版本馆 CIP 数据核字第 20243T1M16 号

·启微·

开瓶过去：探寻葡萄酒、啤酒和其他酒的旅程

著　　者／〔美〕帕特里克·E.麦戈文（Patrick E. McGovern）
译　　者／宿　凯

出　版　人／冀祥德
组稿编辑／郑庆寰
责任编辑／李期耀
文稿编辑／李蓉蓉
责任印制／王京美

出　　版／社会科学文献出版社·历史学分社（010）59367256
　　　　　地址：北京市北三环中路甲 29 号院华龙大厦
　　　　　邮编：100029　网址：www.ssap.com.cn
发　　行／社会科学文献出版社（010）59367028
印　　装／北京联兴盛业印刷股份有限公司

规　　格／开　本：889mm×1194mm　1/32
　　　　　印　张：12.375　插　页：0.25　字　数：264 千字
版　　次／2025 年 1 月第 1 版　2025 年 1 月第 1 次印刷
书　　号／ISBN 978-7-5228-3792-5
著作权合同
登 记 号／图字 01-2023-3776 号
定　　价／89.00 元